U0747818

高等院校计算机技术与应用系列规划教材

计算机应用基础

JISUANJI YINGYONG JICHU

GAODENGYUANXIAOJISUANJIJISHUYUYINGYONGXILIEGUIHUAJIAOCAI

主　编／李　瑛　孙　峰

副主编／夏　敏　曾金萍　亓路路　陈昭昭

　　　　刘树飞　方玉林

中南大学出版社
www.csupress.com.cn

图书在版编目(CIP)数据

计算机应用基础 / 李瑛,孙峰主编.
—长沙:中南大学出版社,2016.8(2020.8 重印)
ISBN 978 - 7 - 5487 - 2495 - 7

Ⅰ. 计… Ⅱ.①李…②孙… Ⅲ. 电子计算机－基本知识
Ⅳ. TP3

中国版本图书馆 CIP 数据核字(2016)第 218139 号

计算机应用基础
JISUANJI YINGYONG JICHU

李 瑛 孙 峰 主编

□责任编辑	陈应征	
□责任印制	易红卫	
□出版发行	中南大学出版社	
	社址:长沙市麓山南路	邮编:410083
	发行科电话:0731 - 88876770	传真:0731 - 88710482
□印　　装	长沙市宏发印刷有限公司	

□开　　本	787 mm×1092 mm 1/16	□印张 16.25	□字数 413 千字
□版　　次	2016 年 8 月第 1 版	□印次 2020 年 8 月第 5 次印刷
□书　　号	ISBN 978 - 7 - 5487 - 2495 - 7	
□定　　价	29.80 元	

前　言

本书紧扣教育部对高职高专培养高级应用型人才的技能水平和知识结构的要求，紧跟计算机技术的发展潮流，与当今最流行、最实用的技术和作者们多年从事高职高专计算机一线教学的经验相结合，与时俱进，针对性强。

本书是依据教育部《高职高专教育计算机公共课程教学基本要求》编写而成的。具有如下特点：第一，内容结构严谨，难易适度。全书内容主要分为基本知识部分和实用案例部分。基本知识部分供查阅使用，实用案例采用目标任务驱动、问题分解、操作步骤详解、项目综合四层结构编写，简明清晰，使学习者易于掌握相关知识与技能。第二，强化应用，使学习者在具体的案例情景中学习技能、应用技能。第三，实用性强。案例和问题多取之于生活，语言通俗易懂，图文并茂。通过学习，能使学习者掌握计算机常用的技能。

本教材共分为 7 章，由李瑛、孙峰主编，负责全书的改编工作，夏敏、曾金萍、亓路路、陈昭昭、刘树飞、方玉林任副主编。各章编写分工如下：第 1 章由刘树飞编写，第 2 章由李瑛编写，第 3 章由孙峰编写，第 4 章由亓路路、陈昭昭编写，第 5 章由夏敏编写，第 6 章由方玉林编写，第 7 章由曾金萍编写。全书由方玉林负责校稿。

本书可作为高等职业学校和普通高校的计算机文化基础教材，也可作为全国计算机等级考试及各种计算机基础培训的教材，以及广大工程技术人员普及计算机文化的岗位培训教程，同时也可作为广大计算机爱好者的入门参考书。

由于编者水平有限，书中如有错误和不妥之处，敬请读者批评指正。

编者
2016 年 8 月

目　录

第一章　计算机基础知识

引言

　　计算机已成为人们的学习、生活、工作中必不可少的工具，大多数人都有一定的计算机使用基础，但是要想计算机能更好地为您服务，就需要更加深入细致地了解计算机，及时排除计算机故障，使计算机以最好的状态为您服务，本章为您介绍计算机的基础知识，根据不同的需求分为以下两个部分：

　　(1)计算机基础知识概述，主要讲述计算机软硬件的知识，包括计算机的发展、分类、特点、原理、组成、Win7 操作系统等，这部分内容可供大家了解计算机时阅读参考使用。

　　(2)计算机实用技术，这部分内容包括计算机 U 盘启动盘的制作，Ghost 软件的安装和使用。计算机最常见的故障和问题是系统和软件故障，这部分内容可以帮助大家掌握快速更换计算机操作系统的方法，使计算机更好地为您服务。

第一部分　计算机基础知识概述

1.1　计算机概述

1.1.1　计算机的发展

　　1946 年 2 月，美国宾夕法尼亚大学研制出了人类历史上第一台电子数字计算机 ENIAC，如图 1.1 所示。它采用电子管作为计算机基本元件，由 18000 多个电子管、1500 多个继电器、10000 多只电容器和 7000 多只电阻构成，每秒能进行 5000 次加法运算，占地 170 m^2，重量 30t，每小时耗电 30 万 kW，是一个庞然大物。在同年，美籍匈牙利数学家冯·诺依曼(John Von Neumann)提出了存储程序和程序控制的原理，这一卓越的思想为电子计算机的逻辑结构设计奠定了基础，成为计算机设计的基本原则。

　　冯·诺依曼思想的核心要点是：

　　(1)计算机的基本结构应由五大部件组成：运算器、控制器、存储器、输入设备和输出设备。

　　(2)计算机中应采用二进制形式表示数据和指令。

　　(3)采用存储程序和程序控制的工作方式。

　　计算机的发展，可分为四个阶段：

　　第一代计算机(1946—1957 年)，采用电子管作为逻辑元件，因此称为电子管计算机。它使用机器语言作为编程语言，应用范围主要是科学计算。其体积较大，运算速度较慢，存储

图 1.1 第一台电子数字计算机 ENIAC

容量不大，而且价格昂贵，使用也不方便。

第二代计算机（1958—1964 年），采用晶体管作为逻辑元件。开始使用汇编语言进行程序设计，应用范围扩展到数据处理和事务处理及工业控制。其运算速度比第一代计算机提高了近百倍，体积为它的几十分之一。

第三代计算机（1965—1970 年），采用中、小规模集成电路作为电子器件，出现了操作系统，功能越来越强，应用范围越来越广。不仅用于科学计算，还用于文字处理、企业管理、自动控制等领域，并且出现了计算机技术与通信技术相结合的信息管理系统，可用于生产管理、交通管理、情报检索等领域。

第四代计算机（1971 年至今），采用大规模集成电路（LSI）和超大规模集成电路（VLSI）作为主要电子器件。例如 80386 微处理器，在面积为 10 mm×10 mm 的单个芯片上，可以集成大约 32 万个晶体管，体积大大缩小，出现了微型化的计算机。操作系统不断完善，出现了 Windows 操作系统，应用软件层出不穷，逐步形成软件产业。

1.1.2 计算机的分类

计算机发展到今天，已是琳琅满目、种类繁多，并表现出各自不同的特点。可以从不同的角度对计算机进行分类。

按计算机信息的表示形式和对信息的处理方式不同分为数字计算机（digital computer）、模拟计算机（analogue computer）和混合计算机。

按计算机的用途不同分为通用计算机（general purpose computer）和专用计算机（special purpose computer）。

计算机按其运算速度快慢、存储数据量的大小、功能的强弱，以及软硬件的配套规模等不同又分为巨型机、大中型机、小型机、微型机、工作站与服务器等。

1.1.3　计算机的特点及应用

电子计算机是能够高速、精确、自动地进行科学计算及信息处理的现代化电子设备。它与过去的计算工具相比，有以下几个主要特点：运算速度快、计算精度高、具有记忆和逻辑判断能力，应用领域极其广泛。经过几十年的发展，已渗透到社会的各行各业，正在改变着传统的工作、学习和生活方式，推动着社会的发展。概括起来其应用可归纳为以下几个主要的领域：

（1）数值计算：数值计算亦称科学计算，是指计算机用于完成科学研究和工程技术中所提出的数学问题的计算。

（2）信息处理：信息处理是指计算机对信息及时记录、整理、统计、加工成需要的形式。目前，信息处理已成为计算机应用的一个主要方面，占全部应用的80%以上。

（3）实时控制：实时控制亦称过程控制，是指用计算机及时采集检测数据，按最佳值迅速对控制对象进行自动控制或自动调节。利用计算机进行过程控制，不仅能大大提高控制的自动化水平，而且可以大大提高控制的及时性和准确性，从而达到改善劳动条件、提高质量、节约能源、降低成本的目的。

（4）计算机辅助系统：计算机辅助系统包括 CAD（computer aided design，计算机辅助设计）、CAM（computer aided manufacturing，计算机辅助制造）、CAT（computer aided test，计算机辅助测试）和 CAI（computer aided engineering，计算机辅助工程）等。

（5）人工智能：人工智能（artificial intelligence，AI）是指利用计算机模拟人类的智能活动来进行判断、理解、学习、图像识别、问题求解等。

（6）网络应用：计算机网络是计算机技术和通信技术相结合的产物。计算机网络的建立，不仅解决了一个单位、一个地区、一个国家中计算机与计算机之间的通信，各种软、硬件资源的共享也大大促进了国际间的文字、图像、视频和声音等各类数据的传输与处理。计算机网络的应用正在影响和改变人们的工作方式与生活方式，并将改变传统的产业结构，促进全球信息产业的发展。

（7）生活、工作：现在，计算机已深入千家万户，延伸到人们的生活、工作学习各个方面。

总之，现代科学技术的发展，计算机的应用几乎渗透到了一切领域。

1.2　计算机中的数据和编码

1.2.1　信息的表示和存储

在计算机中，无论是指令还是数值或非数值数据（文字、图像等）都是用二进制数来表示的，也就是用 0 和 1 来表示。

一幅图片可以被看作是由若干个点（像素）组成。数字图像的大小可用水平像素×垂直像素来表示。每一个像素在计算机中用若干二进制数来表示。例如，1 个像素若用 8 位二进制数数来表示，则可以表示出 $256(2^8)$ 种黑白灰度或 $256(2^8)$ 种色彩。如果 1 个像素用 24 位二进制表示，则可以表现出 $1677(2^{24})$ 万种颜色，一般称为真彩色。

1.2.2　信息的存储单位

1. 位(Bit)

是计算机中存储信息的最小单位。对应 1 个二进制位,可以是 1 或者是 0。

2. 字节(Byte)

字节简写为 B,8 个二进制位构成 1 个字节,即 1 个字节由 8 个二进制位组成。

字节是计算机中用来表示存储空间大小的基本容量单位。除字节外,还可以用千字节(KB)、兆字节(MB)以及 10 亿字节(GB)等表示存储容量。它们之间存在下列换算关系:

$1B = 8Bit$

$1KB = 2^{10}B = 1024B$

$1MB = 2^{20}B = 1024KB = 1024 \times 1024B$

$1GB = 2^{30}B = 1024MB = 1024 \times 1024KB = 1024 \times 1024 \times 1024B$

$1TB = 2^{40}B = 1024GB = 1024 \times 1024MB = 1024 \times 1024 \times 1024KB$

3. 字(Word)

计算机中若干个字节组成一个字,它是 CPU 中一次操作或总线上一次传输的数据单位。

4. 字长(Word size)

一般说来,计算机在同一时间内处理的一组二进制数称为一个计算机的字,而这组二进制数的位数就是字长。在其他指标相同时,字长越大,计算机处理数据的速度就越快。早期的微机字长一般是 8 位和 16 位,386 以及性能更高的处理器大多是 32 位。目前市面上的计算机处理器大部分已达到 64 位。

1.2.3　字符编码

计算机中的信息包括数据信息和控制信息,如字母、各种控制符号、图形符号等。它们都以二进制编码方式存入计算机并进行处理,这种对字母和符号进行编码的二进制代码称为字符代码(character code)。大多数计算机采用 ASCⅡ码(美国标准信息交换码)。

我国用户在使用计算机进行信息处理时,一般都要用到汉字。由于汉字是象形文字,数量繁多,常用汉字就有 3000~5000 个,加上汉字的形状和笔画多少差异极大,因此,不可能用少数几个确定的符号就能将汉字完全表示出来。所以汉字必须有它自己独特的编码。

1. 汉字信息交换码(国标码)

《信息交换用汉字编码字符集·基本集》是我国于 1980 年制定的国家标准 GB2312—80,代号为国标码,是国家规定的用于汉字信息处理使用的代码依据。

GB2312—80 中规定了信息交换用的 6763 个汉字和 682 个非汉字图形符号(包括几种外文字母、数字和符号)的代码。

2. 汉字的机内码

汉字的机内码是供计算机系统内部进行存储、加工、处理、传输统一使用的代码,又称为汉字内部码或汉字内码。目前使用最广的一种为两个字节的机内码,俗称变形的国标码。一个汉字在计算机内用 2 个字节来表示。

3. 汉字的输入码(外码)

汉字输入码是为了将汉字通过键盘输入计算机中而设计的代码。汉字输入编码方案很多，其表示形式大多为字母、数字或符号。输入码的长度也不同，多数为四个字节。综合起来可分为流水码、拼音类输入法、拼形类输入法和音形结合类输入法几大类。

4. 汉字的字形码

汉字字形码是汉字字库中存储的汉字字形的数字化信息，用于汉字的显示和打印。目前汉字字形的产生方式大多是数字式，即以点阵方式形成汉字。因此，汉字字形码主要是指汉字字形点阵的代码。

汉字字形点阵有 16×16 点阵、24×24 点阵、32×32 点阵、64×64 点阵、96×96 点阵、128×128 点阵及 256×256 点阵等。

一个汉字方块中行数、列数分得越多，描绘的汉字也就越细微，但占用的存储空间也就越大。汉字字形点阵中每个点的信息要用一位二进制码来表示。对于 16×16 点阵的字形码，需要用 32 个字节($16 \times 16 \div 8 = 32$)表示；24×24 点阵的字形码需要用 72 个字节($24 \times 24 \div 8 = 72$)表示。

1.3 计算机系统的组成

1.3.1 计算机系统的基本组成

计算机系统包括硬件系统和软件系统两大部分，如图 1.2 所示。硬件是我们看得见摸得着的，软件就是我们所说的程序和数据，硬件系统和软件系统两者缺一不可。

硬件和软件是计算机系统相互依存的两大部分。我们可以形象地将硬件比作为计算机的"躯体"，软件比作为计算机的"灵魂"。硬件是软件赖以工作的物质基础，软件的正常工作是硬件发挥作用的唯一途径。计算机系统必须要配备完善的软件系统才能正常工作，也才能充分发挥其硬件的各种功能。

软件系统包括系统软件和应用软件。系统软件直接控制计算机的硬件系统，是应用软件和计算机硬件之间的桥梁。操作系统是最重要的系统软件，所有软件都需在安装相应的操作系统软件后，才能进行安装。应用软件的安装原则上没有先后次序规定，但要注意它与相应的操作系统和相应版本的一致性。

1.3.2 计算机硬件系统各部件的主要功能

硬件是指组成计算机的各种物理设备，也就是我们在"认识计算机"中所介绍的那些看得见、摸得着的实际物理设备。它包括计算机的主机和外部设备，具体由五大功能部件组成，即运算器、控制器、存储器、输入设备和输出设备。这五大部分相互配合，协同工作。其简单工作原理为，首先由输入设备接收外界信息（程序和数据），控制器发出指令将数据送入（内）存储器，然后向内存储器发出取指令命令。在取指令命令下，程序指令逐条送入控制器。控制器对指令进行译码，并根据指令的操作要求，向存储器和运算器发出存数、取数命令和运算命令，经过运算器计算并把计算结果存入存储器内。最后在控制器发出的取数和输出命令的作用下，通过输出设备输出计算结果，如图 1.3 所示。

一般我们看到的电脑都是由主机（主要部分）、输出设备（显示器）、输入设备（键盘和鼠标）三大件组成。而主机是电脑的主体，在主机箱中有主板、CPU、内存、电源、显卡、声卡、

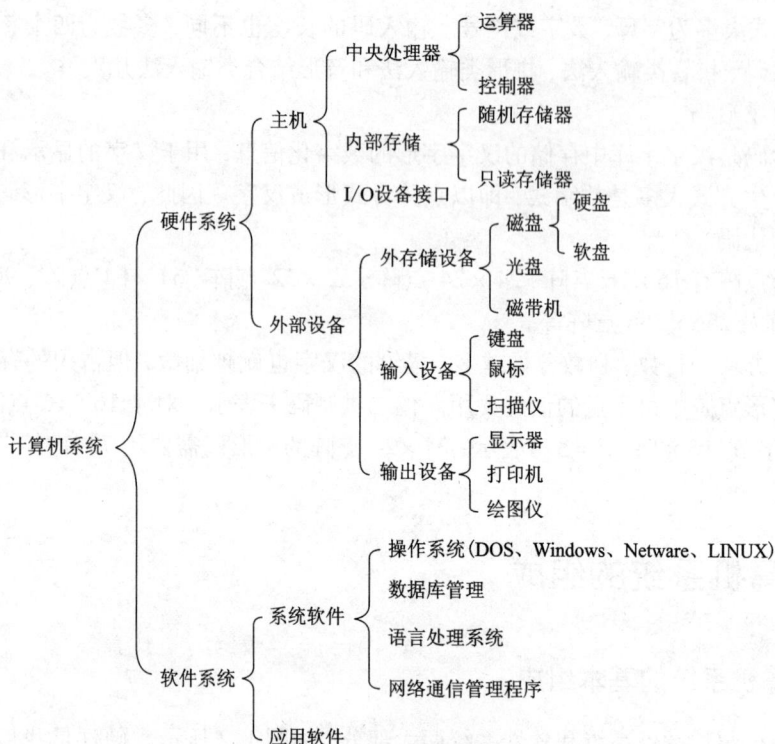

图 1.2　计算机系统组成

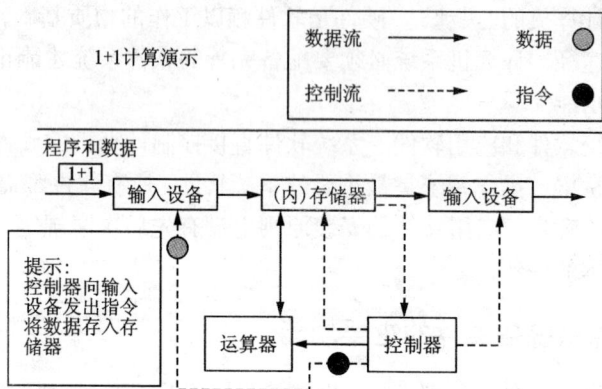

图 1.3　计算机工作原理

网卡、硬盘、软驱、光驱等硬件。其中，主板、CPU、内存、电源、显卡、硬盘是必需的，只要主机正常工作，这几件缺一不可。

1.机箱

机箱除了给计算机系统建立一个外观形象之外，还为计算机系统的其他配件提供安装支架。另外，它还可以减轻由内向外辐射的电磁污染，保障用户的健康和其他设备的正常使用，可以称得上是计算机各配件的家。目前市场上的主流产品是采用 ATX 结构的立式机箱，AT 结构的机箱已经被淘汰。机箱内部前面板侧有用于安装硬盘、光驱、软驱的托架，后面板侧上部有一个用来安装电源的位置；除此之外，还附有一些引线，用于连接 POWER 键、REST 键、PC 扬声器以及一些指示灯。

2. 主板

主板(英文名 mainboard 或 motherboard)是计算机系统中最大的一块电路板，如图 1.4 所示。主板又叫主机板、系统板或母版，它安装在机箱内，也是微机最重要的部件之一，它的类型和档次决定整个微机系统的类型和档次。它可分为 AT 主板和 ATX 主板。主板是由各种接口、扩展槽、插座以及芯片组组成。我们在选购时，需考虑速度、稳定性、兼容性、扩充能力、升级能力等因素。主板中的芯片组是构成主板的核心，其作用是在 BIOS 和操作系统的控制下，按照规定的技术标准和规范为微机系统中的 CPU、内存条、图形卡等部件建立可靠、正确的安装及运行环境，为各种 IDE/SATA 接口存储以及其他外部设备提供方便、可靠的连接接口。

图 1.4　主板

3. CPU

CPU 的英文全称是 central processing unit，即中央处理器。CPU 从雏形到发展壮大的今天，由于制造技术越来越先进，其集成度越来越高，内部的晶体管数已达到几百万个。虽然从最初的 CPU 发展到现在，其晶体管数增加了几十倍，但是 CPU 的内部结构仍然可分为控制单元、逻辑单元和存储单元三大部分。CPU 的性能大致上反映出了它所配置的那部微机的性能，因此 CPU 的性能指标十分重要。CPU 主要的性能指标有以下几点：

第一，主频，也就是 CPU 的时钟频率，简单地说也就是 CPU 的工作频率。一般说来，一个时钟周期完成的指令数是固定的，所以主频越高，CPU 的运算速度也就越快。

第二，外频，是 CPU 的基准频率，单位是 MHz。CPU 的外频决定着整块主板的运行速度。

第三，CPU 的位和字长。

位：在数字电路和电脑技术中采用二进制，代码只有"0"和"1"，其中无论是"0"或是"1"，在 CPU 中都是一"位"。

字长：电脑技术中对 CPU 在单位时间内(同一时间)能一次处理的二进制数的位数叫字长。所以能处理字长为 8 位数据的 CPU 通常就叫 8 位的 CPU。同理 32 位的 CPU 就能在单位时间内处理字长为 32 位的二进制数据。

字节和字长的区别：由于常用的英文字符用 8 位二进制就可以表示，所以通常就将 8 位称为一个字节。字长的长度是不固定的，对于不同的 CPU，字长的长度也不一样。8 位的 CPU 一次只能处理一个字节，而 32 位的 CPU 一次就能处理 4 个字节；同理，字长为 64 位的 CPU 一次可以处理 8 个字节。

第四，缓存。

缓存大小也是 CPU 的重要指标之一，而且缓存的结构和大小对 CPU 运算速度的影响非常大，CPU 内缓存的运行频率极高，一般是和处理器同频运作，工作效率远远大于系统内存和硬盘。实际工作时，CPU 往往需要重复读取同样的数据块，而缓存容量的增大，可以大幅度提升 CPU 内部读取数据的命中率，而不用再到内存或者硬盘上寻找，以此提高系统性能。但是由于考虑 CPU 芯片面积和成本的因素，缓存一般都很小。

第五，制造工艺。

制造工艺的微米是指 IC 内电路与电路之间的距离。密度愈高的 IC 电路设计，意味着在同样大小面积的 IC 中，可以拥有密度更高、功能更复杂的电路设计。现在主要有 180 nm、130 nm、90 nm、65 nm 及 45 nm。目前英特尔的高端 CPU 中已经有采用 32 nm 的制造工艺的酷睿 i7/i9 系列了，如图 1.5 所示。

图 1.5　Intel Pentium 4 CPU 和酷睿 2 至尊四核 QX9770

CPU 的生产厂商现在主要有 Intel 和 AMD 两家，其中 Intel 公司的 CPU 产品市场占有量较高。

4. 存储器

存储器主要负责对数据和控制信息进行存储，是计算机的记忆单元。存储器分为内存和外存两种。

内存：又称为主存储器，如图 1.6 所示。泛指计算机系统中存放数据与指令的半导体存储单元。按工作原理分为随机存储器（RAM）和只读存储器（ROM）。RAM 用于存储当前使用的程序和数据，在断电后信息将全部丢失，通常所说的内存容量就是指 RAM 的容量。ROM 只能读取数据不能写入数据，存储计算机中的开机自检程序和引导程序等。用户开机时看到屏幕上的数据就是只读存储器上的数据和计算机自检数据，这些信息由计算机制造厂商写入并经固化处理，用户无法修改。

目前比较知名的品牌有 Hyundai（现代原厂）、Kingstone（金士顿）、宇瞻、Kingmax（胜创)、Samsung(三星)、ADATA(威刚)和 GEIL(金邦)等。

外存：又称为辅助存储器，也简称外存、辅存，用于存放暂时不用的程序和数据。它不能直接被 CPU 访问，但它可以与内存成批交换信息，即外存中的信息只有被调入到内存才能被 CPU 访问。外存相对于内存而言，其特点是：存取速度较慢，但存储容量大，价格较低，信息不会因掉电而丢失。

目前最常用的外存有硬盘、U 盘(如图 1.7 所示)和光盘。

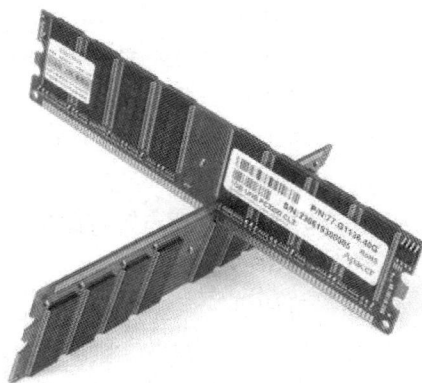

图1.6　内存

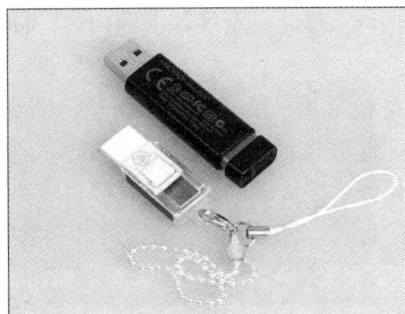

图1.7　硬盘、U 盘

5. 显示器

显示器(如图 1.8 所示)的种类主要有 CRT 显示器和 LCD 显示器。在微型机中，台式微型机早期大都使用阴极射线显示器件(CRT)的显示器，而现今逐步被淘汰，普通使用 LCD 液晶显示器；便携式微型机和笔记本式微型机一般使用 LCD 液晶显示器。像素(pixel)是显示器上的字符和图形组成的基本单位。

显示器的分辨率一般用整个屏幕上光栅的列数与行数的乘积来表示。这个乘积越大，分辨率就越高。现在常用的分辨率有 640 × 480、800 × 600、1024 ×768 及 1280 ×1024 等。显示器常见品牌有三星、LG、冠捷、优派、明基和飞利浦等。

图1.8　显示器

6. 打印机

打印机(printer)是计算机的输出设备之一，主要将计算机处理结果打印在相关介质上，根据打印分辨率、打印速度和噪声来评估其性能。

（1）针式打印机。

点阵打印机打印头上的针排成一列，打印的字符是用点阵组成。针式打印机在进行打印时，打印针撞击色带，将色带上的墨打印到纸上，形成文字或图形。针式打印机具有价格便宜、能进行多层打印等特点。但是它的噪音很大，而且打印质量不高。

（2）喷墨打印机。

喷墨打印机能提供比点阵打印机更好的打印质量，而且采用与点阵打印机不同的技术，能打印多种字形的文本和图形。

（3）激光打印机。

这种打印机打印速度快、质量好、无噪声。近年来，彩色喷墨打印机和彩色激光打印机日趋成熟，其图像输出质量已达到照片级的水平。激光打印机价格也在不断下跌，正在成为主流打印机。

7. 鼠标

鼠标是一种手持式的输入设备，用来控制显示屏幕上光标移动位置和选择、移动显示屏幕上的内容，如图 1.9 所示。

8. 键盘

键盘是最常用、最基本的一种输入设备，它由一组按阵列方式装配在一起的按键开关组成，每按下一个键就相当于接通了相应的开关电路，把该键的代码通过接口电路送入计算机。键盘的按键按基本功能可分成四个分区：主键盘区、功能键区、编辑键区和数字键盘区，如图 1.10 所示。

图 1.9 鼠标

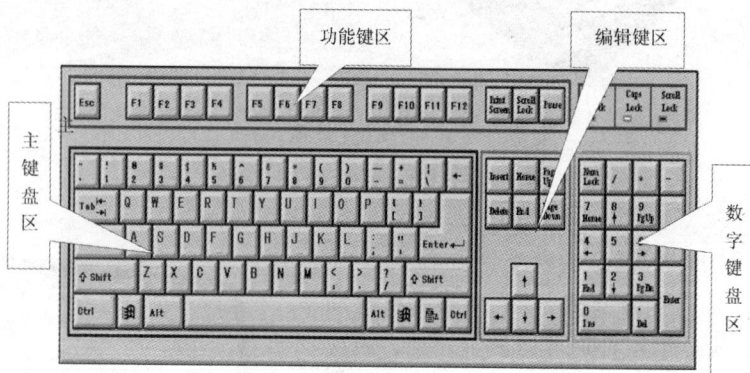

图 1.10 键盘分区

常用键的使用：

Enter：回车键，换行或确认。

Space：空格键，整个键盘上最长的一个键。按一下此键，将输入一个空白字符，光标向右移动一格。

CapsLock：大写字母锁定键，用于字母大小写输入状态的转换。按一下此键，键盘右上方三个指示灯中间的大写字母锁定灯变亮，表示此时输入的字母为大写字母；再按一次此键，大写字母锁定灯被关掉，表示此时的输入状态为小写，输入的字母为小写字母。

Shift：换挡键，主要用来输入双位键上的上挡字符，不按此键时选择键面下方的字符，按此键的同时，再按相应的按键时，选择键面上方字符。

←BackSpace：退格删除键，在打字键区的右上角。每按一次该键，将删除当前光标位置的前一个字符。

Ctrl：控制键，在打字键区第五行，左右两边各一个。该键必须和其他键配合才能实现各种功能，这些功能是在操作系统或其他应用软件中进行设定的。例如：按 Ctrl + Break 键，则起中断程序或命令执行的作用；按［Ctrl］+［Print/Screen］键则打印当前窗口；Ctrl + C 为复制；Ctrl + V 为粘贴；Ctrl + X 为剪切；Ctrl + A 为全选。

Alt：转换键，在打字键区第五行，左右两边各一个。该键要与其他键配合起来才有用。例如，按［Ctrl］+［Alt］+［Del］键，可重新启动计算机（称为热启动）。

Tab：制表键，在打字键区第二行左首。该键用来将光标向右跳动 8 个字符间隔（除非另作改变）。

ESC：取消键或退出键，在操作系统和应用程序中，该键经常用来退出某一操作或正在执行的命令。

PrintScreen：屏幕硬拷贝键，在打印机已联机的情况下，按下该键可以将计算机屏幕的显示内容通过打印机输出。

Pause 或 Break：暂停键，暂时停止计算机正在执行的命令或应用程序，直到按键盘上任意一个键则继续。另外，按 Ctrl + Break 键可中断命令的执行或程序的运行。

Insert：插入字符开关键，按一次该键，进入字符插入状态；再按一次，则取消字符插入状态。

Delete 或 Del：字符删除键，按一次该键，可以把当前光标所在位置的字符删除掉。

Home：行首键，按一次该键，光标会移至当前行的开头位置。

End：行尾键，按一次该键，光标会移至当前行的末尾。

PageUp：向上翻页键，用于浏览当前屏幕显示的上一页内容。

PageDown：向下翻页键，用于浏览当前屏幕显示的下一页内容。

Num Lock：数字锁定键，该键是一个开关键。如果 Num Lock 指示灯亮，则小键盘的上下挡键作为数字符号键来使用，否则具有编辑键或光标移动键的功能。

掌握正确的打字姿势很重要：

在使用键盘的时候，我们要掌握正确的打字姿势和击键姿势。正确的打字姿势和击键姿势，不仅可以提高键盘输入的速度和准确性，还可以提高工作时的舒适度，降低办公室综合症的发生率。

我们先来认识 8 个键：左手 A、S、D、F，右手 J、K、L、；。这 8 个键位称为基本键。

在大多数键盘的 F、J 键键面上均有一道明显的微凸的横杠，这两个键叫定位键。

十指分工如图 1.11 所示：

指法要点：

（1）各手指必须分工明确；

（2）每次击键完成后，手指都要返回基准键位；

（3）手指弯曲，轻放于字键中央，拇指轻置于空格键上；

（4）手腕要平直，手臂要保持静止，全部动作仅限于手指部分；

（5）相同节拍轻轻而有弹性地击字键，不可用力过猛，也不能过轻；

（6）坐姿端正，以手臂与键盘盘面相平为宜。

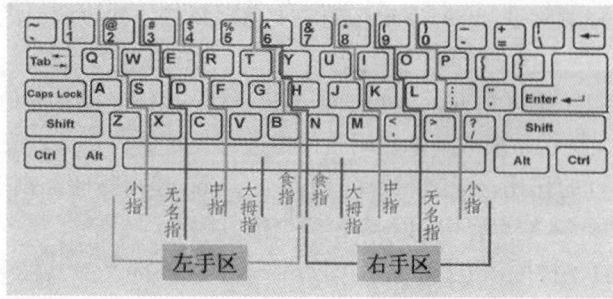

图 1.11　键盘上的十指分工情况

1.3.3　计算机软件系统

软件是指用来指挥、管理及维护计算机完成各种任务而编制的程序和数据的总和，一般分为系统软件和应用软件两大类，如图 1.12 所示。

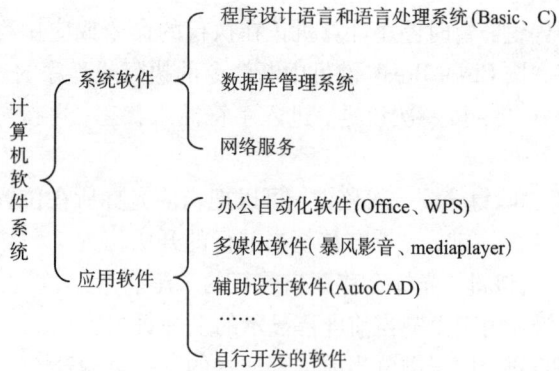

图 1.12　计算机软件系统

1.3.4　计算机的性能指标

（1）运算速度。运算速度是衡量计算机性能的一项重要指标。通常所说的计算机运算速度（平均运算速度），是指每秒钟所能执行的指令条数，一般用"百万条指令/秒"（Mips, Million Instruction Per Second）来描述。同一台计算机，执行不同的运算所需时间可能不同，因而对运算速度的描述常采用不同的方法。常用的有 CPU 时钟频率（主频）、每秒平均执行指令数（ips）等。微型计算机一般采用主频来描述运算速度，例如，Pentium Ⅳ 2.3G 的主频为 2.4 GHz，Core 2.66G 的主频为 2.66GHz。一般说来，主频越高，运算速度就越快。

（2）字长。一般说来，计算机在同一时间内处理的一组二进制数称为一个计算机的"字"，而这组二进制数的位数就是"字长"。在其他指标相同时，字长越大计算机处理数据的速度就越快。早期的微型计算机的字长一般是 8 位和 16 位。目前 32 位的计算机已经面临淘汰，大多都是 64 位的计算机了。

（3）内存储器的容量。内存储器，也简称主存，是 CPU 可以直接访问的存储器，需要执行的程序与需要处理的数据就存放在主存中。内存储器容量的大小反映了计算机即时存储信息的能力。随着操作系统的升级，应用软件的不断丰富及其功能的不断扩展，人们对计算机内存容量的需求也不断提高。目前,运行 Windows XP 则需要 1G 以上的内存容量,而主流计算机系统 Win7、Win8 对内存要求更高,内存标准基本上是 4G 及以上。内存容量越大,系统功能就越强大,能处理的数据量就越庞大。

(4)外存储器的容量。外存储器容量通常是指硬盘容量(包括内置硬盘和移动硬盘)。外存储器容量越大,可存储的信息就越多,可安装的应用软件就越丰富。目前,硬盘容量一般可达几百 G,甚至上千 G。

(5)性能价格比。在全面考虑一台计算机的综合性能指标时,性能价格比是一个不可忽视的因素。性能优良,价格合理,可以促进该种型号的计算机的推广应用。例如,微型计算机与其他几种机型比,性能价格比较高,因此在社会生活的各方面获得了更广泛的应用。

上述几个方面是全面衡量一个计算机系统性能的基本技术指标,但对于不同用途的计算机,在性能指标上的侧重应有所不同。

1.4 计算机病毒的防治

1.4.1 计算机病毒的定义

计算机病毒(computer virus)是一种人为编制的程序或指令集合。这种程序能够潜伏在计算机系统中,并通过自我复制进行传播和扩散,在一定条件下被激活,给计算机带来故障和破坏。这种程序具有类似于生物病毒的繁殖、传染和潜伏等特点,所以人们称之为计算机病毒。计算机病毒一般通过 U 盘、光盘和网络进行传播。计算机病毒在网络系统上的广泛传播,会造成大范围的灾害,其危害性更严重。

1.4.2 计算机病毒的特征

程序性:计算机病毒是人为编写的一种程序,不会自然产生,也不会自然消亡。

传染性:计算机病毒能够自我复制,它会不失时机地传染给其他系统或文件。

潜伏性:一旦计算机病毒传染到系统中,计算机病毒就会长期潜伏,伺机传染和发作。

隐蔽性:计算机病毒通常隐藏在用户察觉不到的地方,除非专业人员,普通用户很难发现。

危害性:计算机病毒在潜伏期间,占用一定的系统资源,有时会影响系统正常运行。恶性病毒在发作时会使系统瘫痪,破坏所有硬盘数据。

1.4.3 计算机病毒的危害

计算机资源的损失和破坏,不但会造成资源和财富的巨大浪费,而且有可能造成社会性的灾难。随着信息化社会的发展,计算机病毒的威胁日益严重,反病毒的任务也更加艰巨。1988 年 11 月 2 日下午 5 时 1 分 59 秒,美国康奈尔大学计算机科学系研究生,23 岁的莫里斯(Morris)将其编写的蠕虫程序输入计算机网络,致使这个拥有数万台计算机的网络被堵塞。这件事就像是计算机界的一次大地震,引起了巨大反响,震惊全世界,并引起了人们对计算机病毒的恐慌,也使更多的计算机专家重视和致力于计算机病毒研究。

计算机病毒对计算机系统的危害主要有以下几种:

（1）删除或修改磁盘上的可执行程序和数据文件，使之无法正常工作。

（2）修改目录或文件分配表扇区，使之无法找到文件。

（3）对磁盘进行格式化，使之丢失全部信息。

（4）病毒反复传染，占用计算机存储空间，影响计算机系统运行效率。

（5）破坏计算机的操作系统，使计算机不能工作。

计算机感染病毒以后有一定的表现形式，了解病毒的表现形式有利于及时发现病毒、消除病毒。

计算机感染病毒常见的表现一般有：

（1）屏幕显示不正常。例如：出现异常图形、显示信息突然消失等。

（2）系统运行不正常。例如：系统不能启动、运行速度减慢、频繁出现死机现象等。

（3）磁盘存储不正常。例如：出现不正常的读写现象、空间异常减少等。

（4）文件不正常。例如：文件长度出现丢失、加长等。

（5）打印机不正常。例如：系统"丢失"打印机、打印状态异常等。

1.4.4　计算机病毒的防治

在使用计算机的过程中，要重视计算机病毒的防治，如果发现了计算机病毒，应使用专门的杀病毒软件及时杀毒。杀毒软件的作用原理与病毒的作用原理正好相反，可以同时清除几百种病毒，且对计算机中的数据没有影响。常见的杀病毒软件有卡巴斯基、瑞星、金山毒霸、360 等。

但是最重要的是预防，杜绝病毒进入计算机。预防计算机病毒的措施一般包括：

1. 隔离来源

控制外来磁盘，避免交错使用 U 盘。有硬盘的计算机不要用 U 盘启动系统。对于外来磁盘，一定要经过杀毒软件检测，确实无毒或杀毒后才能使用。对联网计算机，如果发现某台计算机有病毒，应该立刻从网上切断，以防止病毒蔓延。

2. 静态检查

定期用几种不同的杀毒软件对磁盘进行检测，以便发现病毒并能及时清除。对于一些常用的命令文件，应记住文件的长度，一旦文件改变，则有可能传染上了病毒。

3. 动态检查

在操作过程中，要注意种种异常现象，发现情况要立即检查，以判别是否有病毒。常见的异常有：异常启动或经常死机；运行速度减慢；内存空间减少；屏幕出现紊乱；文件或数据丢失；驱动器的读盘操作无法运行等。

随着计算机的普及和应用，必然会出现更多的计算机病毒，这些病毒将会以更巧妙更隐蔽的手段来破坏计算机系统的工作，因此必须认识到计算机病毒的危害性，了解计算机病毒的基本特征，增强预防计算机病毒的意识，掌握清除计算机病毒的操作技能，在操作计算机过程中自觉遵守各项规章制度，保证计算机的正常运行。

1.5　Windows 7 系统概述

Microsoft 公司于 2009 年推出中文版 Windows 7，其核心版本号为 Windows NT6.1。Windows 7 可供家庭及商业工作环境、笔记本电脑、平板电脑、多媒体中心等使用。Windows 7 版本有家庭普通版、家庭高级版、专业版、企业版及旗舰版。

1.5.1　Windows 7 的启动

启动操作系统实际上就是启动计算机，是把操作系统的核心程序调入内存并执行的过程。具体的启动加载过程与具体的操作系统和具体的计算机配置有关。对于 Windows 来说，一般启动方法有以下三种：

(1)冷启动。也称加电启动，用户只需打开计算机电源开关即可。这是计算机在处于未通电状态下的启动方式。

(2)热启动。用户只需同时按下键盘上的 Ctrl + Alt + Delete 三个键，在随后弹出的对话框中按提示操作即可。这是计算机在已经处于通电状态下，但由于某种原因如死机等需要重新启动操作系统的方式。

(3)复位启动。用户只需按一下主机箱面板上的 RESET 按钮即可实现。这是在系统完全崩溃，无论按什么键计算机都没有反应的情况下，对计算机强行复位重新启动操作系统。但值得注意的是许多品牌机没有安装这个按钮。

对于安装了 Windows 7 的计算机，只要启动了计算机即可进入 Windows 7，显示 Windows 7 桌面。在 Windows 7 启动时系统可能会要求输入用户密码，这一过程称为"登录"，此时登录的用户可以由自己的自定义选项设置。此外在 Windows 7 启动过程中，用户可根据需要以不同的模式进入 Windows 7。

1.5.2　Windows 7 的关闭

当用户要结束计算机操作时，一定要先退出中文版 Windows 7 系统，然后再关闭显示器，否则会丢失文件或破坏程序。如果用户在没有退出 Windows 系统的情况下就关机，系统将认为是非法关机，当下次再开机时，系统会自动执行自检程序。

1. 中文版 Windows 7 的注销、切换用户

由于中文版 Windows 7 是支持多用户的操作系统，当登录系统时，只需要在登录界面上单击用户名前的图标，即可实现多用户登录，各个用户可以进行个性化设置而互不影响。

如果计算机上有多个用户账户，则另一用户登录该计算机的便捷方法是使用"快速用户切换"，该方法不需要注销或关闭程序和文件。

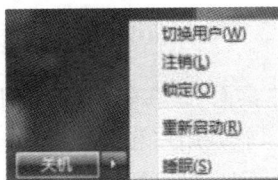

图 1.13　单击"关机"按钮旁的箭头可查看更多选项

"快速用户切换"的操作方法是：如图 1.13 所示，单击"开始"按钮，然后单击"关机"按钮旁边的箭头，单击"切换用户"。或按 Ctrl + Alt + Delete 键，然后单击希望切换到的用户。

为了便于不同的用户快速登录来使用计算机，中文版 Windows 7 提供了注销的功能，应用注销功能，从 Windows 注销后，正在使用的所有程序都会关闭，但计算机不会关闭。

中文版 Windows 7 的注销，可执行下列操作：

当用户需要注销时，如图 1.13 所示，在"开始"菜单"关机"项中单击"注销"，这时桌面上会出现"注销"对话框，提示用户关闭已打开的窗口和确认要注销。

2. 关闭计算机

关闭：用完计算机以后应将其正确关闭，这一点很重要，不仅是因为节能，这样做还有助于使计算机更安全，并确保数据得到保存。关闭计算机的方法有三种：按计算机的电源按钮，使用"开始"菜单上的"关机"按钮，如果是便携式计算机，合上其盖子。

如图 1.14 所示，在"开始"菜单中单击"关机"按钮时，计算机关闭所有打开的程序以及 Windows 本身，然后完全关闭计算机和显示器。关机不会保存工作文件，因此必须首先保存已打开的文件。

图 1.14　"关机"按钮

使用睡眠：可以选择使计算机睡眠，而不是将其关闭。在计算机进入睡眠状态时，显示器将关闭，而且通常计算机的风扇也会停止。通常，计算机机箱外侧的一个指示灯闪烁或变黄就表示计算机处于睡眠状态。这个过程只需要几秒钟。

若要唤醒计算机，可按下计算机机箱上的电源按钮。因为不必等待 Windows 启动，所以将在数秒钟内唤醒计算机，并且几乎可以立即恢复工作。

尽管使计算机睡眠是最快的关闭方式，并且也是快速恢复工作的最佳选择，但是有些时候还是需要选择关闭计算机。

关闭：选择此项后，系统将停止运行，保存设置退出，并且会自动关闭电源。用户不再使用计算机时选择该项可以安全关机。

重新启动：此选项将关闭并重新启动计算机。用户也可以在关机前关闭所有的程序，然后使用 Alt + F4 组合键快速调出"关闭计算机"对话框进行关机。

1.5.3　Windows 7 的桌面

"桌面"是在安装好中文版 Windows 7 后，用户启动计算机登录到系统后看到的整个屏幕界面，它是用户和计算机进行交流的窗口，上面可以存放用户经常用到的应用程序和文件夹图标，用户可以根据自己的需要在桌面上添加各种快捷图标，在使用时双击图标就能够快速启动相应的程序或文件。

用户可以通过桌面管理计算机，与以往任何版本的 Windows 相比，中文版 Windows 7 桌面有着更加漂亮的画面、更富个性的设置和更为强大的管理功能。

当用户安装好中文版 Windows 7 登录系统，可以看到如图 1.15 所示桌面。

1. 桌面上的图标

"图标"是指在桌面上排列的小图像，它包含图形、说明文字两部分，如果用户把鼠标放在图标上停留片刻，桌面上会出现对图标所表示内容的说明或者是文件存放的路径，双击图标就可以打开相应的内容。

安装好中文版 Windows 7，启动后的桌面默认图标即系统图标，说明如下：

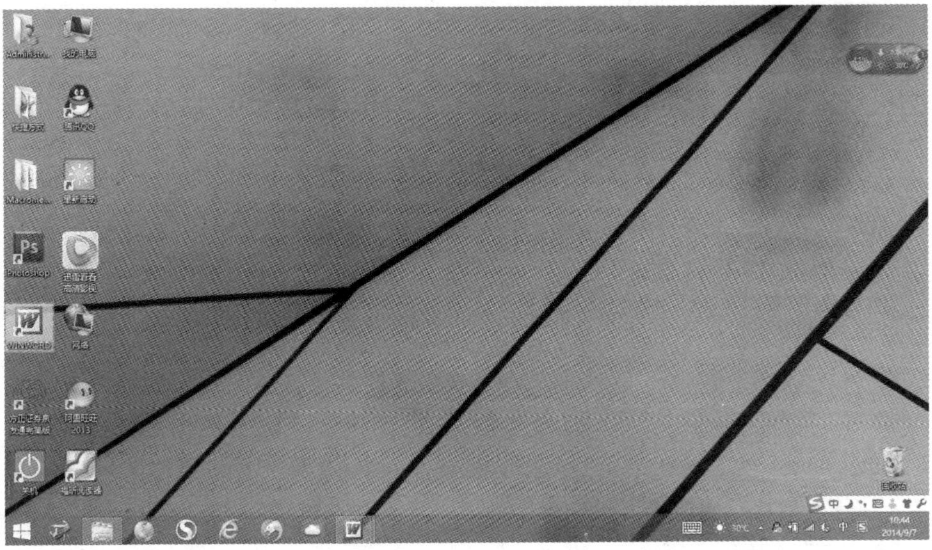

图 1.15　Windows 7 桌面

"Administrator"图标：它用于管理"Administrator"下的文件和"我的文档"等文件夹，可以保存图片、音乐、下载和其他文档，它是系统默认的文档保存位置。

"计算机"图标：用户通过该图标可以实现对计算机硬盘驱动器、文件夹和文件的管理，在其中用户可以访问连接到计算机的硬盘驱动器、照相机、扫描仪和其他硬件以及有关信息。

"网络"图标：该项中提供了公用网络和本地网络属性，在双击展开的窗口中用户可以进行查看工作组中的计算机、查看网络位置及添加网络位置等工作。

"回收站"图标：在回收站中暂时存放着用户已经删除的文件或文件夹等一些信息，当用户还没有清空回收站时，可以从中还原删除的文件或文件夹。

"Internet Explorer"图标：用于浏览互联网上的信息，通过双击该图标可以访问网络资源。

如果用户想恢复桌面上系统默认的图标，可执行下列操作：

(1)右击桌面，在弹出的快捷菜单中选择"个性化"命令。

(2)在打开的对话框中单击"更改桌面图标"，打开"桌面图标设置"对话框。

(3)在"桌面图标"选项组中选中"我的电脑""网上邻居"等复选框(若取消选择则在桌面隐藏该图标)，单击"确定"按钮返回到"个性化"对话框。

(4)单击"应用"按钮，然后关闭该对话框，这时用户就可以看到系统默认的图标。

2.创建桌面图标

创建桌面图标可执行下列操作：

(1)右击桌面上的空白处，在弹出的快捷菜单中选择"新建"命令。

(2)利用"新建"命令下的子菜单，用户可以创建各种形式的图标，比如文件夹、快捷方式、文本文档等，如图 1.16 所示。

(3)当用户选择了所要创建的选项后，在桌面上会出现相应的图标，用户可以为它命名，以便于识别。

其中当用户选择了"快捷方式"命令后，出现一个"创建快捷方式"向导，该向导会帮助用户创建本地或网络程序、文件、文件夹、计算机或 Internet 地址的快捷方式，可以手动键入项目的位置，也可以单击"浏览"按钮，在打开的"浏览文件夹"窗口中选择快捷方式的图标，确定后，即可在桌面上建立相应的快捷方式。

3. 图标的排列与查看

在桌面上的空白处右击，在弹出的快捷单中选择"排序方式"命令，在子菜单项目中包含了多种排列方式，如图 1.17 所示。

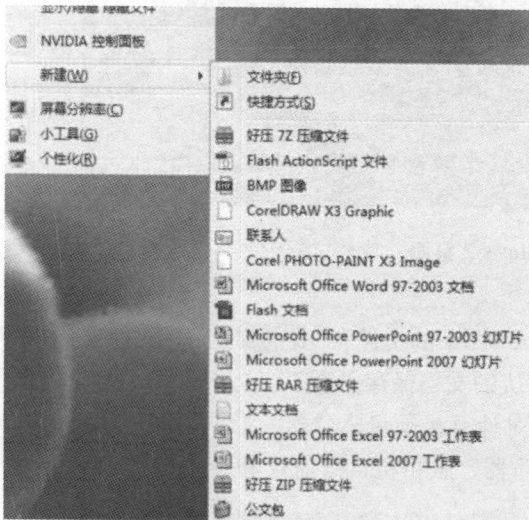

图 1.16 "新建"命令组

图 1.17 "排序方式"命令

· 名称：按图标名称开头的字母或拼音顺序排列。

· 大小：按图标所代表文件的大小的顺序来排列。

· 项目类型：按图标所代表的文件的类型来排列。

· 修改日期：按图标所代表文件的最后一次修改时间来排列。

当用户选择"查看"子菜单其中几项后，在其旁边出现"√"标志，说明该选项被选中，再次选择这个命令后，"√"标志消失，即表明取消了此选项。如果用户选择了"自动排列"命令，在对图标进行移动时会出现一个选定标志，这时只能在固定的位置将各图标进行位置的互换，而不能拖动图标到桌面上任意位置。而当选择了"对齐到网格"命令后，如果调整图标的位置时，它们总是成行成列地排列，也不能移动到桌面上任意位置。当用户取消了"显示桌面图标"命令前的"√"标志后，桌面上将不显示任何图标。

4. 图标的重新命名与删除

若要给图标重新命名，可执行下列操作：

(1)在该图标上右击。

(2)在弹出的快捷菜单中选择"重命名"命令。

(3)当图标的文字说明位置呈反色显示时，用户可以输入新名称，然后在桌面上任意位置单击，即可完成对图标的重新命名。

　　右击需要删除的图标,在弹出的快捷菜单中执行"删除"命令。也可以在桌面上选中该图标,然后在键盘上按下"Delete"键直接删除。当选择删除命令后,系统会弹出一个对话框询问用户是否确实要删除所选内容并移入回收站。用户单击"是",删除生效,单击"否"或者是单击对话框的关闭按钮,此次操作取消。

1.5.4　中文版 Windows 7 的窗口

　　当用户打开一个文件或者是应用程序时,都会出现一个窗口,窗口是用户进行操作时的重要组成部分,熟练地对窗口进行操作,会提高用户的工作效率。

　　一、窗口的组成

　　在中文版 Windows 7 中有许多种窗口,其中大部分都包括了相同的组件,如图 1.18 所示是一个标准的窗口,它由标题栏、菜单栏、工具栏等几部分组成。

　　标题栏:位于窗口的最上部,它标明了当前窗口的名称,左侧有控制菜单按钮,右侧有最小化、最大化或还原以及关闭按钮。

　　菜单栏:在标题栏的下面,它提供了用户在操作过程中要用到的各种访问途径。

图 1.18　窗口

　　工具栏:其中包括了一些常用的功能按钮,用户在使用时可以直接从上面选择各种工具。

　　状态栏:它在窗口的最下方,标明了当前有关操作对象的一些基本情况。

　　工作区域:它在窗口中所占的比例最大,显示了应用程序界面或文件中的全部内容。

　　滚动条:当工作区域的内容太多而不能全部显示时,窗口将自动出现滚动条,用户可以通过拖动水平或者垂直的滚动条来查看所有的内容。

　　二、窗口的操作

　　窗口操作在 Windows 系统中是很重要的,不但可以通过鼠标使用窗口上的各种命令来操作,而且可以通过键盘来使用快捷键操作。基本的操作包括打开、缩放和移动等。

　　1. 打开窗口

　　当需要打开一个窗口时,可以通过下面两种方式来实现:

　　(1)选中要打开的图标,然后双击打开;

　　(2)在选中的图标上右击,在其快捷菜单中选择"打开"命令。

　　2. 移动窗口

　　在标题栏上按下鼠标左键拖动,移动到合适的位置后再松开,即可完成移动的操作。

　　需要精确地移动窗口可以在标题栏上右击,在打开的快捷菜单中选择"移动"命令,当屏幕上出现移动标志时,再通过按键盘上的方向键移动到合适的位置后用鼠标单击或者按回车键确认即可。

　　3. 缩放窗口

　　窗口不但可以移动到桌面上的任何位置,而且还可以随意改变大小将其调整到合适的尺寸:

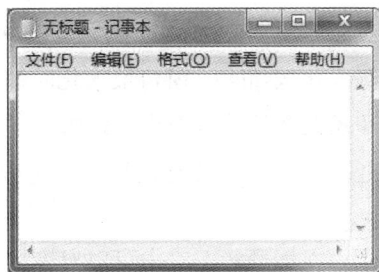

（1）当用户只需要改变窗口的宽度时，可把鼠标放在窗口的垂直边框上，当鼠标指针变成双向箭头时，可以任意拖动。如果只需要改变窗口的高度时，可以把鼠标放在水平边框上，当指针变成双向箭头时进行拖动。当需要对窗口进行等比缩放时，可以把鼠标放在边框的任意角上进行拖动。

（2）用户也可以用鼠标和键盘的配合来完成，在标题栏上右击，在打开的快捷菜单中选择"大小"命令，应用键盘上的方向键来调整窗口的高度和宽度，调整至合适位置时，用鼠标单击或者按回车键结束。

4. 最大化、最小化窗口

用户在对窗口进行操作的过程中，可以根据自己的需要，把窗口最小化、最大化等。

最小化按钮▣：在标题栏上单击此按钮，窗口会以按钮的形式缩小到任务栏。

最大化按钮▣：窗口最大化时铺满整个桌面，这时不能再移动或者是缩放窗口。在标题栏上单击此按钮即可使窗口最大化。

还原按钮▣：当把窗口最大化后想恢复原来打开时的初始状态，单击此按钮即可实现对窗口的还原。

用户在标题栏上双击可以对窗口进行最大化与还原切换。每个窗口标题栏的左方都会有一个表示当前程序或者文件特征的控制菜单按钮，单击即可打开控制菜单，应用控制菜单与右击标题栏所弹出的快捷菜单的操作内容一致。

用户也可以通过快捷键来完成以上的操作。用 Alt + 空格键来打开控制菜单，然后根据菜单中的提示，在键盘上输入相应的字母，比如最小化输入字母"N"，通过这种方式可以快速完成相应的操作。

5. 切换窗口

当用户打开多个窗口时，需要在各个窗口之间进行切换，下面是几种切换的方式：

当窗口处于最小化状态时，用户在任务栏上选择所要操作窗口的按钮，然后单击即可完成切换。当窗口处于非最小化状态时，可以在所选窗口的任意位置单击，当标题栏的颜色变深时，表明完成对窗口的切换。

用 Alt + Tab 组合键来完成切换，用户可以在键盘上同时按下"Alt"和"Tab"两个键，屏幕上会出现切换任务栏，在其中列出了当前正在运行的窗口，用户这时可以按住"Alt"键，然后在键盘上按"Tab"键从"切换任务栏"中选择所要打开的窗口，选中后再松开两个键，选择的窗口即可成为当前窗口，如图 1.19 所示。

图 1.19　切换任务栏

6. 关闭窗口

用户完成对窗口的操作后，在关闭窗口时有下面几种方式：

（1）直接在标题栏上单击"关闭"按钮▨。

（2）双击控制菜单按钮。

（3）单击控制菜单按钮，在弹出的控制菜单中选择"关闭"命令。

（4）使用 Alt + F4 组合键。

三、窗口的排列

当用户在对窗口进行操作时打开了多个窗口，而且需要全部处于全显示状态，这就涉及排列的问题，中文版 Windows 7 为用户提供了三种排列的方案以供选择：

"层叠窗口""堆叠显示窗口"或"并排显示窗口"。

在任务栏上的非按钮区右击，在弹出的快捷菜单中选择排列方式。

在选择了某项排列方式后，在任务栏快捷菜单中会出现相应撤销该选项的命令，例如，用户执行了"层叠窗口"命令后，任务栏的快捷菜单会增加一项"撤销层叠"命令，可撤销当前窗口排列。

1.5.5　使用对话框

对话框是用户与计算机系统之间进行信息交流的窗口，对话框是特殊类型的窗口，在对话框中用户可以选择选项，对系统进行对象属性的修改或者设置。

一、对话框的组成

对话框的组成和窗口有相似之处但对话框要比窗口更简洁、更直观、更侧重于与用户的交流，它一般包含有标题栏、选项卡与标签、文本框、列表框、命令按钮、单选按钮和复选框等几部分。

标题栏：位于对话框的最上方，系统默认的是深蓝色，上面左侧标明了该对话框的名称，右侧有关闭按钮，有的对话框还有帮助按钮。

选项卡和标签：在系统中有很多对话框都是由多个选项卡构成的，选项卡上写明了标签，以便于进行区分。用户可以通过各个选项卡之间的切换来查看不同的内容，在选项卡中通常有不同的选项组。例如，在"任务栏和开始菜单"对话框中包含了"任务栏""开始菜单""工具栏"三个选项卡，如图 1.20 所示。

文本框：在有的对话框中需要用户手动输入某项内容，还可以对各种输入内容进行修改和删除操作。一般在其右侧会带有向下的箭头，可以单击箭头在展开的下拉列表中查看最近曾经输入过的内容。比如在桌面上单击"开始"按钮，选择"运行"命令，可以打开"运行"对话框，这时系统要求用户输入要运行的程序或者文件名称，如图 1.21 所示。

列表框：有的对话框在选项组下已经列出了众多的选项，用户可以从中选取，但是通常不能更改。比如前面我们所说讲到的"显示属性"对话框中的桌面选项卡，系统自带了多张图片，用户是不可以进行修改的。

命令按钮：它是指在对话框中圆角矩形并且带有文字的按钮，常用的有"确定""应用""取消"等等。

选按钮：它通常是一个小圆形，其后面有相关的文字说明，当选中后，在圆形中间会出现一个绿色的小圆点，在对话框中通常是一个选项组中包含多个单选按钮，当选中其中一个后，别的选项是不可以选的。

　　复选框：它通常是一个小正方形，在其后面也有相关的文字说明，当用户选择后，在正方形中间会出现一个"√"标志，它是可以任意选择的。

　　另外，在有的对话框中还有调节数字的按钮 ，它由向上和向下两个箭头组成，用户在使用时分别单击箭头即可增加或减少数字。

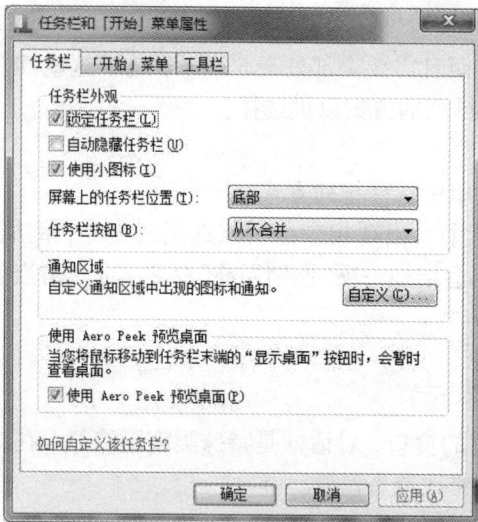

图1.20　"任务栏和开始菜单属性"对话框　　　　　图1.21　"运行"对话框

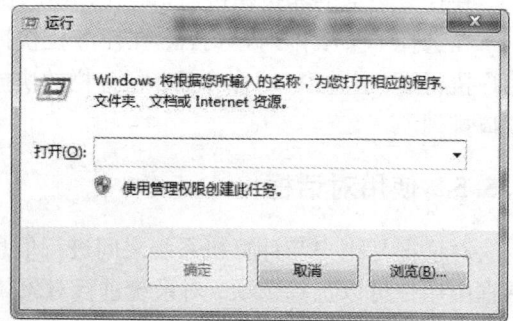

二、对话框的操作

　　对话框的操作包括对话框的移动、关闭、对话框中的切换等。下面介绍关于对话框的有关操作。

　　1.对话框的移动和关闭

　　用户要移动对话框时，可以在对话框的标题上按下鼠标左键拖动到目标位置再松开，也可以在标题栏上右击，选择"移动"命令，然后在键盘上按方向键来改变对话框的位置，到目标位置时，用鼠标单击或者按回车键确认，即可完成移动操作。

　　关闭对话框的方法有下面几种：单击"确认"按钮或者"应用"按钮，可在关闭对话框的同时保存用户在对话框中所做的修改。如果用户要取消所做的改动，可以单击"取消"按钮，或者直接在标题栏上单击关闭按钮，也可以在键盘上按 Esc 键退出对话框。

　　2.在对话框中的切换

　　由于有的对话框中包含多个选项卡，在每个选项卡中又有不同的选项组，在操作对话框时，可以利用鼠标来切换，也可以使用键盘来实现。

　　在不同的选项卡之间的切换：

　　用户可以直接用鼠标来进行切换，也可以先选择一个选项卡，即该选项卡出现一个虚线框时，然后按键盘上的方向键来移动虚线框，这样就能在各选项卡之间进行切换。

　　用 Ctrl + Tab 组合键从左到右切换各个选项卡，而 Ctrl + Tab + Shift 组合键为反向顺序切换。

在相同的选项卡中的切换：

在不同的选项组之间切换，可以按 Tab 键以从左到右或者从上到下的顺序进行切换，而 Shift + Tab 键则按相反的顺序切换。

相同的选项组之间的切换，可以使用键盘上的方向键来完成。

1.6 Windows 的文件管理

1.6.1 资源管理器

资源管理器是 Windows 的另一个系统资源管理工具，主要用于查找、复制和移动文件（夹）、格式化磁盘，以及执行其他资源管理的任务，如图 1.22 所示。资源管理器窗口左边是显示文件及文件夹的目录树，其中包括了 Windows 能够找到的所有资源；右边显示当前活动的文件夹下的子文件夹及文件。

图 1.22 "资源管理器"窗口

启动 Windows 7 资源管理器常用方法有三种：

（1）选择"开始"→"更多程序"→"附件"→"资源管理器"菜单命令。

（2）右键单击"开始"按钮，在其快捷菜单中选择"资源管理器"选项。

（3）在桌面上右击"我的电脑"图标，在弹出的快捷菜单中选择"资源管理器"选项。

三种启动方式，其屏幕显示略有不同。按第（1）种方式打开"资源管理器"，其窗口外观如图 1.22 所示。其他两种打开方式，只是主窗口中的显示内容不同，那是由不同打开方式进入资源管理器时，所处的当前文件夹不同而造成的。

1.6.2 文件、文件夹及其操作

文件是操作系统用来存储和管理信息的基本单位,用来保存各种信息,如声音、文字、图片、视频信息等。

文件夹通常用 📁 图标来表示,它是 Windows 操作系统管理和组织文件的一种方法,是为方便用户存储、查找、维护文件而设置的。用户可以将文件存储在同一个文件夹中,也可以存储在不同的文件夹中。用户还可以在文件夹中创建子文件夹。

一、文件的命名规则

不能超过 255 个字符,1 个汉字相当于两个字符。

不能出现下列字符:斜线(/)、反斜线(\)、竖线(│)、小于号(<)、大于号(>)、冒号(:)、引号("和')、问号(?)、星号(＊)。

不区分大小写字母。

最后一个句点(.)后面的字符(通常为 3 个)为扩展名,用来表示文件的类型。

同一个文件夹中,文件、文件夹不能同名。所谓的同名是指主名与扩展名完全相同。

Windows 常见文件扩展名见表 1.1:

表 1.1

扩展名	文件类型	图标	扩展名	文件类型	图标
.txt	文本文件		.avi	视频文件	
.doc	Word 文档文件		.rar	WinRAR 压缩文件	
.xls	Excel 文档文件		.html	网页文档文件	
.bmp	位图文件		.jpg	压缩图像文件	

二、创建新文件夹

用户可以创建新的文件夹来存放具有相同类型或相近形式的文件,步骤如下:

(1)双击桌面"计算机"图标,打开"资源管理器",如图 1.23 所示。

(2)双击要新建文件夹的磁盘,打开该磁盘。

(3)选择"文件"→"新建"→"文件夹"命令,或单击右键,在弹出的快捷菜单中选择"新建"→"文件夹"命令即可新建一个文件夹。

(4)在新建的文件夹名称文本框中输入文件夹的名称,单击 Enter 键或鼠标单击其他地方确认即可。

三、移动和复制文件或文件夹

在实际应用中,有时用户需要将某个文件或文件夹移动或复制到其他地方以方便使用,

图 1.23　资源管理器

这时就需要用到移动或复制命令。移动文件或文件夹就是将文件或文件夹放到其他地方，执行移动命令后，原位置的文件或文件夹消失，出现在目标位置；复制文件或文件夹就是将文件或文件夹复制一份，放到其他地方，执行复制命令后，原位置和目标位置均有该文件或文件夹。

移动和复制文件或文件夹的操作步骤如下：

（1）选择要进行移动或复制的文件或文件夹。

（2）单击"编辑"→"剪切""复制"命令，或单击右键，在弹出的快捷菜单中选择"剪切""复制"命令。

（3）选择目标位置。

（4）选择"编辑"→"粘贴"命令，或单击右键，在弹出的快捷菜单中选择"粘贴"命令即可。

按住 Shift 键选择多个相邻的文件或文件夹；按住 Ctrl 键选择多个不相邻的文件或文件夹；若非选文件或文件夹较少，可先选择非选文件或文件夹，然后单击"编辑"→"反向选择"命令即可；若要选择所有的文件或文件夹，可单击"编辑"→"全部选定"命令或按 Ctrl + A 键。

四、重命名文件或文件夹

给文件或文件夹重新命名一个新的名称，使其可以更符合用户的要求，步骤如下：

（1）选择要重新命名的文件或文件夹。

（2）单击"文件"→"重命名"命令，或单击右键，在弹出的快捷菜单中选择"重命名"命令。

（3）这时文件或文件夹的名称将处于编辑状态（蓝色反白显示），用户可直接键入新的名称进行重命名操作。

也可在文件或文件夹名称处直接单击两次（两次单击间隔时间应稍长一些，以免使其变为双击），使其处于编辑状态，键入新的名称进行重命名操作。

五、删除文件或文件夹

当有的文件或文件夹不再需要时，用户可将其删除掉，以利于对文件或文件夹进行管理。删除后的文件或文件夹将被放到"回收站"中，用户可以选择将其彻底删除或还原到原来的位置，操作如下：

（1）选定要删除的文件或文件夹。若要选定多个相邻的文件或文件夹，可按住 Shift 键进行选择；若要选定多个不相邻的文件或文件夹，可按住 Ctrl 键进行选择。

（2）选择"文件"→"删除"命令，或单击右键，在弹出的快捷菜单中选择"删除"命令。

（3）弹出"确认文件/文件夹删除"对话框，如图 1.24 所示。

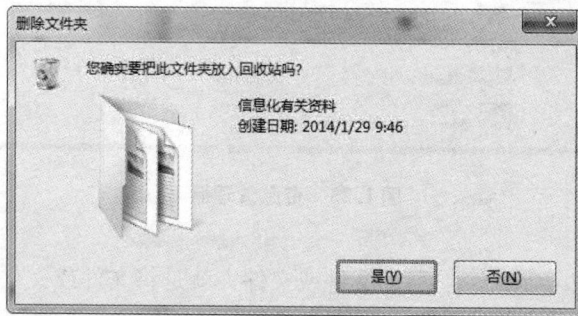

图 1.24　"删除文件夹"对话框

（4）若确认要删除，可单击"是"按钮；若不删除，可单击"否"按钮。

从网络位置删除的项目、从可移动媒体（例如 U 盘、移动硬盘）删除的项目或超过"回收站"存储容量的项目将不被放到"回收站"中，而被彻底删除且不能还原。

六、删除或还原"回收站"中的文件或文件夹

"回收站"为用户提供了一个安全的删除文件或文件夹的解决方案，用户从硬盘中删除文件或文件夹时，Windows 7 会将其自动放入"回收站"中，直到用户将其清空或还原到原位置。

删除或还原"回收站"中文件或文件夹的操作步骤如下：

（1）双击桌面上的"回收站" 图标。

（2）打开"回收站"对话框，如图 1.25 所示。

图 1.25　"回收站"对话框

（3）若要删除"回收站"中所有的文件和文件夹，可单击"清空回收站"命令；若要还原所有的文件和文件夹，可单击"还原所有项目"命令；若要还原文件或文件夹，可选中该文件或文件夹，单击窗口中的"恢复此项目"命令，或右击该对象选择"还原"，若要还原多个文件或文件夹，可按住 Ctrl 键选定多个文件或文件夹。

删除"回收站"中的文件或文件夹，意味着将该文件或文件夹彻底删除，无法再还原；若还原已删除文件夹中的文件，则该文件夹将在原来的位置重建，然后在此文件夹中还原文件；当回收站满后，Windows 7 将自动清除"回收站"中的空间以存放最近删除的文件和文件夹。也可以选中要删除的文件或文件夹，将其拖到"回收站"中进行删除。若想直接删除文件或文件夹，而不将其放入"回收站"中，可在拖到"回收站"时按住 Shift 键，或选中该文件或文件夹，按 Shift + Delete 键。

七、更改文件或文件夹属性

文件或文件夹包含三种属性：只读、隐藏和存档。若将文件或文件夹设置为"只读"属性，则该文件或文件夹不允许更改和删除；若将文件或文件夹设置为"隐藏"属性，则该文件或文件夹在常规显示中将不被看到；若将文件或文件夹设置为"存档"属性，则表示该文件或文件夹已存档，有些程序用此选项来确定哪些文件需做备份。

更改文件或文件夹属性的操作步骤如下：

（1）选中要更改属性的文件或文件夹。

（2）选择"文件"→"属性"命令，或单击右键，在弹出的快捷菜单中选择"属性"命令，打开"属性"对话框。

（3）选择"常规"选项卡，如图 1.26 所示。

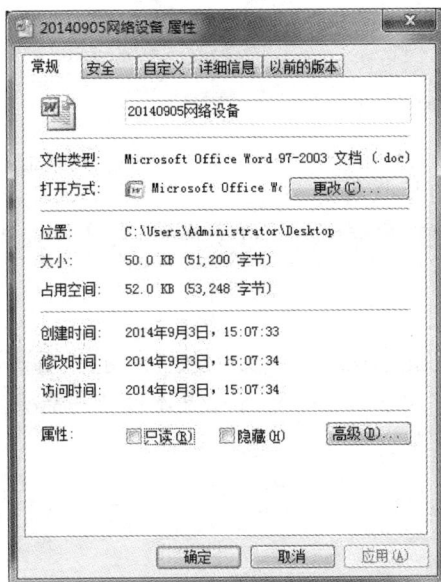

图 1.26　"常规"选项卡　　　　　图 1.27　"搜索"对话框

（4）在该选项卡的"属性"选项组中选定需要的属性复选框。

（5）单击"应用"按钮，并"确定"。

若是对文件夹设置属性，在单击"应用"按钮后出现的对话框中可选择"仅将更改应用于该文件夹"或"将更改应用于该文件夹、子文件夹和文件"选项，单击"确定"按钮即可关闭该对话框。在"常规"选项卡中，单击"确定"按钮即可应用该属性。

八、搜索文件和文件夹

有时候用户需要查看某个文件或文件夹的内容，却忘记了该文件或文件夹存放的具体位置或名称，这时 Windows 7 提供的搜索文件或文件夹功能就可以帮用户查找该文件或文件夹。

搜索文件或文件夹的具体操作如下：

单击"开始"按钮，在"搜索"栏输入文件或文件夹，输入信息即开始搜索，Windows 7 会将搜索的结果显示在当前对话框中，如图 1.27 所示。

双击搜索后显示的文件或文件夹，即可打开该文件或文件夹。

九、设置共享

Windows 7 网络方面的功能设置更加强大，可以与他人共享单个文件和文件夹，甚至整个库。

1."共享对象"菜单

共享某些内容最快速的方式是使用新的"共享对象"菜单。共享选项取决于共享的文件和计算机连接到的网络类型：家庭组、工作组或域。

（1）在家庭组中共享文件和文件夹。

右键单击要共享的项目，然后单击"共享对象"（图 1.28）。

选择下列选项之一：

家庭组（读取）：此选项与整个家庭组共享项目，但只能打开该项目，家庭组成员不能修改或删除该项目。

家庭组（读取/写入）：此选项与整个家庭组共享项目，可打开、修改或删除该项目。

图 1.28 "共享对象"选项

如果尝试共享一个 Windows 7 公用文件夹中的某些内容，"共享对象"菜单将显示一个称为"高级共享设置"的选项。此选项将引导访问"控制面板"，可以在其中打开或关闭"公用文件夹共享"

（2）在工作组或域中共享文件和文件夹。

右键单击要共享的项目，然后单击"特定用户"，此选项将打开文件共享向导，允许选择与其共享项目的单个用户。如图 1.29 所示，在"文件共享"向导中，单击文本框旁的箭头，从列表中单击名称，然后单击"添加"。

在"权限级别"列下，选择下列选项之一：

读取：收件人可以打开文件，但不能修改或删除文件。

读取/写入：收件人可以打开、修改或删除文件。

添加完用户后，单击"共享"，如果系统提示输入管理员密码或进行确认，请键入该密码或提供确认。

收到项目已共享的确认信息后，执行以下操作之一：

如果安装了电子邮件程序，单击"电子邮件"向某人发送指向共享文件的链接。单击"复

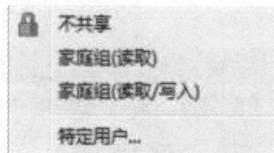

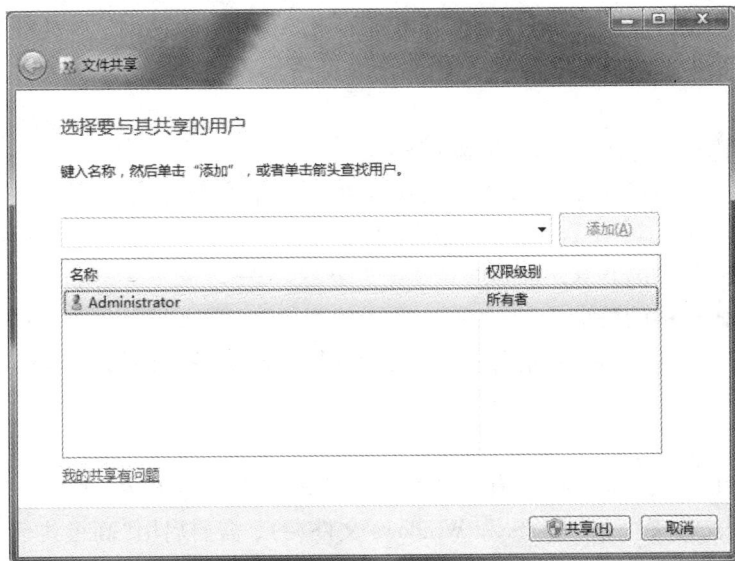

图 1.29　选择要与其共享的用户

制"将显示的链接自动复制到 Windows 剪贴板。然后可以将其粘贴到电子邮件、即时消息或其他程序。完成后，单击"完成"。

如果看不到"共享对象"菜单，则可能是正在尝试共享网络或其他不受支持的位置上的项目。当选择个人文件夹之外的文件时，该菜单也不会出现。

如果启用了密码保护的共享，则要与其共享的用户必须在您的计算机上具有用户账户和密码才能访问共享项目。密码保护的共享位于控制面板中的"高级共享设置"下。默认情况下，该共享处于打开状态。

（3）停止共享文件或文件夹。

右键单击要停止共享的项目，单击"共享对象"，如图 1.28 所示，单击"不共享"。

（4）访问其他家庭组计算机上的文件、文件夹或库。

单击"开始"按钮，然后单击用户名。在导航窗格（左窗格）中的"家庭组"下单击要访问其文件的用户的用户账户。在文件列表中，双击要访问的库，然后双击所需的项目。

2.公用文件夹

可以通过将文件和文件夹复制或移动到 Windows 7 公用文件夹之一（例如公用音乐或公用图片）来共享文件和文件夹。依次单击"开始"按钮、用户账户名称，如图 1.30 所示，单击"库"旁边的箭头展开文件夹进行查找。

在默认情况下，公用文件夹共享处于关闭状态（除非是在家庭组中）。"公用文件夹共享"打开时，计算机或网络上的任何人均可以访问这些文件夹。在其关闭后，只有在您的计算机上具有用户账户和密码的用户才可以访问。

打开或关闭"公用文件夹共享"的步骤如下：

单击打开"高级共享设置"。单击 V 形图标展开当前的网络配置文件。

在"公用文件夹共享"下，选择下列选项之一：

（1）启用共享以便可以访问网络的用户可以读取和写入公用文件夹中的文件。

（2）关闭公用文件夹共享（登录到此计算机的用户仍然可以访问这些文件夹）。

单击"保存更改"。如果系统提示输入管理员密码或进行确认，则键入该密码或提供确认。

打开或关闭密码保护的共享的步骤如下：

单击打开"高级共享设置"。单击 V 形图标展开当前的网络配置文件。

在"密码保护的共享"下，选择下列选项之一：

（1）启用密码保护的共享。

（2）关闭密码保护的共享。

单击"保存更改"。如果系统提示您输入管理员密码或进行确认，请键入该密码或提供确认。

3. 高级共享

出于安全考虑，在 Windows 中有些位置不能直接使用"共享对象"菜单共享。若要共享整个驱动器或系统文件夹（包括 Users 和 Windows 文件夹），需要启用"高级共享"。

一般情况下，不建议共享整个驱动器或 Windows 系统文件夹。

使用"高级共享"共享的步骤如下：

右键单击驱动器或文件夹，单击"共享对象"，然后单击"高级共享"。

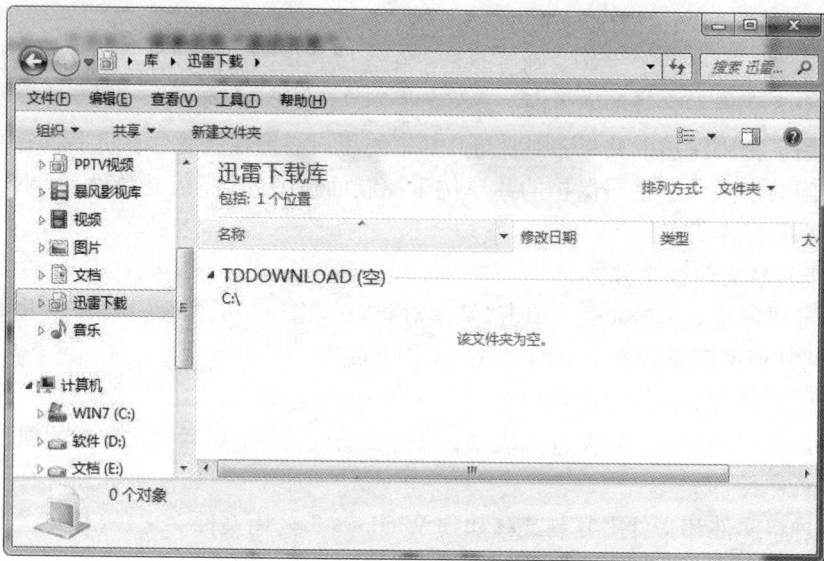

图 1.30　公用文件夹包含在 Windows 库中

如图 1.31 所示，在显示的对话框中，单击"高级共享"。如果系统提示输入管理员密码或进行确认，需键入该密码或提供确认。

在"高级共享"对话框中，选中"共享该文件夹"复选框。

若要指定用户或更改权限，需单击"权限"。

单击"添加"或"删除"来添加或删除用户或组。

选择每个用户或组，选中要为该用户或组分配的权限对应的复选框，然后单击"确定"。

完成后,单击"确定"。

在 Windows 7 中,不能共享驱动器号后有美元符号的驱动器的根目录。例如,不能将 D 驱动器的根目录共享为"D\$ ",但可以将其共享为"D"或任何其他名称。

十、文件夹选项

"文件夹选项"对话框,是系统提供给用户设置文件夹的常规及显示方面的属性,设置关联文件的打开方式及脱机文件等的窗口。

打开"文件夹选项"对话框的步骤为:

(1)单击"开始"按钮,选择"控制面板"命令。

(2)打开"控制面板"对话框。

(3)双击"文件夹选项"图标,即可打开"文件夹选项"对话框。也可以通过双击桌面上的"计算机"图标,在打开的对话框中单击"工具"→"文件夹选项"命令,打开"文件夹选项"对话框。在该对话框中有"常规""查看""文件类型"和"脱机文件"四个选项卡。下面来讲解这四个选项卡中各命令所能实现的功能。

1."常规"选项卡

该选项卡用来设置文件夹的常规属性,如图1.32所示。

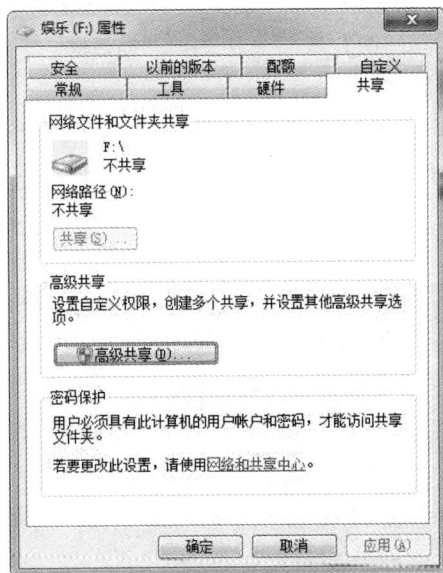

图 1.31　高级共享

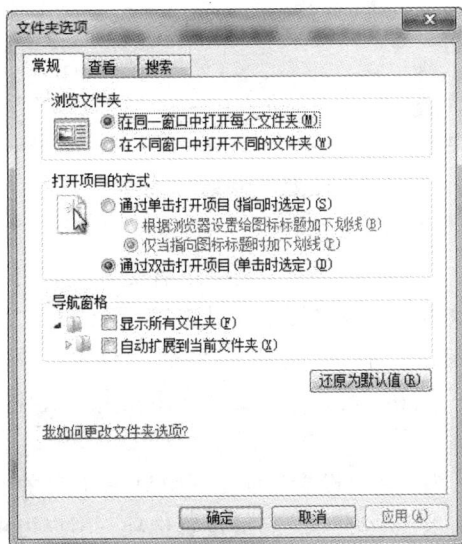

图 1.32　"常规"选项卡

该选项卡中的"浏览文件夹"选项组可设置文件夹的浏览方式,在打开多个文件夹时是在同一窗口中打开还是在不同的窗口中打开。

"打开项目的方式"选项组用来设置文件夹的打开方式,可设定文件夹通过单击打开还是通过双击打开。若选择"通过单击打开项目"单选按钮,则"根据浏览器设置给图标标题加下画线"和"仅当指向图标标题时加下画线"选项变为可用状态,可根据需要选择在何时给图标标题加下画线。

"导航窗格"选项组用于设置是否显示所有文件夹或自动扩展到当前文件夹。

在"导航窗格"选项组下有一个"还原为默认值"按钮,单击该按钮,可还原为系统默认的设置方式。单击"应用"按钮,即可应用设置方案。

2."查看"选项卡

该选项卡用来设置文件夹的显示方式,如图1.33所示。

在该选项卡中的"文件夹视图"选项组中有"应用到文件夹"和"重置所有文件夹"两个按钮。单击"应用到文件夹"按钮,将弹出"文件夹视图"对话框,如图1.34所示。

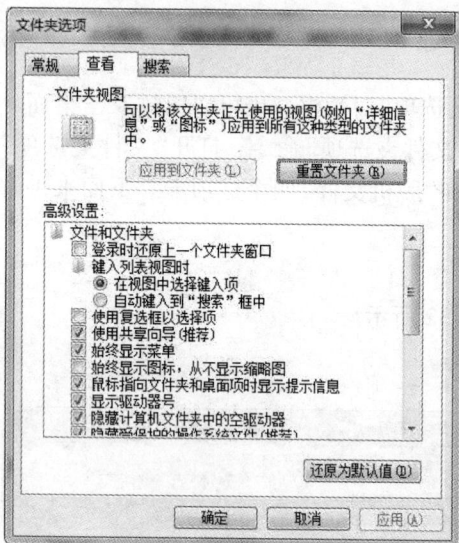

图1.33　"查看"选项卡

图1.34　"文件夹视图"对话框

单击"是"按钮,可使所有文件夹应用当前文件夹的视图设置,单击"重置所有文件夹"按钮,弹出"文件夹视图"对话框,单击"是"按钮,可将所有文件夹还原为默认视图设置。

在"高级设置"列表框中显示了有关文件和文件夹的一些高级设置选项,用户可根据需要进行选择,单击"应用"按钮即可应用所选设置。

单击"还原为默认值"按钮,可还原为系统默认的选项设置。

3."搜索"选项卡

"搜索"选项卡如图1.35所示。

在该选项卡中的"搜索内容"列表框中,设置无论是否有索引都搜索文件名和内容;始终搜索文件名和内容。

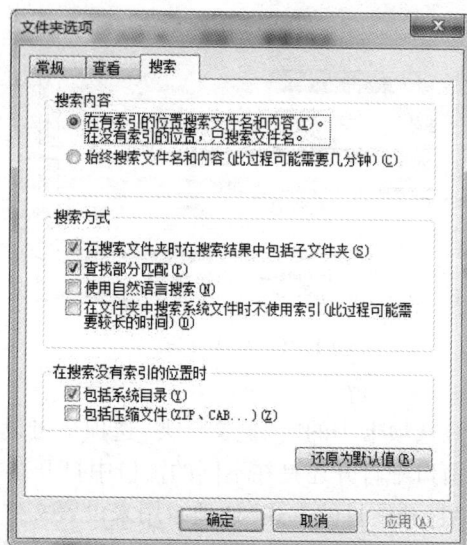

图1.35　"搜索"选项卡

在该选项卡中的"搜索方式"列表框中,用于设置在搜索文件夹时在搜索结果中包括子文件夹;查找部分匹配;使用自然语言搜索;在文件夹中搜索系统文件时不使用索引。

1.7　Windows 7 的基本设置

1.7.1　任务栏和"开始"菜单设置

一、任务栏

任务栏是位于桌面最下方的一个小长条,它显示了系统正在运行的程序和打开的窗口以及当前时间等内容,用户通过任务栏可以完成许多操作,而且也可以对它进行一系列的设置。

1.任务栏的组成

任务栏可分为"开始"菜单按钮、快速启动工具栏、窗口按钮栏和通知区域等几部分,如图 1.36 所示。

图 1.36　任务栏

"开始"菜单按钮:单击此按钮,可以打开"开始"菜单,在用户操作过程中,要用它打开大多数的应用程序。

快速启动工具栏:它由一些小型的按钮组成,单击可以快速启动程序,一般情况下,它包括网上浏览工具 Internet Explorer 图标、收发电子邮件的程序 Outlook Express 图标和显示桌面图标等。

窗口按钮栏:当用户启动某项应用程序而打开一个窗口后,在任务栏上会出现相应的有立体感的按钮,表明当前程序正在被使用,在正常情况下,按钮是向下凹陷的,而把程序窗口最小化后,按钮则是向上凸起的,这样可以使用户观察更方便。

语言栏:在此用户可以选择各种语言输入法,单击"■"按钮,在弹出的菜单中进行选择可以切换为中文输入法,语言栏可以最小化以按钮的形式在任务栏显示,单击右上角的还原小按钮,它也可以独立于任务栏之外。

如果用户还需要添加某种语言,可在语言栏任意位置右击,在弹出的快捷菜单中选择"设置"命令,即可打开"文字服务和输入语言"对话框,用户可以进行设置默认输入语言,对已安装的输入法进行添加、删除,添加世界各国的语言以及设置输入法切换的快捷键等操作。

隐藏和显示按钮:按钮"■"的作用是隐藏不活动的图标和显示隐藏的图标。如果用户在任务栏属性中选择"隐藏不活动的图标"复选框,系统会自动将用户最近没有使用过的图标隐藏起来,以使任务栏的通知区域不至于很杂乱,它在隐藏图标时会出现一个小文本框提醒用户。

扬声器:即任务栏右侧小喇叭形状的按钮,单击后出现音量控制对话框,用户可以通过拖动上面的小滑块来调整扬声器的音量,单击小喇叭可进行"静音"或取消"静音"切换,设置

"静音"则扬声器的声音消失。若单击扬声器图标可打开"扬声器属性"对话框，如图 1.37 所示，可设置扬声器平衡、效果、驱动等。

当用户右击扬声器按钮，在弹出的快捷菜单中单击"音量合成器"，在打开的对话框中，在其中显示了有关音频的设备和应用程序信息，也可以对其进一步调整。

当用户右击扬声器按钮，在弹出的快捷菜单中单击"声音"，在"声音"选项卡中，用户可以改变应用于 Windows 和程序事件中的声音方案，单击"浏览"按钮，在打开的对话框中可选择系统提供的多种声音方案。

日期指示器：在任务栏的最右侧，显示了当前的时间和日期，单击打开"日期和时间属性"对话框，用户可以在该对话框中完成时间和日期的校对、时区的设置，还可以设置与 Internet 时间同步，可以使本机上的时间与互联网上的时间保持一致。

2. 自定义任务栏

系统默认的任务栏位于桌面的最下方，用户可以根据自己的需要把它拖到桌面的任何边缘处及改变任务栏的宽度，通过改变任务栏的属性，还可以让它自动隐藏。

（1）任务栏的属性。

用户在任务栏上的非按钮区域右击，在弹出的快捷菜单中选择"属性"命令，即可打开"任务栏和开始菜单属性"对话框，如图 1.38 所示。

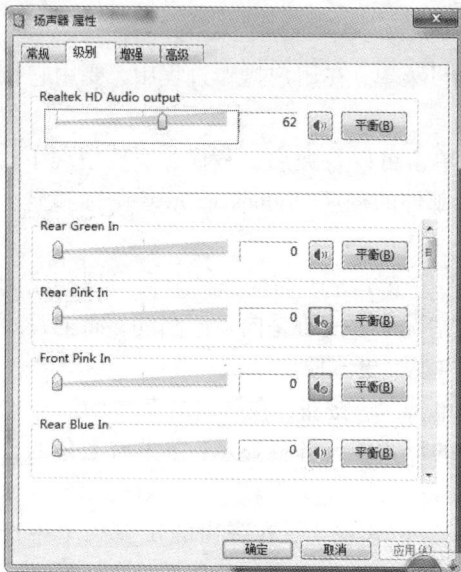

图 1.37　"扬声器属性"对话框

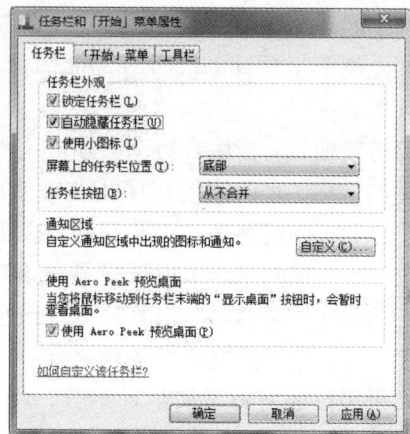

图 1.38　"任务栏和开始菜单属性"对话框

在"任务栏外观"选项组中，用户可以通过对复选框的选择来设置任务栏的外观。

锁定任务栏：当锁定后，任务栏不能被随意移动或改变大小。

自动隐藏任务栏：当用户不对任务栏进行操作时，它将自动消失，当用户需要使用时，可以把鼠标放在任务栏位置，它会自动出现。

使用最小图标：设置小图标显示。

屏幕上的任务栏位置：底部、左侧、右侧、顶部。

　　任务栏按钮：把相同的程序或相似的文件归类分组合并而使用同一个按钮，这样不至于在用户打开很多的窗口时，按钮变得很小而不容易被辨认，使用时，只要找到相应的按钮组就可以找到要操作的窗口名称。

　　在"通知区域"选项组中，用户可以选择把最近没有点击过的图标隐藏起来以便保持通知区域的简洁明了。单击"自定义"按钮，在打开的"自定义通知"对话框中，用户可以进行隐藏或显示图标的设置，如图1.39所示。

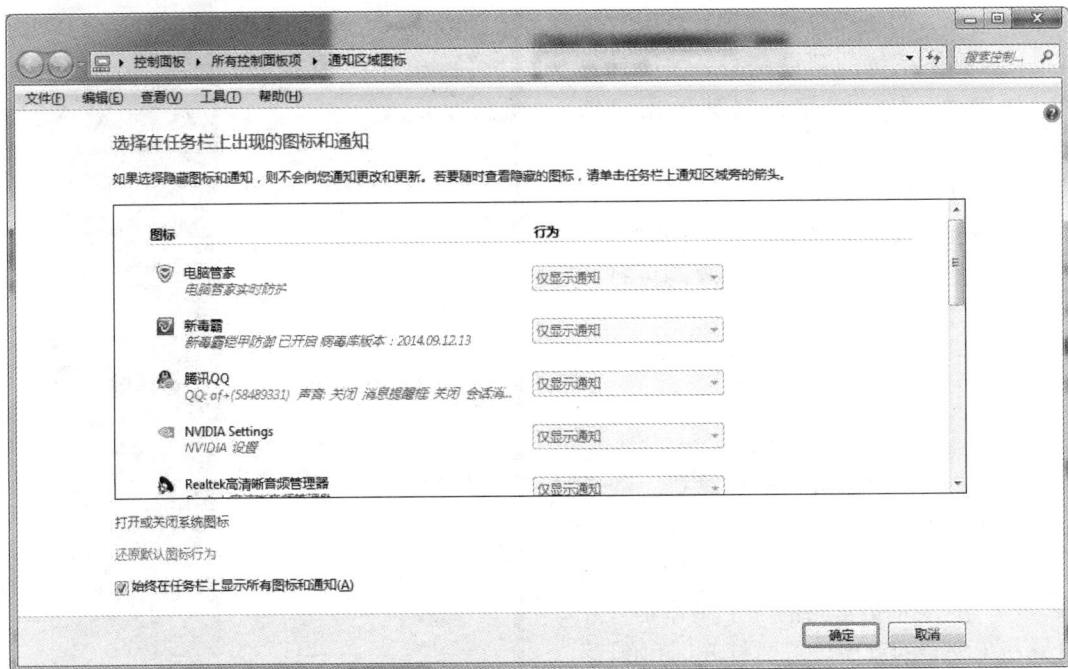

图1.39　"自定义通知"对话框

　　(2)改变任务栏及各区域大小。

　　当任务栏位于桌面的下方妨碍了用户的操作时，可以把任务栏拖动到桌面的任意边缘，在移动时，用户先确定任务栏处于非锁定状态，然后在任务栏上的非按钮区按下鼠标左键拖动到所需要边缘再放手，这样任务栏就会改变位置。

　　有时用户打开的窗口比较多而且都处于最小化状态时，在任务栏上显示的按钮会变得很小，用户观察会很不方便，这时，可以改变任务栏的宽度来显示所有的窗口，把鼠标放在任务栏的上边缘，当出现双箭头指示时，按下鼠标左键不放拖动到合适位置再松开手，使任务栏变宽，即可显示所有的按钮。

　　任务栏中的各组成部分所占比例也是可以调节的，当任务栏处于非锁定状态时，各区域的分界处将出现两竖排凹陷的小点，把鼠标放在上面，出现双向箭头后，按下鼠标左键拖动即可改变各区域的大小。

二、[开始]菜单

　　如图1.40所示，[开始]菜单是计算机程序、文件夹和设置的主门户。之所以称之为"菜单",是因为它提供一个选项列表,就像餐馆里的菜单那样。至于"开始"的含义,在于它通常是用户要启动或打开某项内容的位置。

1.使用[开始]菜单可执行的任务

使用[开始]菜单可执行的任务有:启动程序,打开常用的文件夹,搜索文件、文件夹和程序,调整计算机设置,获取有关 Windows 操作系统的帮助信息,关闭计算机,注销 Windows 或切换到其他用户账户等。

2.打开[开始]菜单

单击屏幕左下角的[开始]按钮 ◉,或者按键盘上的 Windows 徽标键 ◈ 均可打开[开始]菜单。

3.[开始]菜单的组成部分

如图 1.40 所示,[开始]菜单分为三个基本部分:

(1)左边的大窗格显示计算机上程序的一个短列表。

单击"所有程序"可显示程序的完整列表。[开始]菜单最常见的一个用途是打开计算机上安装的程序。若要打开[开始]菜单左边窗格中显示的程序,可单击它打开程序,并且[开始]菜单随之关闭。如果看不到所需的程序,可单击左边窗格底部的

图 1.40   [开始]菜单

"所有程序"。左边窗格会立即按字母顺序显示程序的长列表,后跟一个文件夹列表。若要返回到刚打开[开始]菜单时看到的程序,可单击菜单底部的"后退"。如果不清楚某个程序是做什么用的,可将指针移动到其图标或名称上。会出现一个框,该框通常包含了对该程序的描述。

[开始]菜单中的程序列表随着时间的推移也会发生变化,出现这种情况有两种原因:首先,安装新程序时,新程序会添加到"所有程序"列表中;其次,[开始]菜单会检测最常用的程序,并将其置于左边窗格中以便快速访问。

(2)左边窗格的底部是搜索框,通过键入搜索项可在计算机上查找程序和文件。

(3)右边窗格提供对常用文件夹、文件、设置和功能的访问。在这里还可以注销 Windows 或关闭计算机。

个人文件夹:打开个人文件夹(它是根据当前登录到 Windows 的用户命名的)。例如,如果当前用户是 Molly Clark,则该文件夹的名称为 Molly Clark。此文件夹依次包含特定于用户的文件,其中包括"文档""音乐""图片"和"视频"文件夹。

文档：打开"文档"文件夹。您可以在这里存储和打开文本文件、电子表格、演示文稿以及其他类型的文档。

图片：打开"图片"文件夹，您可以在这里存储和查看数字图片及图形文件。

音乐：打开"音乐"文件夹，您可以在这里存储和播放音乐及其他音频文件。

游戏：打开"游戏"文件夹，您可以在这里访问计算机上的所有游戏。

计算机：打开一个窗口，您可以在这里访问磁盘驱动器、照相机、打印机、扫描仪及其他连接到计算机的硬件。

控制面板：打开"控制面板"，您可以在这里自定义计算机的外观和功能、安装或卸载程序、设置网络连接和管理用户账户。

设备和打印机：打开一个窗口，您可以在这里查看有关打印机、鼠标和计算机上安装的其他设备的信息。

默认程序：打开一个窗口，您可以在这里选择要让 Windows 运行用于诸如 Web 浏览活动的程序。

帮助和支持：打开 Windows 帮助和支持，您可以在这里浏览和搜索有关使用 Windows 和计算机的帮助主题。

4. 自定义[开始]菜单

应用自定义可以控制要在[开始]菜单上显示的项目。例如，可以将喜欢的程序的图标添加到[开始]菜单以便于访问，也可从列表中移除程序。还可以选择在右边窗格中隐藏或显示某些项目。

右击"任务栏"，在弹出的快捷菜单中单击"属性"打开"任务栏和[开始]菜单"对话框。单击"[开始]菜单"选项卡打开图 1.41 所示"自定义[开始]菜单"对话框。

（1）将程序图标锁定到[开始]菜单。

如果定期使用程序，可以通过将程序图标锁定到[开始]菜单以创建程序的快捷方式。锁定的程序图标将出现在[开始]菜单的左侧。

右键单击想要锁定到[开始]菜单中的程序图标，然后单击"锁定到[开始]菜单"。若要解锁程序图标，右键单击它，然后单击"从[开始]菜单解锁"。

若要更改固定项目的顺序，可将程序图标拖动到列表中的新位置。

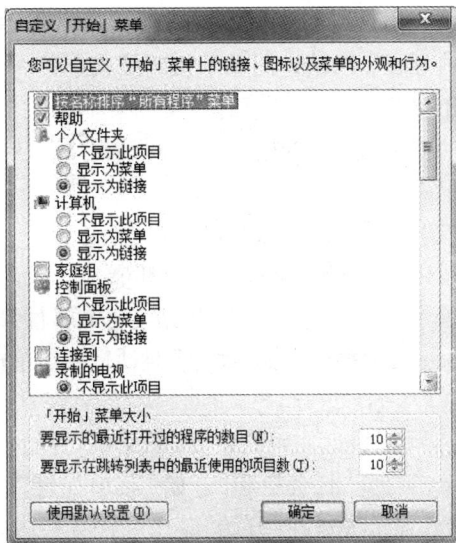

图 1.41　自定义[开始]菜单

（2）从[开始]菜单删除程序图标。

从[开始]菜单删除程序图标不会将它从"所有程序"列表中删除或卸载该程序。

单击[开始]按钮，右键单击要从[开始]菜单中删除的程序图标，然后单击"从列表中删除"。

（3）移动[开始]按钮。

[开始]按钮位于任务栏左侧，尽管不能从任务栏删除[开始]按钮，但可以移动任务栏及与任务栏在一起的[开始]按钮。

右键单击任务栏上的空白空间。如果其旁边的"锁定任务栏"有复选标记，可单击它以删除复选标记。

单击任务栏上的空白空间，然后按下鼠标按钮，并拖动任务栏到桌面的四个边缘之一。当任务栏出现在所需的位置时，释放鼠标按钮。

（4）清除[开始]菜单中最近打开的文件或程序。

清除[开始]菜单中最近打开的文件或程序不会将它们从计算机中删除。

单击打开"任务栏和[开始]菜单属性"。单击"[开始]菜单"选项卡。若要清除最近打开的程序，请清除"存储并显示最近在[开始]菜单中打开的程序"复选框。若要清除最近打开的文件，请清除"存储并显示最近在[开始]菜单和任务栏中打开的项目"复选框，然后单击"确定"。

（5）调整频繁使用的程序的快捷方式的数目。

[开始]菜单显示最频繁使用的程序的快捷方式。可以更改显示的程序快捷方式的数量（这可能会影响[开始]菜单的高度）。

单击打开"任务栏和[开始]菜单属性"。单击"[开始]菜单"选项卡，然后单击"自定义"。在"自定义[开始]菜单"对话框的"要显示的最近打开过的程序的数目"框中，输入想在[开始]菜单中显示的程序数目，单击"确定"，然后再次单击"确定"。

（6）自定义[开始]菜单的右窗格。

可以添加或删除出现在[开始]菜单右侧的项目，如计算机、控制面板和图片。还可以更改一些项目，以使它们显示如链接或菜单。

单击打开"任务栏和[开始]菜单属性"。单击"[开始]菜单"选项卡，然后单击"自定义"。在"自定义[开始]菜单"对话框中，从列表中选择所需选项，单击"确定"，然后再次单击"确定"。

（7）还原[开始]菜单默认设置。

可以将[开始]菜单还原为其最初的默认设置。

单击打开"任务栏和[开始]菜单属性"。单击"[开始]菜单"选项卡，然后单击"自定义"。在"自定义[开始]菜单"对话框中，单击"使用默认设置"，单击"确定"，然后再次单击"确定"。

（8）将"最近使用的项目"添加至[开始]菜单。

单击打开"任务栏和[开始]菜单属性"。单击"[开始]菜单"选项卡，在"隐私"下选中"存储并显示最近在[开始]菜单和任务栏中打开的项目"复选框。

单击"自定义"。在"自定义[开始]菜单"对话框中，滚动选项列表以查找"最近使用的项目"复选框，选中它，单击"确定"，然后再次单击"确定"。

1.7.2　控制面板

"控制面板"是 Windows 7 的功能控制和系统配置中心，可提供丰富的专门用于更改 Windows 外观和行为方式的工具。可以使用"控制面板"更改 Windows 的设置，这些设置几乎控制了有关 Windows 外观和工作方式的所有设置，用户对 Windows 进行设置，使其更加适合应用的需要。

打开"控制面板"的方法：选择"开始"→"控制面板"命令，打开"控制面板"。

首次打开"控制面板"时，将看到如图1.42所示的"控制面板"分类视图，这些项目按照分类进行组织。

在分类视图下，用鼠标指针指向某图标或类别名称，可查看"控制面板"中某一项目的详细信息。单击项目图标或类别名，可打开该项目。部分项目会打开可执行的任务列表和选择的单个控制面板项目。

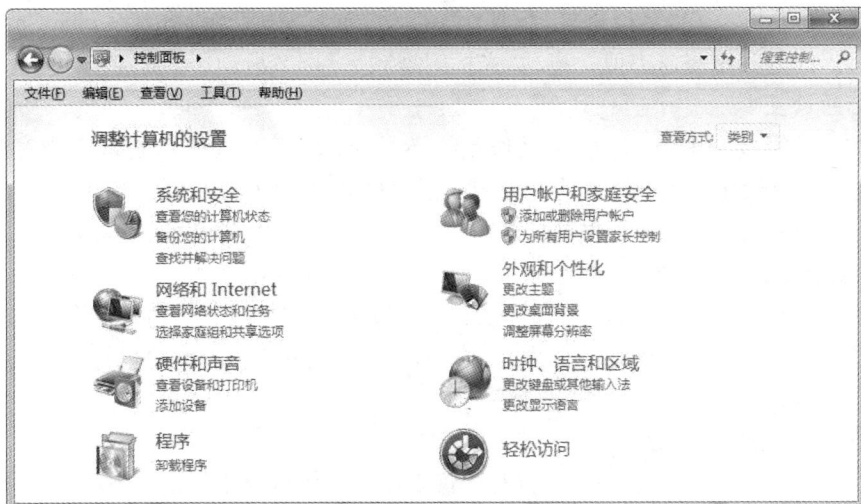

图1.42　控制面板分类视图窗口

在控制面板窗口"查看方式"中选择"大图标""小图标"，可以看到所需的具体项目，双击项目图标，即可打开该项目。控制面板经典视图显示如图1.43所示。

图1.43　控制面板经典视图窗口

一、键盘、鼠标等输入设备的设置

1. 键盘的属性设置

利用键盘的属性设置功能，可以对键盘输入的手感、灵敏度、按键的延缓时间重复速度等进行设置。

对键盘的属性设置的方法是：

选择"开始"→"控制面板"，若控制面板是分类视图，则单击"打印机和其他硬件"选项，在打开的"打印机和其他硬件"窗口中，单击"键盘"图标。若是控制面板经典视图，直接双击"键盘"图标。进入如图1.44所示"键盘属性"对话框。

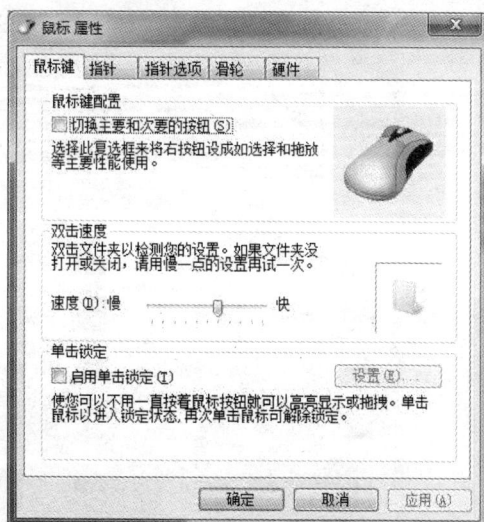

单击"速度"标签，在"字符重复"框架中，拖动"重复延迟"和"重复率"调节滑动条，设置相应的延迟时间和重复速率值。拖动"光标闪烁频率"调节滑动条，设置光标闪烁速度。

2. 鼠标的设置

在现在的计算机应用中，不管是操作系统还是应用程序，几乎都是基于视窗的用户界面，即都支持鼠标操作。鼠标已成为广大用户使用最频繁的设备之一。Windows 7提供方便、快捷的鼠标键设置方法，用户可根据自己的个人习惯、性格和喜好设置鼠标。

（1）设置鼠标键。

鼠标键是指鼠标上的左右按键。根据个人习惯，可将鼠标设置为适合于右手操作或左手操作，还可设置打开一个项目时使用的鼠标操作为单击还是双击。设置鼠标键的具体操作步骤如下：

① 打开"鼠标属性"对话框。

打开"鼠标属性"对话框的操作与打开键盘属性的操作步骤相同：

选择"开始"→"控制面板"，若是控制面板分类视图，则单击"打印机和其他硬件"选项，在打开的"打印机和其他硬件"窗口中，单击"鼠标"。若是控制面板经典视图，直接双击"鼠标"图标，打开如图1.45所示的"鼠标属性"对话框。

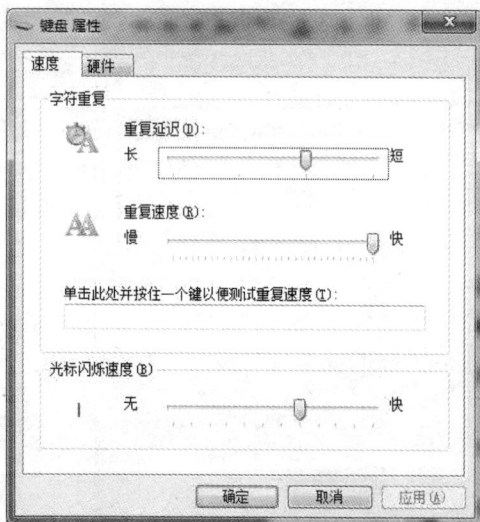

图1.44　"键盘属性"对话框　　　　　　图1.45　"鼠标属性"对话框

② 在"鼠标键"选项卡中，可以设置鼠标键的使用。默认情况下，左边的键为主要键，若选中"切换主要和次要的按钮"复选框，则设置右边的键为主要键。

③ 在"双击速度"选项组中拖动滑块可调整鼠标的双击速度，双击该选项组中的文件夹图标可检验设置的速度。

④ 在"单击锁定"选项组中，若选中"启用单击锁定"复选框，则可以在移动项目时不用一直按着鼠标键就可实现，单击"设置"按钮，在弹出的"单击锁定的设置"对话框中可调整实现单击锁定需要按鼠标键或轨迹球按钮的时间。

（2）设置鼠标指针的显示外观。

① 在"鼠标属性"对话框中，选择"指针"选项卡。

② 在"方案"下拉列表框中选择一种系统自带的指针方案，然后在"自定义"列表框中，选中要选择的指针。

如果希望指针带阴影，可同时选中"启用指针阴影"复选框。

如果希望使用鼠标设置的系统默认值，可单击"使用默认值"按钮。

③ 若用户对某种样式不满意，可选中它后，单击"浏览"按钮，打开"浏览"对话框，在"浏览"对话框中选择一种喜欢的鼠标指针样式，单击"打开"按钮，即可将所选样式应用到所选鼠标指针方案中。

④ 设置完毕，单击"应用"按钮，使设置生效。

（3）设置鼠标的移动方式。

① 在"鼠标属性"对话框中，选择"指针选项"选项卡。

② 在"移动"选项区域中，用鼠标拖动滑块，可调整鼠标指针移动速度的快慢。

③ 在"取默认按钮"选项区域中，选中"自动将指针移动到对话框中的默认按钮"复选框，则在打开对话框时，鼠标指针会自动放在默认按钮上。

④ 在"可见性"选项区域中，若选中"显示指针轨迹"复选框，则在移动鼠标指针时会显示指针的移动轨迹，拖动滑块可调整轨迹的长短；若选中"在打字时隐藏指针"复选框，则在输入文字时将隐藏鼠标指针；若选中"当按 Ctrl 键时显示指针的位置"复选框，则按 Ctrl 键时会以同心圆的方式显示指针的位置。

⑤ 设置完毕，单击"应用"按钮，使设置生效。

二、字体的安装与删除

字体用于显示屏幕上文本和打印文本。

1. 字体的安装

将新字体添加到计算机系统中的步骤为：

① 打开"字体"窗口。

选择"开始"→"控制面板"，若是控制面板分类视图，单击"外观和主题"选项，打开"外观和主题"窗口，在"请参阅"任务窗格中单击"字体"。若是控制面板经典视图，直接双击"字体"图标，打开如图 1.46 所示的"字体"窗口。

② 安装新字体。

右键单击要安装的字体，然后单击"安装"。

还可以通过将字体拖动到"字体"控制面板页来安装字体或应用复制粘贴到字体文件夹。

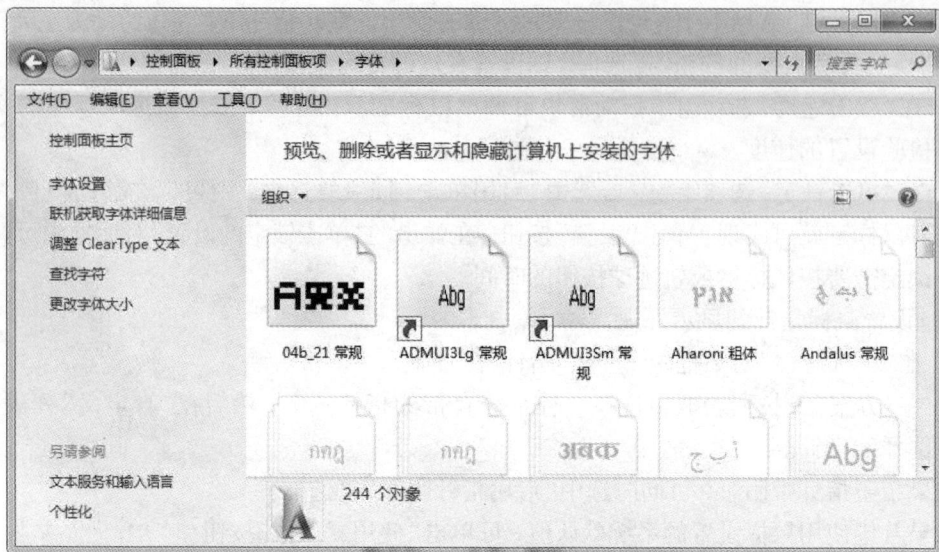

图1.46 "字体"窗口

2. 字体的删除

单击打开"字体",单击要删除的字体。若要一次选择多种字体,请在单击每种字体时按住 Ctrl 键。在工具栏中,单击"删除"。

三、区域语言设置

通过"控制面板"中的"区域选项",可以更改 Windows 7 显示日期、时间、货币和数字的方式。也可以选择公制或者美国的度量制。如果使用多种语言工作,或与说其他语言的人交流,则可能需要安装其他语言组。安装的每个语言组均允许输入和阅读时使用该组语言(例如西欧和美国、中欧等)撰写的文档。每种语言均有默认的键盘布局,但许多语言还有其他的布局。

进行区域设置的方法是:选择"开始"→"控制面板",若是控制面板分类视图,则单击"日期、时间、语言和区域设置"选项,在打开的"日期、时间、语言和区域设置"窗口中,单击"区域和语言"。若是控制面板经典视图,直接双击"区域和语言"图标,打开如图1.47所示的"区域和语言"对话框。

在"格式"选项卡中,单击要使用的日期、时间、数字和货币格式。若对系统给出的选项不满意,还可以通过单击"其他设置"按钮进行自定义设置。

在"键盘和语言"选项卡中,单击"更改键盘"打开"文字服务和输入语言"对话框(图1.48),在该对话框中可以进行多种输入语言、文字服务和键盘布局的选择,可以设置语言栏的显示方式,定义输入法的快捷键,还可以对输入法编辑器、语音和手写识别程序进行设置。

四、Windows 7 显示属性

在中文版 Windows 7 系统中为用户提供了设置个性化桌面的空间,系统自带了许多精美的图片,用户可以将它们设置为墙纸;通过显示属性的设置,用户还可以改变桌面的外观,或选择屏幕保护程序,还可以为背景加上声音,通过这些设置可以使用户的桌面更加赏心悦目。

图1.47 "区域和语言选项"对话框

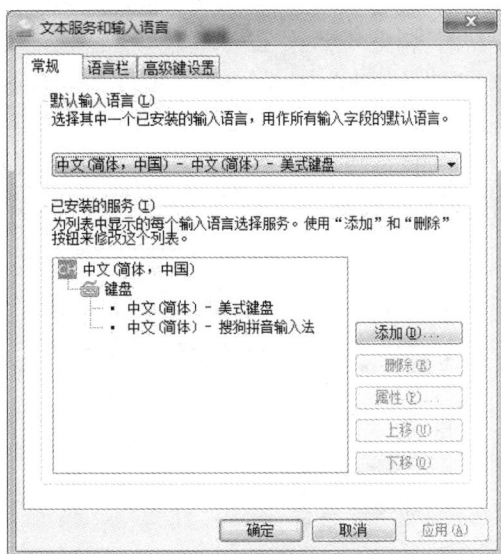

图1.48 "文字服务和输入语言"对话框

在进行显示属性设置时，可以在桌面上的空白处右击，在弹出的快捷菜单中选择"属性"命令，这时会出现"显示"窗口（图1.49），其中包含的功能项有"调整分辨率""校准颜色""更改显示器设置""个性化"等，用户可以在各项中进行个性化设置，也可以直接在图1.49中选择较小、中等、较大来改变屏幕上的文本大小以及其他选项。

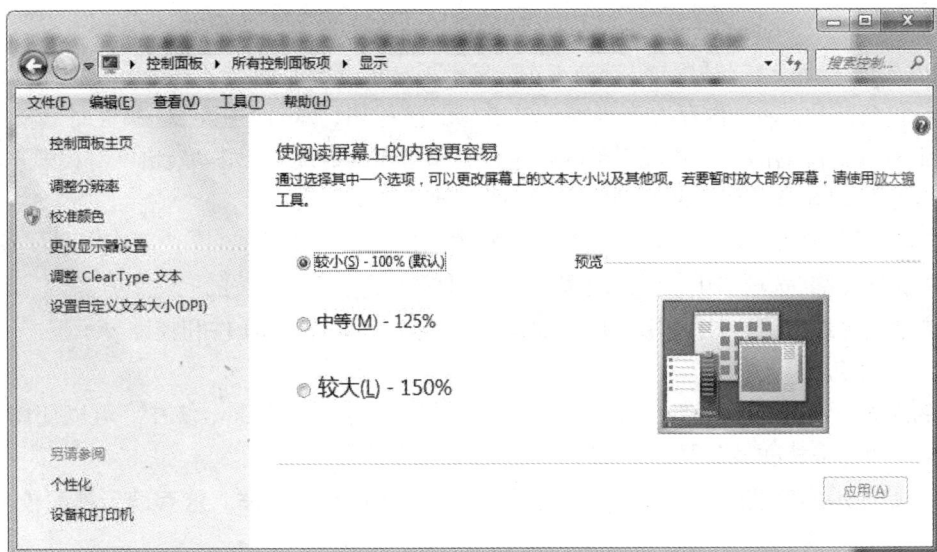

图1.49 显示窗口

1. 调整分辨率

显示器高显示清晰的画面，不仅有利于用户观察，而且会很好地保护视力，特别是对于专业从事图形图像处理的用户来说，对显示屏幕分辨率的要求是很高的，如图1.49所示，单击左侧"调整分辨率"打开图1.50所示窗口。

在"分辨率"中，用户可以单击下拉按钮来调整其分辨率，分辨率越高，在屏幕上显示的信息越多，画面就越逼真。在"方向"中选择显示方向。

单击"高级设置"按钮，弹出"通用即插即用监视器"对话框，在其中有关于显示器及显卡的硬件信息设置，如图1.51所示。

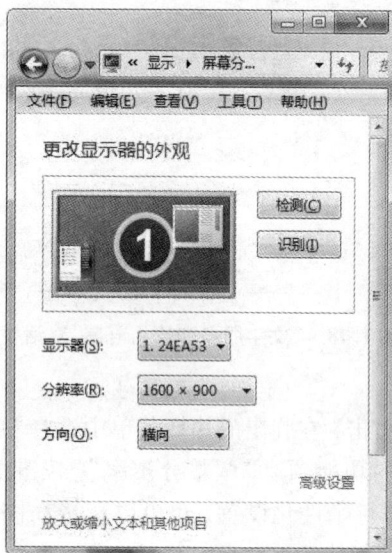

图1.50 调整分辨率

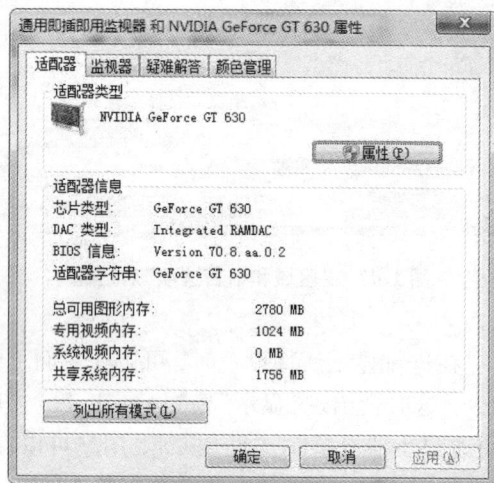

图1.51 "通用即插即用监视器"对话框

如图1.51所示，在"适配器"选项卡中，显示了显示适配器的类型，以及适配器的其他相关信息，包括芯片类型、内存大小等等。单击"属性"按钮，弹出"适配器"属性对话框，用户可以在此查看适配器的使用情况，还可以进行驱动程序的更新。单击"列出所有模式"可以选择系统提供的包含分辨率、颜色、刷新频率的多种模式。

在"监视器"选项卡中，用户可以设置监视器的颜色、刷新频率。

在"疑难解答"选项卡中，可以设置有助于用户诊断与显示有关的问题。

在"颜色管理"选项卡中，用户可以通过添加、修改颜色配置文件和校准显示器。

2. 校准颜色

校准显示器有助于确保颜色在显示器上的正确显示。在Windows 7中，可以使用"显示颜色校准"功能来校准显示器。

在开始显示颜色校准之前，请确保显示器已设置为原始分辨率。这有助于提高校准结果的准确性。

如果其他软件附带有显示校准设备，可以考虑使用颜色管理设备及其附带软件的"显示颜色校准"功能。使用校准设备及通常随该设备附带的校准软件能够帮助获得最佳的颜色显示效果。通常来说，与使用可视校准(在"显示颜色校准"中完成)相比，使用颜色管理设备来校准显示器能够获得更好的校准效果。

开始显示颜色校准的步骤：

单击打开"显示颜色校准"。在"显示颜色校准"中，单击"下一步"继续。

使用"显示颜色校准"调整不同的颜色设置后，显示器将拥有一个包含新颜色设置的新校准。新的校准将与屏幕显示关联，并由颜色管理程序使用。

3.个性化设置

如图 1.49 所示，单击"个性化"弹出如图 1.52 所示"个性化"窗口。应用此窗口可以个性化设置桌面背景、窗口颜色、声音、屏幕保护程序等。

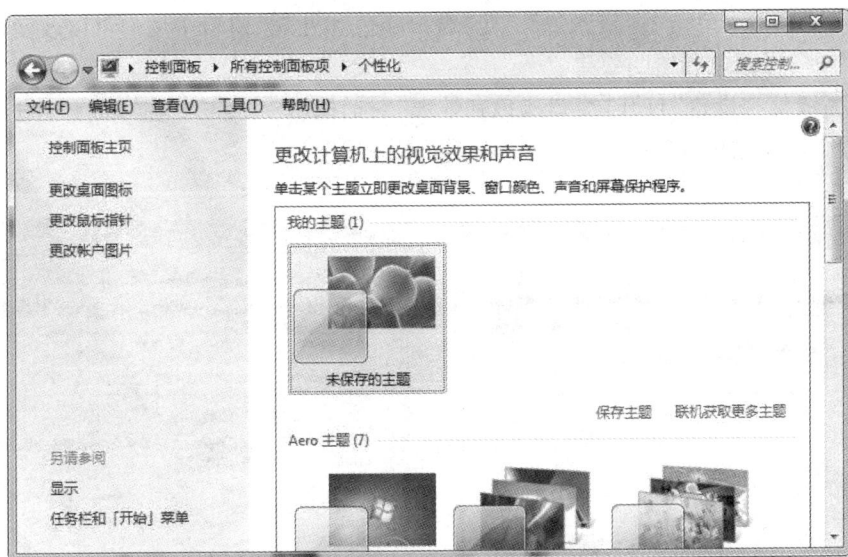

图 1.52　"个性化"窗口

(1)主题设置。

主题是计算机上的图片、颜色和声音的组合。它包括桌面背景、屏幕保护程序、窗口边框颜色和声音方案。某些主题也可能包括桌面图标和鼠标指针。

Windows 7 提供了多个主题。可以选择 Acro 主题使计算机个性化；如果计算机运行缓慢，可以选择 Windows 7 基本主题；如果希望屏幕更易于查看，可以选择高对比度主题，还可以联机获取更多主题。

(2)自定义主题。

① 更改桌面图标。

可以选择在桌面上显示或隐藏常用的 Windows 功能，如"计算机""网络"和"回收站"。

按照以下步骤将快捷方式添加至桌面显示：

单击打开"个性化"，在左窗格中单击"更改桌面图标"，在"桌面图标"下选中要在桌面上显示的每个图标对应的复选框，清除不想要显示的图标对应的复选框，然后单击"确定"。

若将相应图标复选框的"√"取消，则取消相应图标在桌面的显示。

② 更改鼠标指针。

单击打开"个性化",在左窗格中单击"更改鼠标指针",单击打开"鼠标属性",单击"指针"选项卡选择新的鼠标指针方案。若要更改单个指针,则在"自定义"下单击列表中要更改的指针。

③ 桌面背景。

如图1.52所示,单击"桌面背景",用户可以设置自己的桌面背景,在"背景"中,提供了多种风格的图片,可根据自己的喜好来选择图片或纯色,也可以通过浏览的方式调入自己喜爱的图片,还可以设置图片显示间隔时间,以幻灯片的方式显示。

对选择的图片有"填充""适应""居中""平铺""拉伸"五种位置设置选择。

④ 窗口颜色。

如图1.52所示,单击"窗口颜色",在"窗口颜色和外观"窗口中用户可以改变窗口边框、开始菜单、任务栏颜色和透明效果。

单击"高级外观设置"打开"窗口颜色和外观"对话框(图1.53),在"项目"中选择更具体的项目设置个性化颜色和字体。

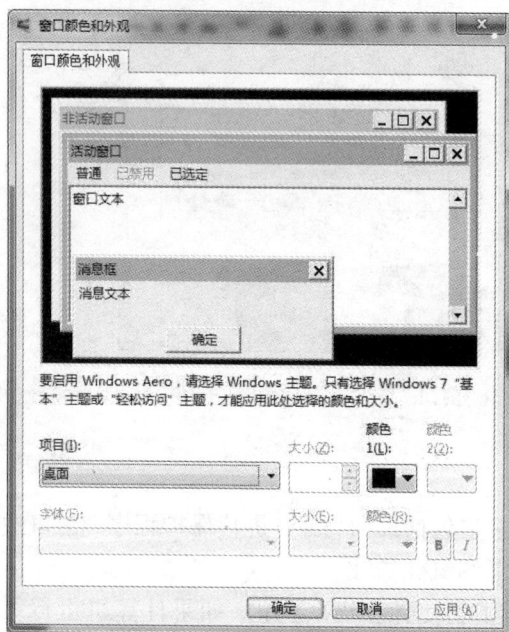

图1.53 "窗口颜色和外观"对话框

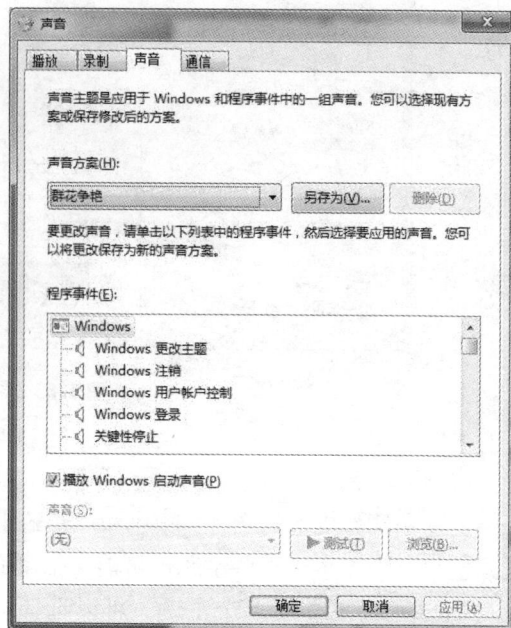

图1.54 "声音"对话框

⑤ 声音。

如图1.54所示,单击"声音"打开"声音"对话框(图1.54)设置声音方案和程序事件。

⑥ 屏幕保护程序。

当用户暂时不对计算机进行任何操作时,可以使用"屏幕保护程序"将显示屏幕屏蔽掉,这样可以节省电能,有效保护显示器,并且防止其他人在计算机上进行任意操作,从而保证数据的安全。

单击"屏幕保护程序"，打开"屏幕保护程序设置"对话框（图1.55），在"屏幕保护程序"下拉列表框中提供了各种静止和活动的样式，当用户选择了一种活动的程序后，可以设置程序参数。

如果用户要调整监视器的电源设置来节省电能，单击"更改电源设置"按钮设置电源计划，制定适合自己的节能方案。

五、用户账户

Windows 7 中允许多个用户登录，不同的用户可以使用该系统拥有不同的个性化设置，各用户在使用公共系统资源的同时，可以设置富有个性的工作空间。在 Windows 7 环境下切换用户账户的时候，不需要重新启动计算机，只要在"用户账户"窗口的更改用户登录和注销方式中快速切换，不用关

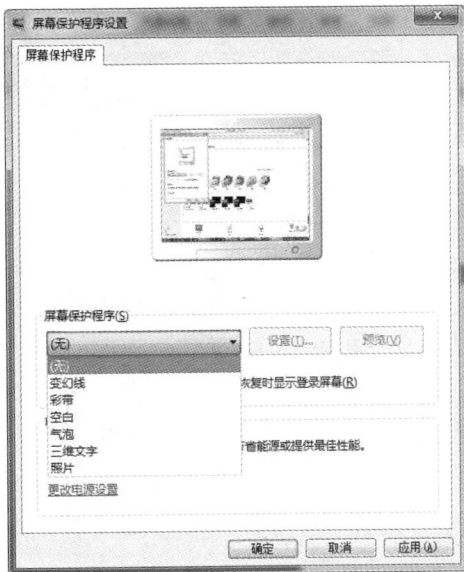

图1.55　"屏幕保护程序设置"对话框

闭所有程序就可以快速切换到另一个用户账户。在退出计算机系统时，出现一个要求用户进行选择的对话框，这时可以选择"切换用户"命令，就能够保留当前用户正在运行的程序，而迅速登录到另一个用户账户，当该用户再次登录时，可以返回到切换前的状态。

Windows 7 系统中有三种类型的账户：

标准账户：适用于日常计算。标准账户可防止用户做出会对该计算机的所有用户造成影响的更改（如删除计算机工作所需要的文件），从而帮助保护计算机。建议为每个用户创建一个标准账户。当使用标准账户登录到 Windows 时，可以执行管理员账户下的几乎所有的操作，但是如果要执行影响该计算机其他用户的操作（如安装软件或更改安全设置），则 Windows 可能要求提供管理员账户的密码。

管理员账户：可以对计算机进行最高级别的控制。针对可以对计算机进行全系统更改、安装程序和访问计算机上所有文件的人而设置的。只有拥有计算机管理员账户的人才拥有对计算机上其他用户账户的完全访问权。计算机管理员账户可以创建和删除计算机上的其他用户账户，可以为计算机上其他用户账户创建账户密码，可以更改其他人的账户名、图片、密码和账户类型。但是无法将自己的账户类型更改为受限制账户类型，除非至少有一个其他用户在该计算机上拥有计算机管理员账户类型，以确保计算机上总是至少有一个人拥有计算机管理员账户。

来宾账户：主要针对需要临时使用计算机的用户。在计算机上没有账户的用户可以使用的账户。来宾账户没有密码，所以他们可以快速登录，以检查电子邮件或者浏览 Internet。登录到来宾账户的用户无法安装软件或硬件，无法更改来宾账户类型，但可以访问已经安装在计算机上的程序，可以更改来宾账户图片。

1.新用户的建立

选择"开始"→"控制面板"，若是控制面板分类视图，则单击"用户账户"选项。若是控制面板经典视图，直接双击"用户账户"图标。打开如图1.56所示的"用户账户"窗口。

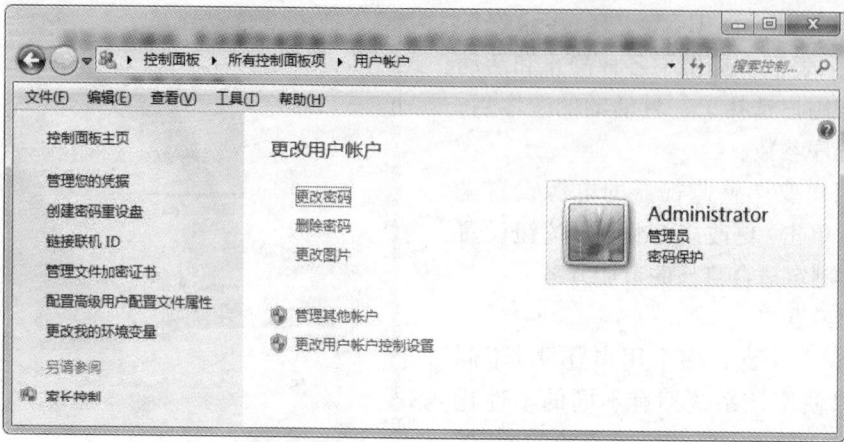

图 1.56 "用户账户"设置窗口

在"用户账户"窗口中,单击"管理其他账户",弹出"管理账户"窗口(图 1.57),单击"创建一个新账户",如图 1.58 所示,在打开的向导窗口中键入新用户账户的名称,设置账户类型,然后单击"创建账户"完成账户创建。

图 1.57 "管理账户"窗口

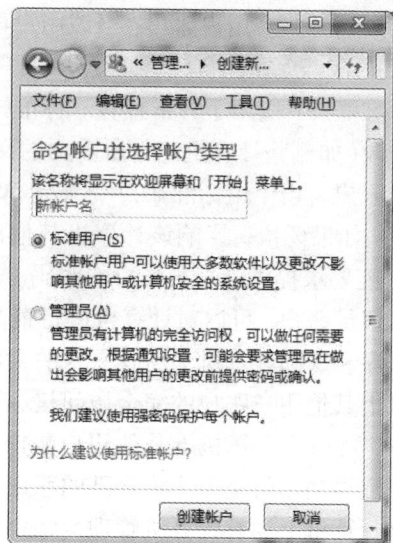

图 1.58 "创建新账户"窗口

2. 用户账户的删除

当系统中的某一用户账户不再使用,可从图 1.57 所示的"管理账户"窗口中单击要删除的用户,在弹出的"更改账户"窗口中,单击"删除账户",在紧接出现的窗口中选择是否保留删除账户的文件,如果保留选"保留文件",不保留选"删除文件",在最后出现的确认删除窗口中,选择"删除账户",即可删除该用户。

3. 用户账户设置更改

在如图 1.56 所示"用户账户"窗口中，单击"更改账户名称"，可更改用户账户的登录名。

单击"更改密码"，可创建更改用户账户的密码；单击"删除密码"，可删除用户账户的密码。

单击"更改图片"可以更改用户账户的登录图标。

单击"更改账户类型"可以更改用户的账户类型。

单击"设置家长控制"可以限制儿童使用计算机的时段、可以玩的游戏类型以及可以运行的程序。当家长控制阻止了对某个游戏或程序的访问时，将显示一个通知声明已阻止该程序。孩子可以单击通知中的链接，以请求获得该游戏或程序的访问权限。

家长可以通过输入账户信息来允许其访问。若要为孩子设置家长控制，需要有一个自己的管理员用户账户。在开始设置之前，确保要为其设置家长控制的每个孩子都有一个标准的用户账户。家长控制只能应用于标准用户账户。

六、程序和功能

1. 添加新程序

"添加程序"可以帮助用户管理计算机上的程序和组件。使用该项功能可从光盘、软盘或网络上添加程序，或者通过 Internet 添加 Windows 升级程序或增加新的功能，还可以添加或删除在初始安装时没有选择的 Windows 组件。

（1）安装程序。

如何添加程序取决于程序的安装文件所处的位置。通常程序从 CD 或 DVD、从 Internet 或从网络安装。

① 从 CD 或 DVD 安装程序的步骤。

将光盘插入计算机，然后按照屏幕上的说明操作。

从 CD 或 DVD 安装的许多程序会自动启动程序的安装向导。在这种情况下，将显示"自动播放"对话框，然后可以进行选择运行该向导。

如果程序不开始安装，请检查程序附带的信息。该信息可能会提供手动安装该程序的说明。如果无法访问该信息，还可以浏览整张光盘，然后打开程序的安装文件（文件名通常为 Setup. exe 或 Install. exe）。

② 从 Internet 安装程序的步骤。

在 Web 浏览器中，单击指向程序的链接。

若要立即安装程序，请单击"打开"或"运行"，然后按照屏幕上的指示进行操作。

若要以后安装程序，请单击"保存"，然后将安装文件下载到计算机上。做好安装该程序的准备后，双击该文件，并按照屏幕上的指示进行操作。这是比较安全的选项，因为可以在继续安装前扫描安装文件中的病毒。

从 Internet 下载和安装程序时，请确保该程序的发布者以及提供该程序的网站是值得信任的。

（2）打开/关闭 Windows 7 功能。

在图 1.59"程序和功能"窗口单击"打开或关闭 Windows 7 功能"，打开如图 1.60 所示的"Windows 7 功能"对话框，若要打开一种功能，则选择其复选框。若要关闭一种功能，则清除其复选框。

安装 Windows 7 功能的操作时一般需要准备 Windows 7 安装盘备用。

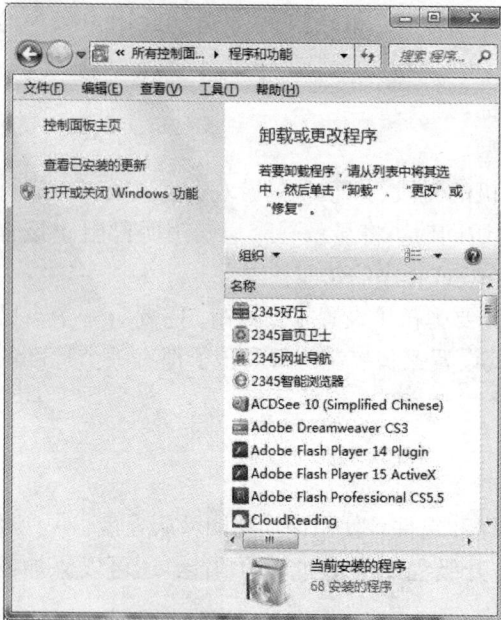

图 1.59　"程序和功能"窗口

图 1.60　"Windows 功能"对话框

2.卸载或更改程序

如果不再使用某个程序，或者如果希望释放硬盘上的空间，则可以从计算机上卸载该程序。可以使用"程序和功能"卸载程序，或通过添加或删除某些选项来更改程序配置。

单击打开"程序和功能"，选择程序，然后单击"卸载"。

除了卸载选项外，某些程序还包含更改或修复程序选项，但许多程序只提供卸载选项。若要更改程序，请单击"更改"或"修复"。

3.查看已安装的更新

单击"查看已安装的更新"，系统列出当前安装的更新列表，选定列表项可卸载该更新。

七、系统

在"控制面板"中单击"系统"图标打开"系统"窗口（图 1.61），应用该窗口可以查看有关计算机的基本信息，进行设备管理和远程设置，设置系统保护，进行了高级系统设置。

1.查看有关计算机的基本信息，更改计算机名称、域、工作组、家庭组

如图 1.61 所示，在右侧"查看有关计算机的基本信息"中可以查看的信息有：Windows 版本，系统处理器、内存，操作系统类型，计算机名称、域、工作组，Windows 激活等。

单击"更改设置"，打开"系统属性"对话框（图 1.62），在"计算机名"选项卡中可设置计算机描述。单击图 1.62 中"网络 ID"可使用向导将计算机加入到域、工作组和家庭组。单击图 1.62 中的"更改"按钮打开"计算机名/域"对话框，更改计算机名称，设置隶属的域和工作组。

图 1.61 "系统"窗口

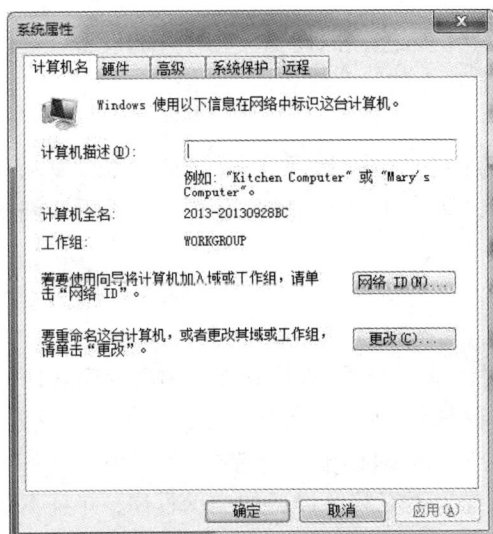

图 1.62 "系统属性"对话框

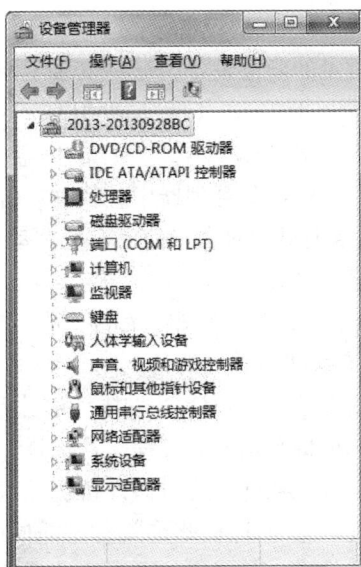

图 1.63 "设备管理器"窗口

　　域、工作组和家庭组之间的区别：域、工作组和家庭组表示在网络中组织计算机的不同方法。它们之间的主要区别是对网络中的计算机和其他资源的管理方式。网络中基于 Windows 的计算机必须属于某个工作组或某个域。家庭网络中的基于 Windows 的计算机也可以属于某个家庭组，但不是必需的。家庭网络中的计算机通常是工作组的一部分，也可能是家庭组的一部分，而工作区网络上的计算机通常是域的一部分。

　　2. 设备管理器

　　如图 1.63 所示，设备管理器提供计算机上所安装硬件的图形视图。所有设备都通过一个称为"设备驱动程序"的软件与 Windows 通信。使用设备管理器可以安装和更新硬件设备的驱动程序、修改这些设备的硬件设置以及解决问题。使用设备管理器只能管理"本地计算机"上的设备。在"远程计算机"上，设备管理器将仅以只读模式工作，此时允许查看该计算机的硬件配置，但不允许更改该配置。

　　打开"设备管理器"的方法：单击"开始"按钮，在搜索框中键入"设备管理器"，然后在结果列表中单击"设备管理器"；打开"控制面板"中的"系统"，单击"设备管理器"。

　　(1)查看设备信息

　　使用设备管理器，可以看到硬盘配置的详细信息，包括其状态、正在使用的驱动程序以及其他信息。

　　① 查看设备的状态。

　　打开设备管理器，双击要查看的设备类型，右键单击所需的设备，然后单击"属性"，在"常规"选项卡上，"设备状态"区域显示当前状态的描述。

　　如果设备遇到问题，则显示问题的类型，还可以看到问题代码和编号，以及建议的解决方案。如果显示"检查解决方案"按钮，则可以通过单击该按钮向 Microsoft 提交 Windows 错误报告。

　　② 查看隐藏的设备。

　　最常见的隐藏设备类型是安装了驱动程序、但当前未连接的设备。在打开的设备管理器"查看"菜单上单击"显示隐藏的设备"可以查看计算机上的隐藏设备。

　　③ 查看有关设备驱动程序的信息。

　　在打开的设备管理器中查找并右键单击所需的特定设备，然后单击"属性"；在"驱动程序"选项卡上显示有关当前已安装驱动程序的信息，单击"详细信息"按钮可以查看更详细的驱动程序信息。

　　(2)安装设备及其驱动程序。

　　① 安装即插即用设备。

　　将新设备插入到计算机中，在"发现新硬件"对话框中选择"查找并安装驱动程序软件"，选择此选项将开始安装过程。若选择"稍后再询问我"则不安装设备且不更改计算机的配置，如果下次登录到计算机时该设备仍插入，则会再次显示此对话框。若选择"不要为此设备再次显示此消息"，选择此选项会将即插即用服务配置为不安装此设备的驱动程序，并且不会使设备起作用。若要完成设备驱动程序的安装，必须断开设备，然后重新进行连接。

　　② 安装非即插即用设备。

　　打开设备管理器，右键单击细节窗格中顶部的节点，单击"添加过时硬件"，在"添加硬件向导"中，单击"下一步"，然后按屏幕上的说明执行操作。

③ 更新或更改用于设备的驱动程序。

打开设备管理器，双击要更新或更改的设备的类型，右键单击所需的设备，然后单击"更新驱动程序"，按照"更新驱动程序软件"向导中的说明执行操作。

④ 启用或禁用即插即用设备。

启用即插即用设备：打开设备管理器，右键单击所需的设备，然后单击"启用"。如果设备处于禁用状态，则将只列出"启用"。也可以在设备的"属性"页上启用设备。在"常规"选项卡的底部，如果存在"更改设置"则单击它，然后在"驱动程序"选项卡上单击"启用"。如果系统提示重新启动计算机，则直到重新启动计算机后才会启用设备。

禁用设备：右键单击所需的特定设备，然后单击"禁用"。禁用设备时，物理设备虽然保持与计算机的连接，但设备驱动程序处于禁用状态。启用设备时，驱动程序将再次可用。如果想使计算机拥有多种硬件配置，或者如果拥有在扩展槽中使用的便携式计算机，则禁用设备很有用。如果系统提示重新启动计算机，则设备将不会被禁用并继续运行，直到重新启动计算机为止。禁用设备并重新启动计算机之后，将释放分配给设备的资源，并可以将其分配给其他设备。某些设备无法禁用，如磁盘驱动器和处理器之类的设备。

（3）卸载或重新安装设备。

① 卸载设备。

打开设备管理器，双击要卸载的设备的类型，右键单击所需的特定设备，然后单击"卸载"。也可以双击设备，然后在"驱动程序"选项卡上单击"卸载"。

如果还要从驱动程序存储区中删除设备驱动程序包，则在"确认设备删除"页中选择"删除此设备的驱动程序软件"。

单击"确定"以完成卸载过程。卸载过程完成时，需要从计算机中拔出设备。如果系统提示重新启动计算机，则删除未完成，且设备可能继续运行，直到重新启动计算机为止。

重新安装即插即用设备：只有在设备工作不正常或已完全停止工作时才需要重新安装设备。重新安装设备前，请尝试重新启动计算机并检查设备，以确定其是否正常运行。如果运行不正常，则请尝试重新安装该设备。

② 重新安装即插即用设备。

打开设备管理器，按照前面过程中的说明执行操作以卸载设备。

如果提示重新启动计算机，则执行以下步骤：

插入设备，然后重新启动计算机。Windows 在重新启动之后将检测并重新安装该设备。

如果未提示重新启动计算机，请执行以下步骤：

在设备管理器的"操作"菜单中，单击"扫描检测硬件改动"，按照屏幕上的说明进行相关操作。

八、网络和共享中心

应用网络和共享中心（图 1.64）可以设置使用家庭或小型办公网络，共享 Internet 连接或打印机、查看和处理共享文件，以及共享计算机程序等。

1.设置家庭/小型办公网络

设置家庭网络确定所希望的网络类型并具备必要硬件之后，需要执行以下四个步骤：

① 安装所有必要的硬件。

在需要网络适配器的所有计算机中安装网络适配器，将网络适配器通过网络传输介质、

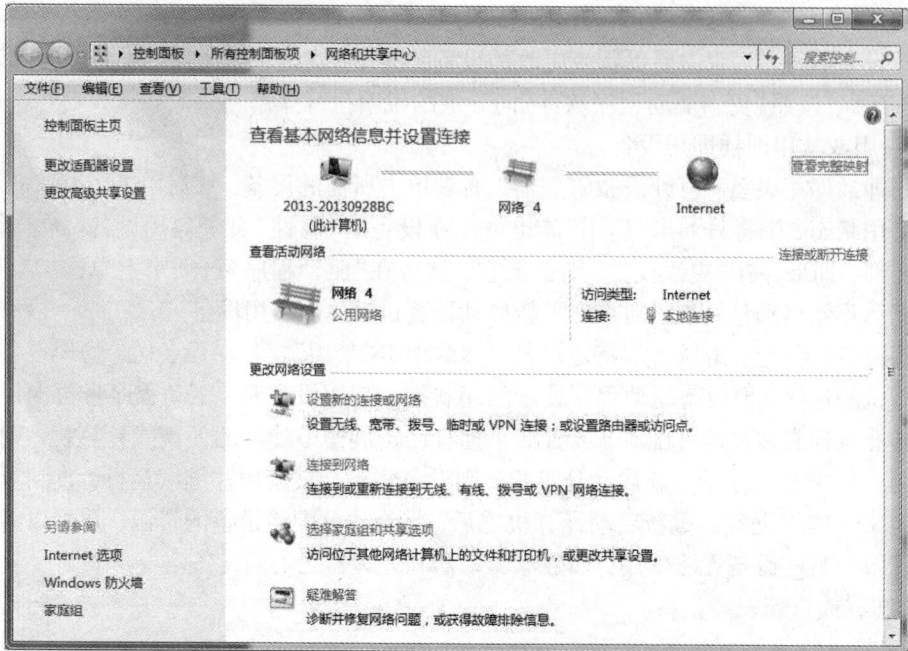

图1.64 网络和共享中心

网络设备(路由器/交换机/调制解调器)连接到计算机。

②设置 Internet 连接。

要设置 Internet 连接,则需要电缆或 DSL 调制解调器以及由 Internet 服务提供商(ISP)提供的账户。若不需要 Internet 连接,则使用网络来共享 Internet 连接。有关创建 Internet 连接的详细操作请参阅教材网络部分。

③连接计算机。

连接计算机的方法——其配置取决于所拥有的网络适配器、调制解调器和 Internet 连接的类型。同时,还取决于是否要在网络上的所有计算机中共享 Internet 连接。常见的连接方法有下面几种。

以太网网络:

使用以太网连接时,需要集线器、交换机或路由器来连接计算机。若要共享 Internet 连接,则需要使用路由器。将路由器连接到已与调制解调器相连的计算机。

无线网络:

对于无线网络,在连接到路由器的计算机上运行设置网络向导。该向导将指导完成向网络添加其他计算机和设备的过程。如果需要需键入网络安全密钥。

HomePNA 网络:

对于 HomePNA 网络,每台计算机都需要有 HomePNA 网络适配器(通常是外部网络适配器),并且计算机所在的每个房间内都有电话插孔。

Powerline 网络:

对于 Powerline 网络,每台计算机都需要有 Powerline 网络适配器(通常是外部网络适配器),并且计算机所在的每个房间内都有电源插座。

④ 运行设置网络向导(仅适用于无线网络)。

如果是有线网络,插入以太网电缆后即可连接。如果是无线网络,则在连接到路由器的计算机上运行设置网络向导。

2. 更改适配器设置

(1)"网络连接"窗口。

单击图 1.64 所示"网络和共享中心"窗口左侧的"更改适配器设置",打开"网络连接"窗口。

在窗口中单击需要更改的本地连接可以更改的设置项目:禁用此网络设备、诊断这个连接、重命名连接、查看此连接的状态、更改此连接的设置。

在窗口中双击本地连接,打开"本地连接状态"对话框,可以更改本地连接属性、禁用和诊断连接。

(2)更改网络适配器 TCP/IP 设置。

TCP/IP 可定义计算机与其他计算机的通信方式,是实现计算机联网的必要条件。若要使 TCP/IP 设置的管理更加简单,建议使用自动动态主机配置协议(DHCP),DHCP 会为网络中的计算机自动分配 Internet 协议(IP)地址。计算机移动到其他位置时,不必更改 TCP/IP 设置,DHCP 会自动配置 TCP/IP 设置[例如域名系统(DNS)和 Windows Internet 名称服务(WINS)]。启用 DHCP 或更改其他 TCP/IP 设置,步骤如下:

单击打开"网络连接",右键单击要更改的连接,然后单击"属性"。或在图 1.64 中单击"本地连接",然后单击"属性"打开"本地连接属性"对话框(图 1.65)。在"网络"选项卡"此连接使用下列项目"下单击"Internet 协议版本 4(TCP/IPv4)"或"Internet 协议版本 6(TCP/IPv6)",然后单击"属性"打开"TCP/IP 属性"对话框(图 1.66)。

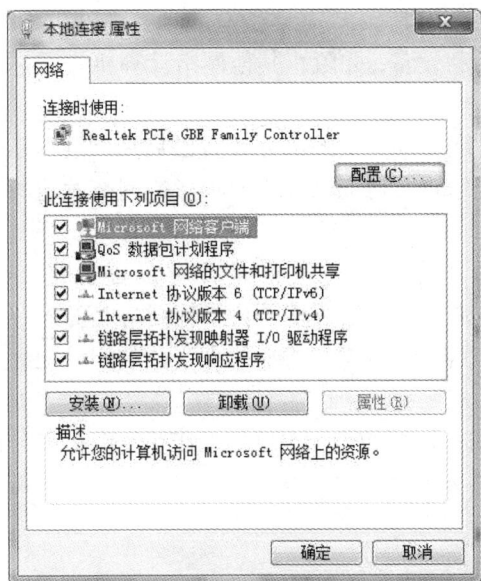

图 1.65　设置"本地连接属性"

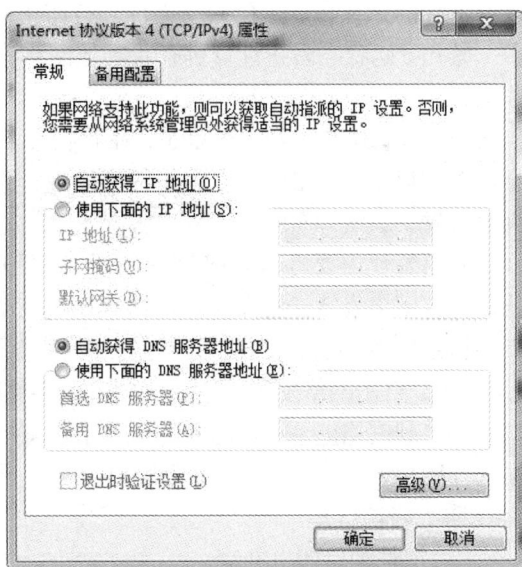

图 1.66　设置"TCP/IP 属性"

若要指定 IPv4 IP 地址设置，请执行下列操作之一：

① 若要使用 DHCP 自动获得 IP 设置，请单击"自动获得 IP 地址"，然后单击"确定"。

② 若要指定 IP 地址，请单击"使用下面的 IP 地址"，然后在"IP 地址""子网掩码"和"默认网关"框中，键入 IP 地址设置。

若要指定 IPv6 IP 地址设置，请执行下列操作之一：

① 要使用 DHCP 自动获得 IP 设置，则单击"自动获取 IPv6 地址"，然后单击"确定"。

② 若要指定 IP 地址，则单击"使用下面的 IPv6 地址"，然后在"IPv6 地址""子网前缀长度"和"默认网关"框中，键入 IP 地址进行设置。

若要指定 DNS 服务器地址设置，请执行下列操作之一：

① 要使用 DHCP 自动获得 DNS 服务器地址，单击"自动获得 DNS 服务器地址"，然后单击"确定"。

② 要指定 DNS 服务器地址，单击"使用下面的 DNS 服务器地址"，然后在"首选 DNS 服务器"和"备用 DNS 服务器"框中，键入主 DNS 服务器和辅助 DNS 服务器的地址。

3. 更改高级共享设置

单击图 1.64 所示"网络和共享中心"窗口左侧的"更改高级共享设置"打开"高级共享设置"窗口，可以更改以下内容的设置：网络发现、文件和打印机共享、公用文件夹共享、受密码保护的共享、家庭组连接以及文件共享连接。

(1)网络发现。

如启用网络发现，则此计算机可以发现其他网络计算机和设备，而其他网络计算机也可发现此计算机。

存在三种网络发现状态：

启用：此状态允许计算机查看其他网络计算机和设备，并允许其他网络计算机上的人可以查看你的计算机。这使共享文件和打印机变得更加容易。

禁用：此状态阻止计算机查看其他网络计算机和设备，并阻止其他网络计算机查看你的计算机。

自定义：这是一种混合状态，在此状态下与网络发现有关的部分设置已启用，但不是所有设置都启用。例如，可以启用网络发现，但系统管理员可能已经更改了影响网络发现的防火墙设置。

网络发现需要启动 DNS 客户端、功能发现资源发布、SSDP 发现和 UPnP 设备主机服务，从而允许网络发现通过 Windows 防火墙进行通信，并且其他防火墙不会干扰网络发现。

启用网络发现的步骤：单击打开"高级共享设置"，单击 V 形图标展开当前的网络配置文件，单击"启用网络发现"，然后单击"保存更改"。

连接到网络时，必须选择一个网络位置。有四个网络位置：家庭、工作、公用和域。根据选择的网络位置，Windows 为网络分配一个网络发现状态，并为该状态打开合适的 Windows 防火墙端口。

(2)文件和打印机共享。

启用文件和打印机共享时，网络上的用户可以访问通过此计算机共享的文件和打印机。

① 共享文件或文件夹。

最快速的方式是使用"共享对象"菜单，将文件夹设置为共享并赋予权限后，将需要共享的文件或文件夹放到该共享文件夹中,通过联网的其他计算机就可以访问该共享文件了。或将某个网络设置为家庭组时,此网络上的特定文件将会自动共享。

②共享打印机。

在家庭办公网络中共享打印机的最常见的方式是将打印机连接到其中一台 PC,然后在 Windows 中设置共享,这称为共享打印机。共享打印机的优点是它可与任何 USB 打印机协同工作。缺点是连接打印机的主机必须打开,否则网络中的其他计算机将不能访问共享打印机。将某个网络设置为家庭组时,此网络上的打印机和特定文件将会自动共享。

"网络打印机"(设计为作为独立设备直接连接到计算机网络中的设备)在大型办公室中被广泛使用。现在打印机制造商越来越多地提供各种适用于家庭网络中的网络打印机的廉价的喷墨打印机和激光打印机。网络打印机与共享打印机相比不同的是不受主机的影响,可以随时使用。网络打印机有两种常见类型:有线和无线。

手动连接到家庭组打印机的步骤:

在物理连接打印机的计算机上,单击"开始"按钮,再单击"控制面板",在搜索框中键入家庭组,然后单击"家庭组"。确保已选中"打印机"复选框(如果没有,请选中,然后单击"保存更改"),单击打开"家庭组",单击"安装打印机",如果尚未安装该打印机的驱动程序,则在出现的对话框中单击"安装驱动程序"。

(3)公用文件夹共享。

打开公用文件夹共享时,网络上包括家庭组成员在内的用户都可以访问公用文件夹中的文件。

还可以通过将文件和文件夹复制或移动到 Windows 7 公用文件夹之一(例如公用音乐或公用图片)来共享文件和文件夹。可以通过依次单击"开始"按钮、用户账户名称,然后单击"库"旁边的箭头展开文件夹进行查找。

默认情况下,公用文件夹共享处于关闭状态(除非是在家庭组中)。"公用文件夹共享"打开时,计算机或网络上的任何人均可以访问这些文件夹。在其关闭后,只有在您的计算机上具有用户账户和密码的用户才可以访问。

打开或关闭"公用文件夹共享"的步骤:

单击打开"高级共享设置",单击 V 形图标展开当前的网络配置文件,在"公用文件夹共享"下,选择下列选项之一:

①启用共享以便可以访问网络的用户可以读取和写入公用文件夹中的文件;

②关闭公用文件夹共享(登录到此计算机的用户仍然可以访问这些文件夹)。

单击"保存更改"。

(4)媒体流。

当媒体流被打开时,网络上的人员和设备便可以访问该计算机上的图片、音乐以及视频。该计算机还可以在网络上查找媒体。

(5)文件共享连接。

Windows 7 使用 128 位加密帮助保护文件共享连接,某些设备不支持 128 位加密,必须使用 40 位或 56 位加密。

(6)密码保护的共享。

如果已启用密码保护的共享,则只有具备此计算机的用户账户和密码的用户才可以访问共享文件、连接到此计算机的打印机以及公用文件夹。若要使其他用户具备访问权限，必须关闭密码保护的共享。

1.7.3　管理磁盘

1. 格式化磁盘

格式化磁盘就是在磁盘内进行分割磁区，作内部磁区标示，以方便存取。格式化磁盘可分为格式化硬盘和格式化软盘两种。格式化硬盘又可分为高级格式化和低级格式化，高级格式化是指在 Windows 7 操作系统下对硬盘进行的格式化操作；低级格式化是指在高级格式化操作之前，对硬盘进行分区和物理格式化。

进行格式化磁盘的具体操作如下：

（1）若要格式化的磁盘是移动硬盘或优盘，应先将其插入相应接口；若要格式化的磁盘是硬盘，可直接执行第二步。

（2）单击"计算机"图标，打开"计算机"窗口；或打开资源管理器。

（3）选择要进行格式化操作的磁盘，单击"文件"→"格式化"命令，或右击要进行格式化操作的磁盘，在打开的快捷菜单（图 1.67）中选择"格式化"命令。

（4）打开"格式化"对话框，如图 1.68 所示。

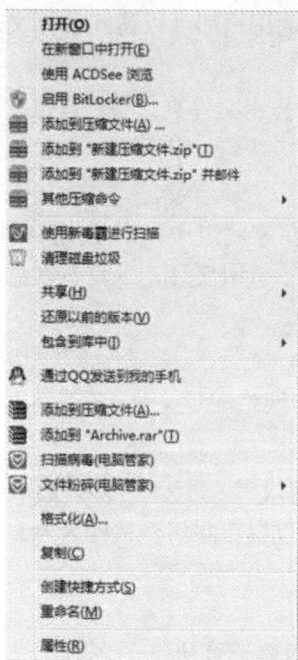

图 1.67　包含"格式化"的快捷菜单　　　　图 1.68　"格式化"对话框

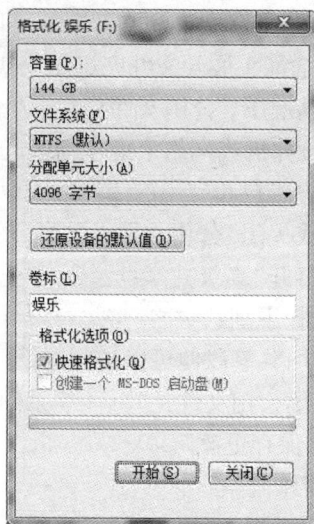

（5）格式化硬盘时可在"文件系统"下拉列表中选择 NTFS 或 FAT32，在"分配单元大小"下拉列表中选择要分配的单元大小。若需要快速格式化，可选中"快速格式化"复选框。

快速格式化不扫描磁盘的坏扇区而直接从磁盘上删除文件。只有在磁盘已经进行过格式化而且确认该磁盘没有损坏的情况下才使用该选项。

（6）单击"开始"按钮，将弹出"格式化警告"对话框，若确认要进行格式化，单击"确定"按钮即可进行格式化操作。

（7）这时在"格式化"对话框中的"进程"框中可看到格式化的进程。

（8）格式化完毕后，将出现"格式化完毕"对话框，单击"确定"按钮即可。

值得注意的是格式化磁盘将删除磁盘上的所有信息。

2. 清理磁盘

使用磁盘清理程序可以帮助用户释放硬盘驱动器空间，删除临时文件、Internet 缓存文件和删除不需要的文件，腾出它们占用的系统资源，以提高系统性能。

执行磁盘清理程序的具体操作如下：

（1）单击"开始"按钮，选择"所有程序"→"附件"→"系统工具"→"磁盘清理"命令。

（2）打开"选择驱动器"对话框，如图 1.69 所示。

（3）在该对话框中可选择要进行清理的驱动器。选择后单击"确定"按钮可弹出该驱动器的"磁盘清理"对话框，选择"磁盘清理"选项卡，如图 1.70 所示。

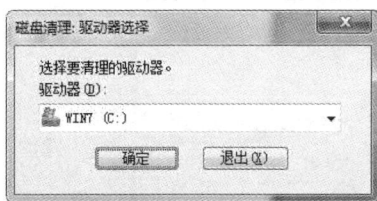

图 1.69 "驱动器选择"对话框图

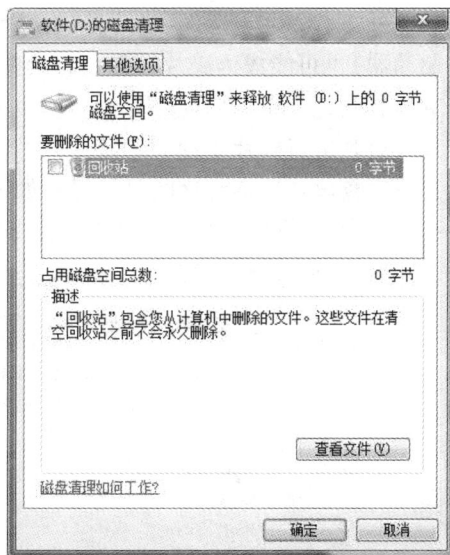

图 1.70 "磁盘清理"选项卡

（4）在该选项卡中的"要删除的文件"列表框中列出了可删除的文件类型及其所占用的磁盘空间大小，选中某文件类型前的复选框，在进行清理时即可将其删除；在"获取的磁盘空间总数"中显示了若删除所有选中复选框的文件类型后，可得到的磁盘空间总数；在"描述"框中显示了当前选择的文件类型的描述信息，单击"查看文件"按钮，可查看该文件类型中包含文件的具体信息。

（5）单击"确定"按钮，将弹出"磁盘清理"确认删除对话框，单击"是"按钮，弹出显示清理进度的"磁盘清理"对话框，清理完毕后，该对话框将自动消失。

（6）若要删除不用的可选 Windows 组件或卸载不用的安装程序，可选择"其他选项"选项卡，如图 1.71 所示。

（7）在该选项卡中单击"程序和功能"选项组中的"清理"按钮，打开"程序和功能"窗口，可卸载或更改已安装的程序，若在该窗口中单击"打开或关闭 Windows 功能"可删除不用的可选 Windows 组件。

在"磁盘清理"该选项卡中单击"系统还原和卷影复制"选项组中的"清理"按钮，可以通过所有还原点（除了最近的之外）来释放更多的磁盘空间。在某些版本的 Windows 中，此磁盘可能包含作为一部分还原点的文件卷影副本和旧的 Windows Complete PC 备份映像，删除此信息释放空间。

3．整理磁盘碎片

碎片往往会使硬盘执行许多降低计算机速度的额外工作。可移动存储设备（如 USB
闪存驱动器）也可能成为碎片。磁盘碎片整理程序可以重新排列碎片数据，以便磁盘和驱动器能够更有效地工作。磁盘碎片整理程序可以按计划自动运行，但也可以手动分析磁盘和驱动器以及对其进行碎片整理。

运行磁盘碎片整理程序的具体操作如下：

（1）单击"开始"按钮，选择"所有程序"→"附件"→"系统工具"→"磁盘碎片整理程序"命令，打开"磁盘碎片整理程序"对话框，如图 1.72 所示。

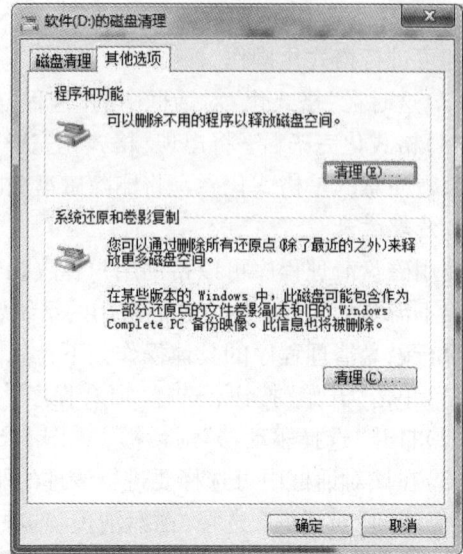

图 1.71　"其他选项"选项卡

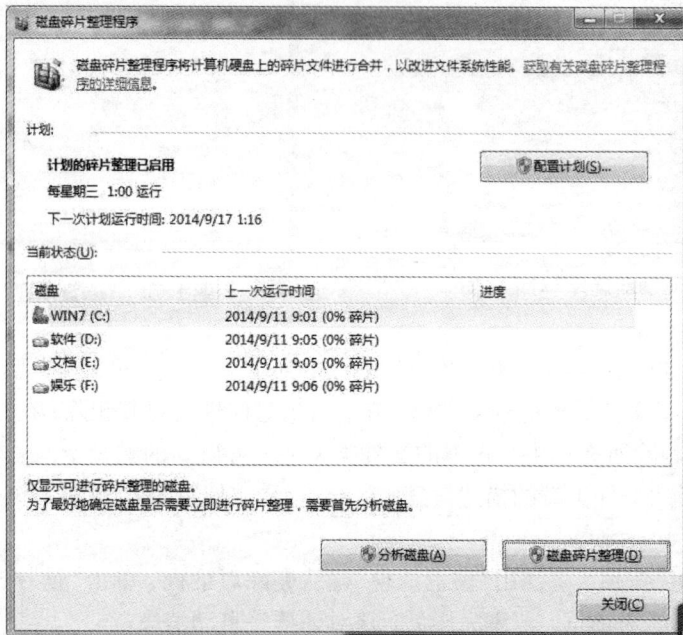

图 1.72　"磁盘碎片整理程序"对话框

（2）在"当前状态"下，选择要进行碎片整理的磁盘进行"分析磁盘"。

若要确定是否需要对磁盘进行碎片整理，请先单击"分析磁盘"分析磁盘碎片情况。如果系统提示输入管理员密码或进行确认，请键入该密码或提供确认。

在 Windows 完成分析磁盘后，可以在"上一次运行时间"列中检查磁盘上碎片的百分比。如果数字高于 10%，则应该对磁盘进行碎片整理。

（3）磁盘碎片整理。

单击"磁盘碎片整理"。如果系统提示输入管理员密码或进行确认，请键入该密码或提供确认。

磁盘碎片整理程序可能需要几分钟到几小时才能完成，具体取决于硬盘碎片的大小和程度。在碎片整理过程中，仍然可以使用计算机。

如果磁盘已经由其他程序独占使用，或者磁盘使用 NTFS 文件系统、FAT 或 FAT32 之外的文件系统格式化，则无法对该磁盘进行碎片整理。

不能对网络位置进行碎片整理。

如果此处未显示希望在"当前状态"下看到的磁盘，则可能是因为该磁盘包含错误。这时应该首先尝试修复该磁盘，然后返回磁盘碎片整理程序重试。

第二部分　计算机实用技术

Windows 系统给我们提供了稳定和高效的工作平台，不过由于病毒或者各种误操作等各种原因，会让我们的系统出现各种各样的问题，有些问题可能迫使我们重新安装系统，而重新安装操作系统和相关的应用软件是一个比较耗时的过程，这里给大家介绍现在比较常用的系统备份和恢复软件——Ghost，以及 U 盘启动工具的制作与使用。

1.8　Ghost 的使用

Ghost 系列分为两个版本，Ghost（在 DOS 下面运行）和 Ghost 32（在 Windows 下面运行），两者可以实现相同的功能，但是 Windows 系统下面的 Ghost 不能恢复 Windows 操作系统所在的分区，因此在这种情况下需要使用 DOS 版。

Ghost 备份还原工具目前已经发展到 Ghost 11，对于以后的版本只是在性能上有所优化，对于操作界面使用方法与原来的大同小异。下面将以 Ghost 8.0 为例详细讲解 XP 系统启动备份与还原。在 Windows 系统中下载并安装 Ghost，然后重启电脑，在启动项选择的时候选择 Dos 启动，开始使用 Ghost 对电脑系统进行备份和还原操作。

1.8.1　Ghost 的启动

启动 Ghost 8.0 之后，会出现如图 1.73 所示画面。

点击"OK"后，就可以看到 Ghost 的主菜单，如图 1.74 所示。

在主菜单中，有以下几项：

Local：本地操作，对本地计算机上的硬盘进行操作。

Peer to peer：通过点对点模式对网络计算机上的硬盘进行操作。

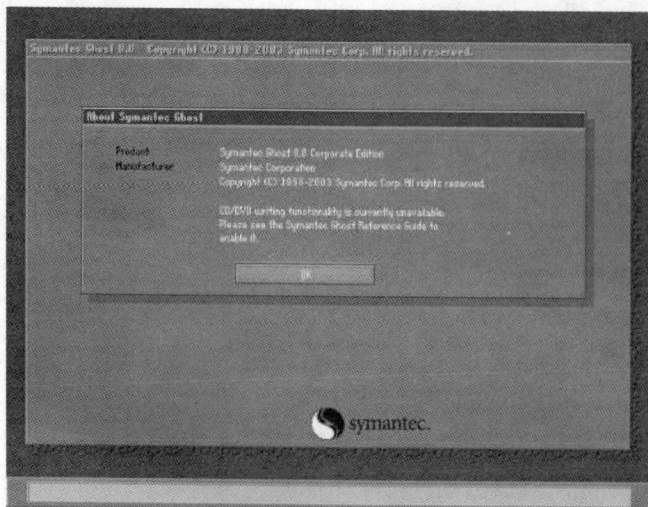

图 1.73　Ghost8.0 启动画面

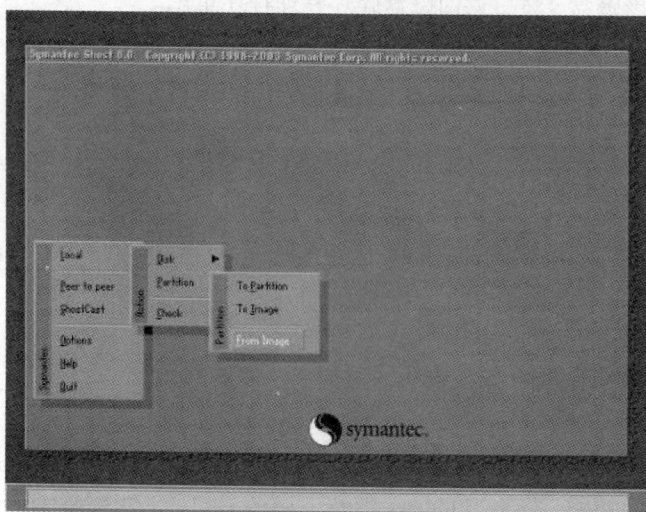

图 1.74　Ghost 菜单

GhostCast：通过单播/多播或者广播方式对网络计算机上的硬盘进行操作。

Option：使用 Ghost 时的一些选项，一般使用默认设置即可。

Help：一个简洁的帮助。

Quit：退出 Ghost。

注意：当计算机上没有安装网络协议的驱动时，Peer to peer 和 GhostCast 选项将不可用（在 DOS 下一般都没有安装）。

启动 Ghost 之后，选择"Local"→"Partion"对分区进行操作。

To Partion：将一个分区的内容复制到另外一个分区。

To Image：将一个或多个分区的内容复制到一个镜像文件中。一般备份系统均选择此操作。

From Image：将镜像文件恢复到分区中。当系统备份后，可选择此操作恢复系统。

1.8.2　备份系统

选择"Local"→"Partion"→"To Image"，对分区进行备份。

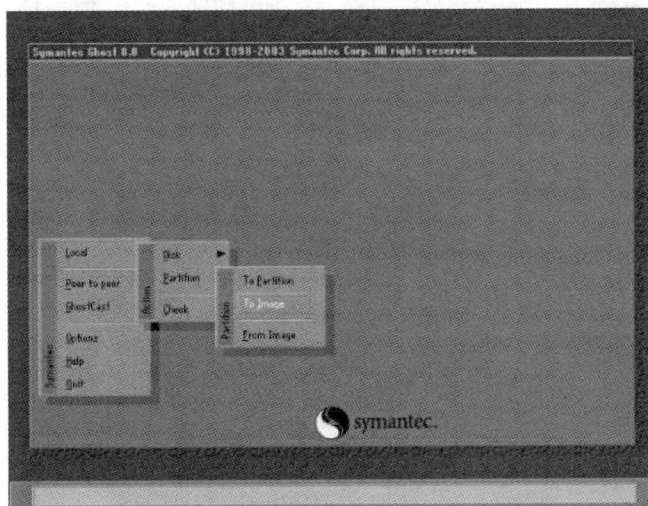

图 1.75　选择"Local"→"Partion"→"To Image"，对分区进行备份

备份分区的程序如下：选择硬盘(图 1.76)→选择分区(图 1.77、图 1.78)→设定镜像文件的位置(图 1.78、图 1.79)→选择压缩比例(图 1.83)。

如果空间不够，还会给出提示(图 1.81、图 1.82)。

在选择压缩比例时，为了节省空间，一般选择 High。但是压缩比例越大，压缩就越慢。

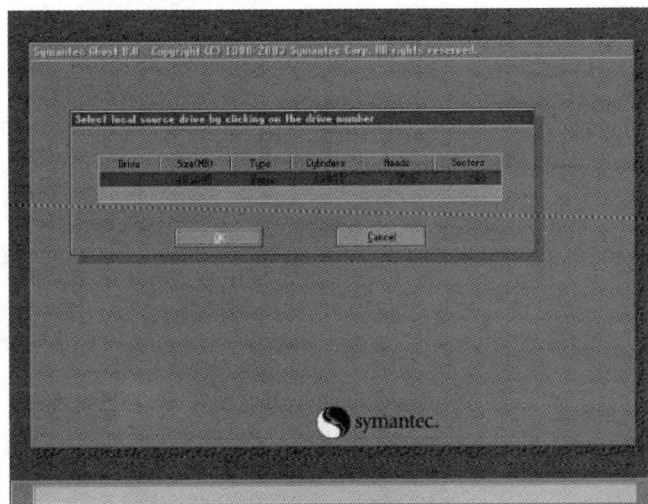

图 1.76　选择硬盘

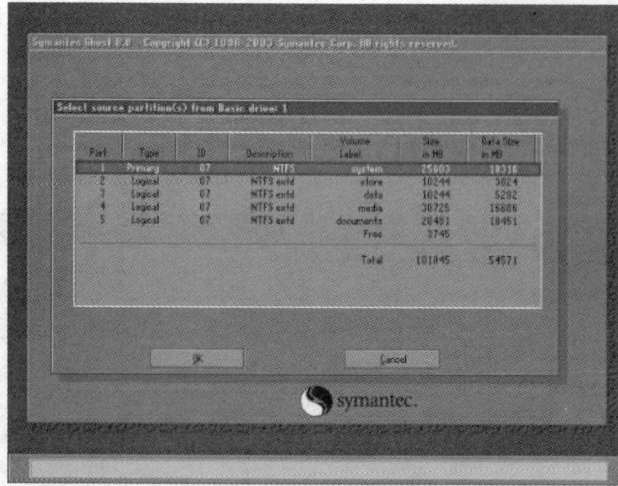

图 1.77　选择分区

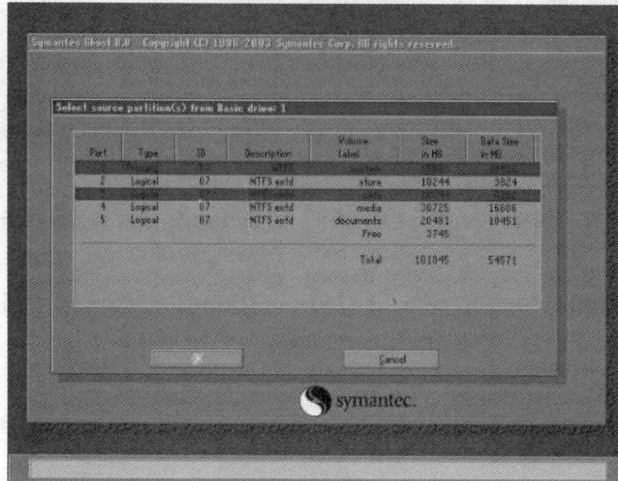

图 1.78　选择多个分区

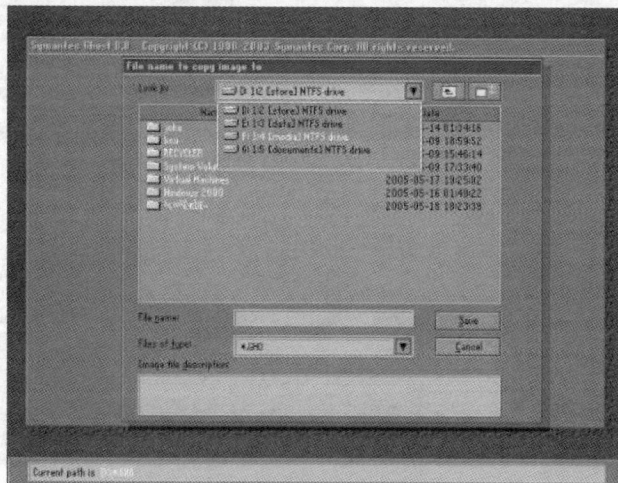

图 1.79　选择镜像文件的位置

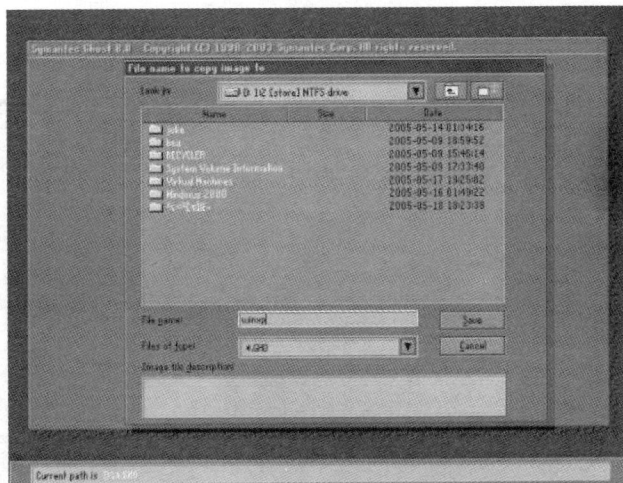

图 1.80　输入镜像文件名

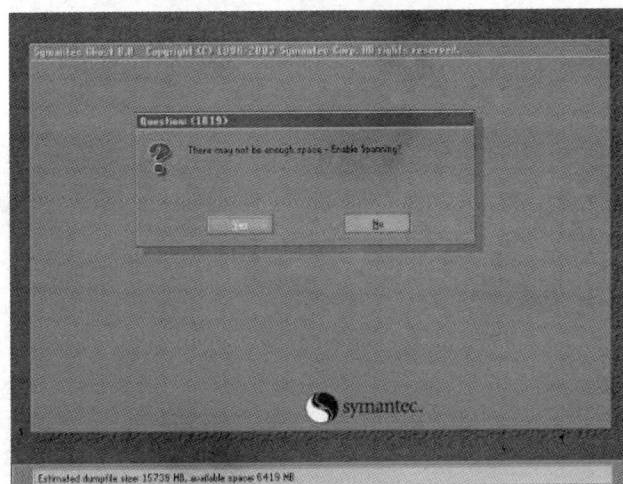

图 1.81　空间不够的提示（是否将镜像文件存储在多个分区上）

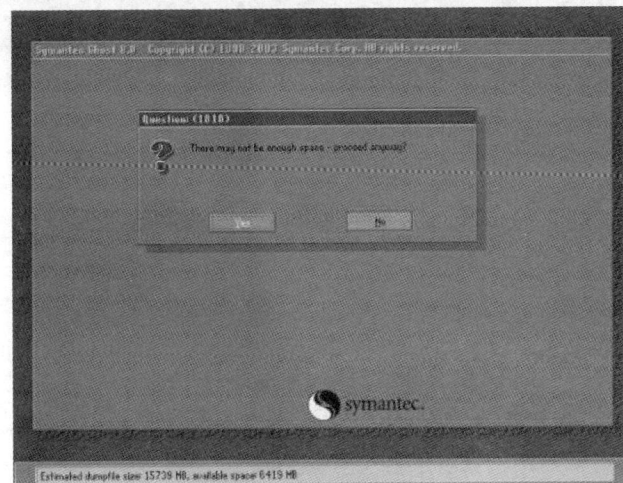

图 1.82　空间不够的警告

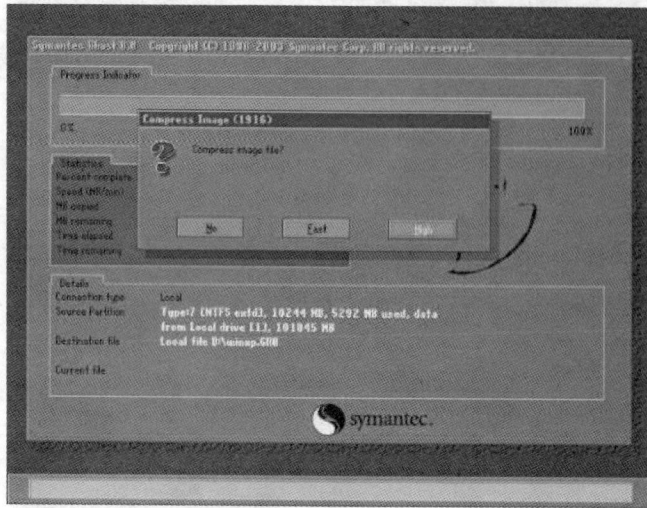

图 1.83　选择压缩比例

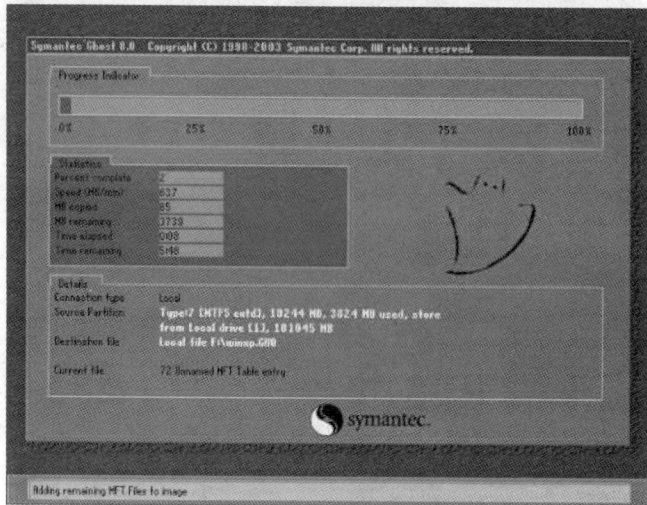

图 1.84　正在进行备份操作

1.8.3　对分区进行恢复(还原系统)

选择"Local"→"Partion"→"From Image",对分区进行恢复(图 1.85)。

恢复分区的程序如下:"选择镜像文件(图 1.86)→选择镜像文件中的分区(图 1.87)→选择硬盘(图 1.88)→选择分区(图 1.89)→确认恢复"(图 1.90)。

至此,Ghost 的基本使用方法就介绍完了,大家就尝试着使用 Ghost 来备份自己的系统吧。

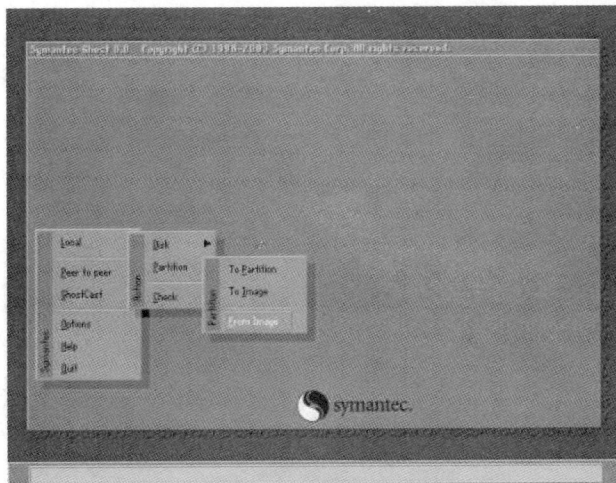

图 1.85　从镜像文件恢复分区

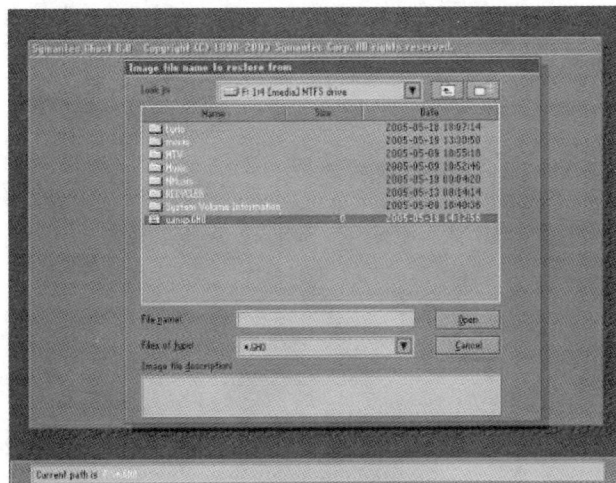

图 1.86　选择镜像文件

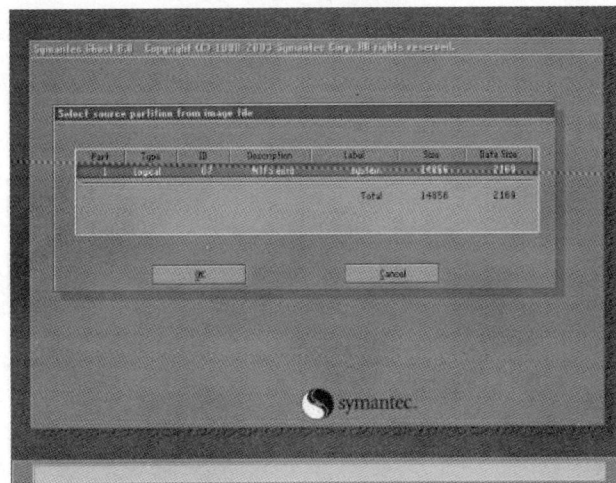

图 1.87　由于一个镜像文件中可能含有多个分区，所以需要选择分区

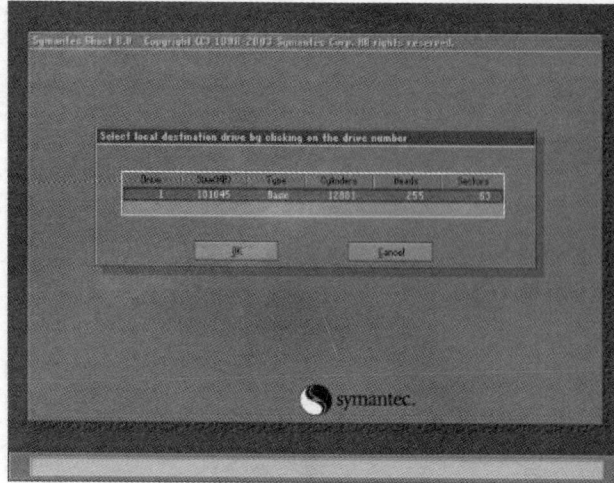

图 1.88　选择目标硬盘

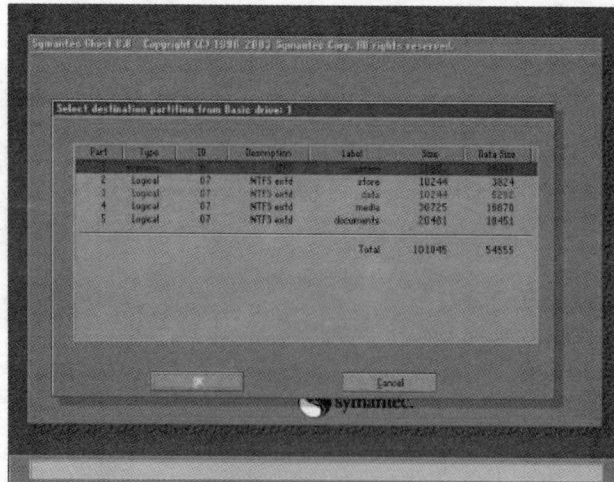

图 1.89　选择目标分区

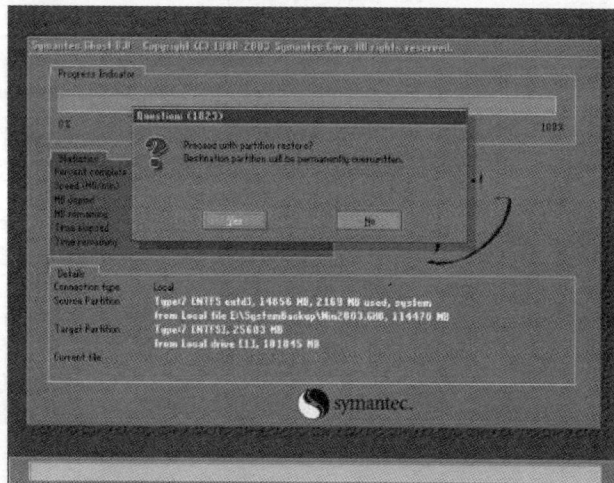

图 1.90　给出提示信息，确认后恢复分区

1.9　U盘启动盘的制作

在系统里安装了 DOS 系统可以使用 Ghost 工具对系统进行备份、恢复和重新安装,可是当电脑由于一些原因不能进入启动项选择的时候,就只能使用其他方法启动,对系统进行恢复或者重装,那么 U 盘启动是目前最简单、最便捷、最流行的一种方法,下面给大家介绍 U 盘启动盘的制作。

1.下载 U 盘启动盘制作工具

目前比较常用的 U 盘启动系统有老毛桃、大白菜、电脑店、速装 U 盘等,这些 U 盘启动工具免费,而且大都提供了一键制作,操作比较简单。大家只需要使用搜索引擎(例如百度)搜索下载并制作 U 盘启动盘即可,这里注意,制作启动工具的 U 盘会被格式化,数据会丢失。

2.设置电脑 U 盘启动

一般来讲设置电脑从 U 盘启动一共有两种方法:第一种是进 BIOS 然后设置 U 盘为第一启动项。第二种是利用某些电脑现成的启动项按键来选择 U 盘启动。

方法一:利用按键选择 U 盘启动。一般的品牌机,例如联想电脑,无论台式机抑或笔记本,选择启动项的键都是 F12,开机的时候按 F12 键会出现启动项选择界面,从中我们可以选择电脑从什么介质启动,一般可供选择的有光驱、硬盘、网络、可移动磁盘(U 盘)。

方法二:这种方法没有统一的步骤,因为某些 BIOS 版本不同设置也不同,总的来说方法二也分两种:

一种是没有硬盘启动优先级"Hard Disk Boot Priority"选项的情况,直接在第一启动设备"First boot device"里面选择从 U 盘启动;另一种是存在硬盘启动优先级"Hard Disk Boot Priority"选项的情况,必须在这里选择 U 盘为优先启动的设备,电脑是把 U 盘当作硬盘来使用的;然后,再在第一启动设备"First Boot Device"里面选择从硬盘"Hard Disk"或者从 U 盘启动。

这里举一个目前使用频率较高的一个主板的设置方法:

第一步:开机按 Del 键进入该 BIOS 设置界面,选择高级 BIOS 设置:Advanced BIOS Features,如图 1.91 所示。

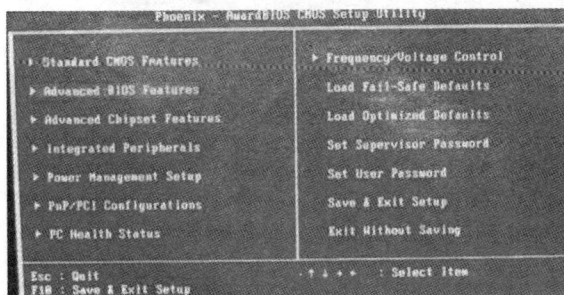

图 1.91　进入 BIOS 设置,选择 Advanced BIOS Features

第二步:高级 BIOS 设置(Advanced BIOS Features)界面,首先选择硬盘启动优先级:Hard

Disk Boot Priority（图 1.92）按 Enter 键进入优先级设置，使用小键盘上的加减号（" + "、" − "）来选择与移动设备，将 U 盘选择在最上面（图 1.93）。

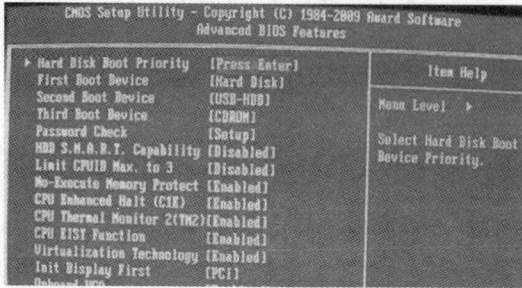

图 1.92　Advanced BIOS Features 设置

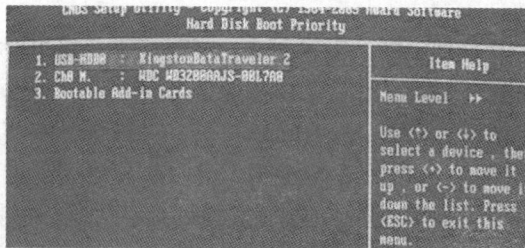

图 1.93　设置 U 盘启动为最高优先级

第三步：在 U 盘启动优先级（Hard Disk Boot Priority）选择好以后，按 Esc 键退出，在第一启动设备（First Boot Device）里，有 U 盘的 USB – ZIP、USB – HDD 之类的选项，从这些制作工具制作的 U 盘启动盘中选择"USB – HDD"。

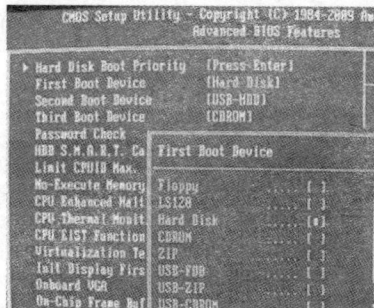

图 1.94　选择 U 盘启动为第一启动

第四步：按 F10 推出保存 BIOS 配置，然后插入 U 盘重启电脑就可以从 U 盘进行启动了。启动以后就可以使用前面讲过的 Ghost 工具进行系统的安装和恢复了，大家自己来试一试吧。

第二章　Word 2010 文字处理基础

引言

Office 是 Microsoft 公司开发的办公套装软件，主要包括 Word、Excel、PowerPoint 和 Access 等软件。其中，Word2010 是一款强大的文字处理软件，与以往的文字处理软件相比，它具有强大的文字排版功能，能进行图、表格混排，可以制作出更加精美的、图文并茂的文档。由于 Word 具有所见所得和简单易学的特点，它成为人们日常工作、学习和生活必不可少的软件之一。

本章学习内容：

(1) Word 的基本功能、运行环境，Word 的启动和退出。

(2) 文档的创建、打开、输入、保存、保护和打印等基本操作。

(3) 文本的选定、插入与删除、复制与移动、查找与替换等基本编辑技术。

(4) 字体格式设置、段落格式设置、文档页面设置和文档分栏等基本排版技术。

(5) 表格的创建、修改；表格中数据的输入与编辑；数据的排序和计算。

(6) 图形和图片的插入；图形的建立和编辑；文本框的使用。

(7) 邮件合并、样式以及自动生成目录等高级应用。

第一部分　Word 2010 的应用——文档的制作

2.1　Word 2010 基础

2.1.1　启动 Word

1. 常规方法

常规启动 Word 的过程本质上就是在 Windows 下运行一个应用程序。具体步骤如下：

① 单击屏幕左下角"开始"菜单按钮；

② 执行"开始"→"所有程序"→"Microsoft Office"→"Microsoft Word 2010"命令。

2. 快捷方式

快捷方式启动 Word 有以下几种方式：

方法一：桌面上如果有 Word 应用程序图标，双击该图标。

方法二：在"资源管理器"中找带有图标的文件(即 Word 文档，文档名后缀为". docx"或". doc")，双击该文件。

2.1.2 Word 窗口及其组成

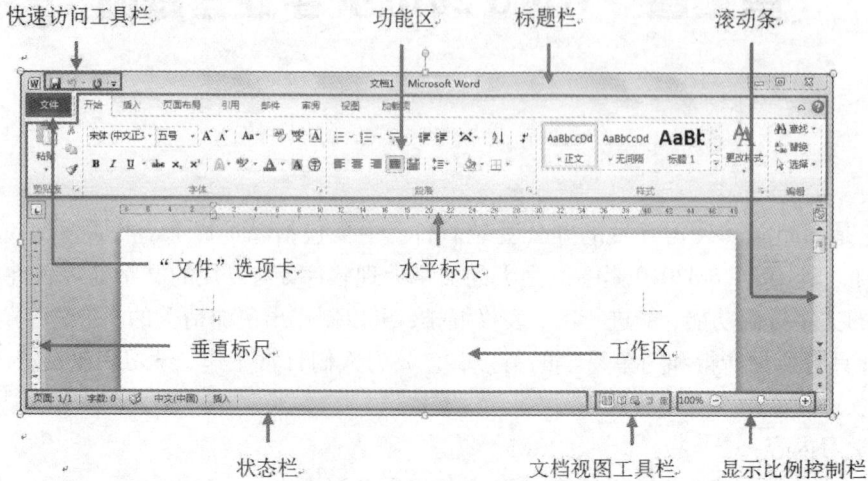

图 2.1 Word 窗口组成

2.1.3 退出 Word

常见退出 Word 的方法有以下几种:

方法一: 执行"文件"→"退出"命令;

方法二: 执行"文件"→"关闭"命令;

方法三: 单击标题栏右边"关闭"按钮 █ ;

方法四: 按快捷键 Alt + F4。

退出 Word 操作时,若文档修改尚未保存,则 Word 将会给出一个对话框,询问是否要保存未保存的文档,若单击"保存"按钮,则保存当前文档后退出;若单击"不保存"按钮,则直接退出 Word;若单击"取消"按钮,则取消这次操作,继续工作。

2.2 Word 的基本操作

2.2.1 创建新文档

当启动 Word 后,它就自动打开一个新的空文档并暂时命名为"文档 1"(对应的默认磁盘文件名为 doc1. docx)。

如果在编辑文档的过程中需要另外创建一个或多个新文档时,可以用以下方法之一来创建:

方法一: 执行"文件"→"新建"命令。

方法二: 按组合键 Alt + F 打开"文件"选项卡,执行"新建"命令(或直接按"N"键)。

方法三: 按快捷键 Ctrl + N。

2.2.2　打开已存在的文档

打开一个或多个 Word 文档

在资源管理器中，双击带有 Word 文档图标▣的文件名是打开 Word 文档最快捷的方式。

除此之外，打开一个或多个已存在的 Word 文档，还有下列常用方法：

方法一：执行"文件"→"打开"命令。

方法二：按快捷键 Ctrl + O。

2.2.3　输入文本

插入点：在窗口工作区的左上角有一个闪烁着的黑色竖条"|"称为插入点，它表明输入字符将出现的位置。输入文本时，插入点自动后移。

自动换行：Word 有自动换行的功能，当输入到每行的末尾时不必按 Enter 键，Word 就会自动换行，只有单设一个新段落时才按 Enter 键。按 Enter 键表示一个段落的结束，新段落的开始。

插入和改写状态：单击状态栏上"插入"→"改写"或按 Insert 键，将会在"插入"和"改写"状态之间转换。

1."即点即输"

利用"即点即输"功能，可以在文档空白处的任意位置处快速定位插入点和对齐格式设置，输入文字、插入表格、图片和图形等内容。

当将鼠标指针"I"移到特定格式区域时，"即点即输"指针形状发生变化，即在鼠标指针"I"附近（上、下、左、右）出现将要应用的格式图标，表明双击此处将要应用的格式设置，这些格式包括左对齐、居中、右对齐、左缩进、左侧或右侧文字环绕。

2. 插入符号

在输入文本时，一些键盘上没有的特殊的符号（如俄、日、希腊文字符，数学符号，图形符号等），除了利用汉字输入法的软键盘外，Word 还提供"插入符号"的功能。

插入符号的具体操作步骤如下：

① 把插入点移至要插入符号的位置（插入点可以用键盘的上、下、左、右箭头键来移动，也可以移动"I"型鼠标指针到选定的位置并左击鼠标）。

② 执行"插入"→"符号"→"符号"命令，在随之出现的列表框中，上方列出了最近插入过的符号和"其他符号"按钮。如果需要插入的符号位于列表框中，单击该符号即可；否则，单击"其他符号"按钮，打开如图 2.2 所示的"符号"对话框。

③ 在"符号"选项卡"字体"下拉列表中选定适当的字体项（如"普通文本"），在符号列表框中选定所需插入的符号，再单击"插入"按钮就可将所选择的符号插入到文档的插入点处。

④ 单击"关闭"按钮，关闭"符号"对话框。

3. 插入脚注和尾注

在编写文章时，常常需要对一些从别人的文章中引用的内容、名词或事件加以注释，这称为脚注或尾注。

脚注和尾注的区别是：脚注是位于每一页面的底端，而尾注是位于文档的结尾处。

插入脚注和尾注的操作步骤如下：

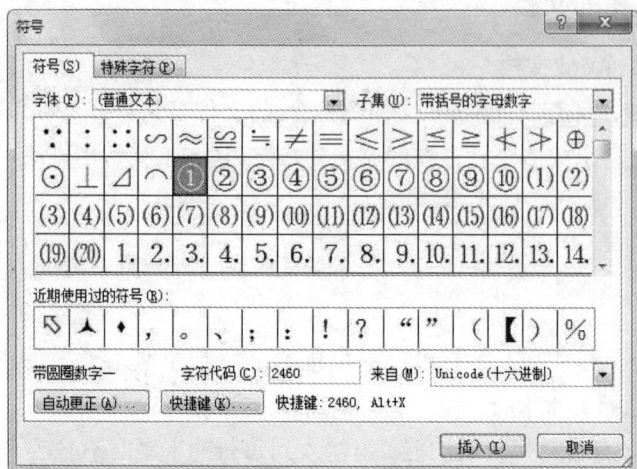

图 2.2　"符号"对话框

① 将插入点移到需要插入脚注和尾注的文字之后。

② 执行"引用"→"脚注"→"脚注和尾注"命令（注：这个操作可通过单击"引用"选项卡→"脚注"分组中的右下角的"箭头"实现），打开如图 2.3 所示的"脚注和尾注"对话框。

③ 在对话框中选定"脚注"或"尾注"单选项，设定注释的编号格式、自定义标记、起始编号和编号方式等。

4. 插入另一个文档

利用 Word 插入文件的功能，可以将几个文档连接成一个文档。其具体步骤如下：

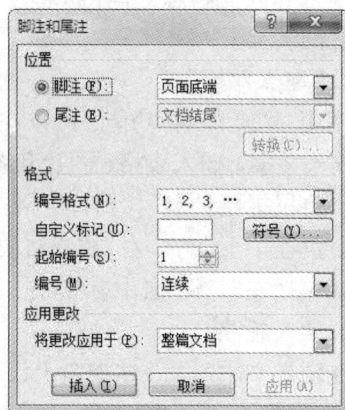

图 2.3　"脚注和尾注"对话框

① 将插入点移至要插入另一文档的位置。

② 执行"插入"→"文本"→"对象"→"文件中的文字"命令，打开"插入文件"对话框。

③ 在"插入文件"对话框中选定所要插入的文档。

2.2.4　文档的保存和保护

1. 文档的保存

（1）保存新建文档。

保存文档的常用方法有如下几种：

方法一：单击标题栏"保存"按钮▣。

方法二：执行"文件"→"保存"命令。

方法三：按快捷键 Ctrl + S。

（2）保存已有的文档。

对已有的文件打开和修改后，同样可用上述方法将修改后的文档以原来的文件名保存在原来的文件夹中。此时不再出现"另存为"对话框。

提示：输入或编辑一个大文档时，最好随时做保存文档的操作，以免计算机的意外故障引起文档内容的丢失。

（3）用另一文档名保存文档。

执行"文件/另存为"命令可以把一个正在编辑的文档以另一个不同的名字保存起来，而原来的文件依然存在。

例如：当前正在编辑的文档名为 File.docx，如果既想保存原来的文档 File.docx，又想把编辑修改后的文档另存一个名为 NewFile.docx 的文档，那么就可以使用"另存为"命令。

执行"另存为"命令后，会打开如图 2.4 所示的"另存为"对话框。其后的操作与保存新建文档一样。

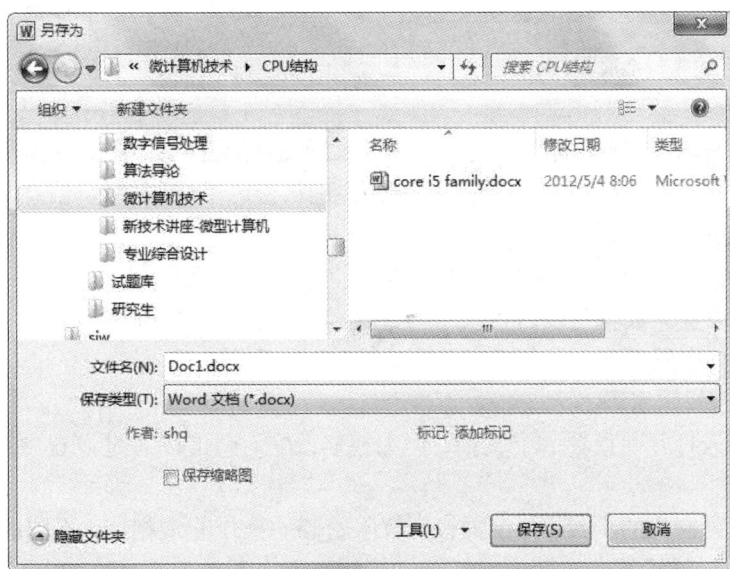

图 2.4　"另存为"对话框

2. 文档的保护

（1）设置"打开权限密码"。

在文档存盘前设置了"打开权限密码"后，那么再打开它时，Word 首先要核对密码，只有在密码正确的情况下才能打开，否则拒绝打开。

设置"打开权限密码"可以通过如下步骤实现：

① 执行"文件"→"另存为"命令，打开"另存为"对话框。

② 在"另存为"对话框中，执行"工具"→"常规选项"命令，打开如图 2.5 所示的"常规选项"对话框，输入设定的密码。

③ 单击"确定"按钮，此时会出现一个如图 2.6 所示的"确认密码"对话框，要求用户再重复键入所设置的密码。

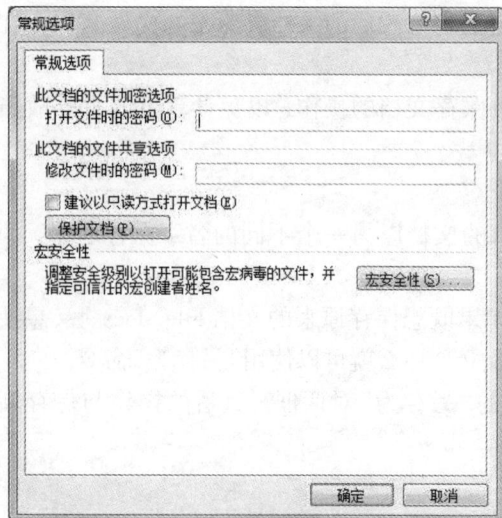

图 2.5　"常规选项"对话框　　　　　　　图 2.6　"确认密码"对话框

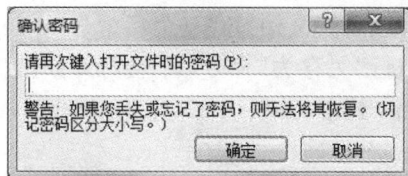

④ 在"确认密码"对话框的文本框中重复键入所设置的密码并单击"确定"按钮。如果密码核对正确，则返回"另存为"对话框，否则出现"确认密码不符"的警示信息，此时只能单击"确定"按钮，重新设置密码。

⑤ 当返回到"另存为"对话框后，单击"保存"按钮即可存盘。

至此，密码设置完成。当以后再次打开此文档时，会出现"密码"对话框，要求用户键入密码以便核对，如密码正确，则文档打开；否则，文档不予打开。

（2）设置修改权限密码。

如果允许别人打开并查看一个文档，但无权修改它，则可以通过设置"修改权限时的密码"实现。

设置修改权限密码的步骤，与设置打开权限密码的操作非常相似，不同的只是将密码键入到"修改文件时密码"的文本框中。打开文档的情形也很类似，此时"密码"对话框多了一个"只读"按钮，供不知道密码的人以只读方式打开它。

2.2.5　基本编辑技术

1. 文本的选定

（1）用鼠标选定文本。

根据所选定文本区域的不同情况，分别有：

选定任意大小的文本区：首先将"I"形鼠标指针移动到所要选定文本区的开始处，按住鼠标左键，然后拖动鼠标直到所选定的文本区的最后一个文字并松开鼠标左键，这样，鼠标所拖动过的区域被选定，并以反白形式显示出来。文本选定区域可以是一个字符或标点，也可以是整篇文档。如果要取消选定区域，可以用鼠标单击文档的任意位置或按键盘上的箭头键。

选定大块文本：首先用鼠标指针单击选定区域的开始处，然后按住 Shift 键，再配合滚动条将文本翻到选定区域的末尾，再单击选定区域的末尾，则两次单击范围中包括的文本就被选定。

选定矩形区域中的文本：将鼠标指针移动到所选区域的左上角，按住 Alt 键，拖动鼠标直到区域的右下角，放开鼠标。

选定一个句子：按住 Ctrl 键，将鼠标光标移动到所要选句子的任意处单击一下。

选定一个段落：将鼠标指针移到所要选定段落的任意行处连击三下。或者将鼠标指针移到所要选定段落左侧选定区，当鼠标指针变成向右上方指的箭头时双击之。

选定一行或多行：将鼠标"I"形指针移到这一行左端的文档选定区，当鼠标指针变成向右上方指的箭头时，单击一下就可以选定一行文本，如果拖动鼠标，则可选定若干行文本。

选定整个文档：按住 Ctrl 键，将鼠标指针移到文档左侧的选定区单击一下。或者将鼠标指针移到文档左侧的选定区并连续快速三击鼠标左键。或直接按快捷键 Ctrl + A 选定全文。

（2）用键盘选定文本。

当用键盘选定文本时，注意应首先将插入点移到所选文本区的开始处，然后再按如表 2.1 所示的组合键。

表 2.1 常用选定文本的组合键

按组合键	选定功能
Shift + →	选定当前光标右边的一个字符或汉字
Shift + ←	选定当前光标左边的一个字符或汉字
Shift + ↑	选定到上一行同一位置之间的所有字符或汉字
Shift + ↓	选定到下一行同一位置之间的所有字符或汉字
Shift + Home	从插入点选定到它所在行的开头
Shift + End	从插入点选定到它所在行的末尾
Shift + Page Up	选定上一屏
Shift + Page Down	选定下一屏
Ctrl + Shift + Home	选定从当前光标到文档首
Ctrl + Shift + End	选定从当前光标到文档尾
Ctrl + A	选定整个文档

2. 插入与删除文本

（1）插入文本。

在文本的某一位置中插入一段新的文本的操作是非常简单的。唯一要注意的是：确认当前文档处在"插入"方式还是"改写"方式。

在插入方式下，只要将插入点移到需要插入文本的位置，输入新文本就可以了。插入时，插入点右边的字符和文字随着新的文字的输入逐一向右移动。如在改写方式下，则插入点右边的字符或文字将被新输入的文字或字符所替代。

（2）删除文本。

删除一个字符或汉字的最简单的方法是：将插入点移到此字符或汉字的左边，然后按 Delete 键；或者将插入点移到此字符或汉字的右边，然后按 Backspace 键。

删除几行或一大块文本的快速方法是：首先选定要删除的这块文本，然后按 Delete 键。

如果删除之后想恢复所删除的文本，那么只要单击自定义快速访问工具栏的"撤销"按钮即可。

3. 移动文本

（1）使用剪贴板移动文本。

① 选定所要移动的文本。

② 单击"开始"→"剪贴板"中的"剪切"按钮，此时所选定的文本被剪切掉并保存在剪贴板之中。

③ 将插入点移到文本拟要移动到的新位置。此新位置可以是在当前文档中，也可以在其他文档中。

④ 单击"开始"→"剪贴板"中"粘贴"按钮，所选定的文本便移动到指定的新位置上。

（2）使用鼠标左键拖动文本。

① 选定所要移动的文本。

② 将"I"形鼠标指针移到所选定的文本区，使其变成指向左上角的箭头 ↖。

③ 按住鼠标左键，此时鼠标指针下方增加一个灰色的矩形，并在箭头处出现一虚竖线段（即插入点），它表明文本要插入的新位置。

④ 拖动鼠标指针前的虚插入点到文本拟要移动到的新位置上并松开鼠标左键，这样就完成了文本的移动。

4. 复制文本

（1）使用剪贴板复制文本。

① 选定所要复制的文本。

② 单击"开始"→"剪贴板"中的"复制"按钮，此时所选定文本的副本被临时保存在剪贴板之中。

③ 将插入点移到文本拟要复制到的新位置。与移动文本操作相同，此新位置也可以在另一个文档中。

④ 单击"开始"→"剪贴板"中的"粘贴"按钮，则所选定文本的副本被复制到指定的新位置上。

（2）使用快捷菜单复制文本。

使用快捷菜单复制文本的步骤与使用快捷菜单移动文本的操作类似，所不同的是它使用快捷菜单中的"复制"和"粘贴"命令。

5. 查找与替换

（1）查找文本。

① 单击"开始"→"编辑"→"替换"按钮，打开"查找和替换"对话框。

② 单击"查找"选项卡，得到如图 2.7 所示的"查找和替换"对话框。在"查找内容"一栏中键入要查找的文本（如键入"文本"一词）。

③ 单击"查找下一处"按钮开始查找。当查找到"文本"一词后，就将该文本移入到窗口工作区内，并反白显示所找到的文本。

④ 如果此时单击"取消按钮"，那么关闭"查找和替换"对话框，插入点停留在当前查找到的文本处；如果还需继续查找下一个的话，那么可再单击"查找下一处"按钮，直到整个文档查找完毕为止。

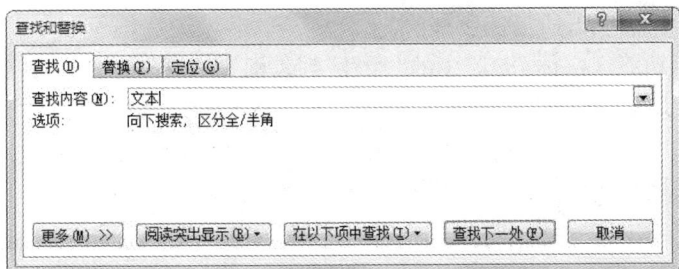

图 2.7 "查找和替换"对话框的"查找"选项卡

（2）替换文本。

① 单击"开始"→"编辑"→"替换"按钮，打开"查找和替换"对话框，并单击"替换"选项卡，得到如图 2.8 所示的"查找和替换"对话框的"替换"选项卡窗口。此对话框中比"查找"选项卡的对话框多了一个"替换为"列表框。

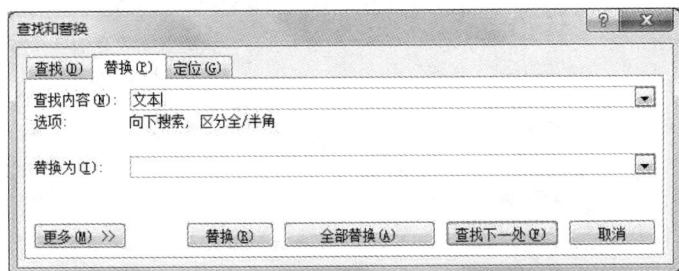

图 2.8 "查找和替换"对话框的"替换"选项卡

② 在"查找内容"列表框中键入要查找的内容，例如，键入"计算机"。

③ 在"替换为"列表框中键入要替换的内容，例如，键入"电脑"。

④ 在输入要查找和需要替换的文本和格式后，根据情况单击替换按钮，或全部替换按钮，或查找下一处按钮。

6. 撤销与恢复

对于编辑过程中的误操作，可执行"编辑"→"撤销清除"命令，或单击工具栏中的撤销按钮来挽回。

对于所撤销的操作，还可以按"恢复"按钮重新执行。

2.3 Word 的排版技术

2.3.1 文字格式的设置

1. 设置字体、字形、字号和颜色

（1）用"开始"功能区的"字体"分组设置文字的格式。

① 选定要设置格式的文本。

② 单击"开始"功能区→"字体"分组中的"字体"列表框 宋体 右端的下拉按钮，在随

之展开的字体列表中，单击所需的字体。

③ 单击"开始功能区字体分组"中的"字号"列表框 五号 · 右端的下拉按钮，在随之展开的字号列表中，单击所需的字号。

④ 单击"开始"功能区→"字体"分组中的"字体颜色"按钮 A · 的下拉按钮，展开颜色列表框，单击所需的颜色选项。

⑤ 如果需要，还可单击"开始"功能区→"字体"分组中的"加粗"、"倾斜"、"下画线"、"字符边框"、"字符底纹"或"字符缩放"等按钮，给所选的文字设置相应格式。

（2）用"字体"对话框设置文字的格式。

① 选定要设置格式的文本。

② 单击右键，在随之打开的快捷菜单中选择"字体"，打开如图 2.9 所示的"字体"对话框。

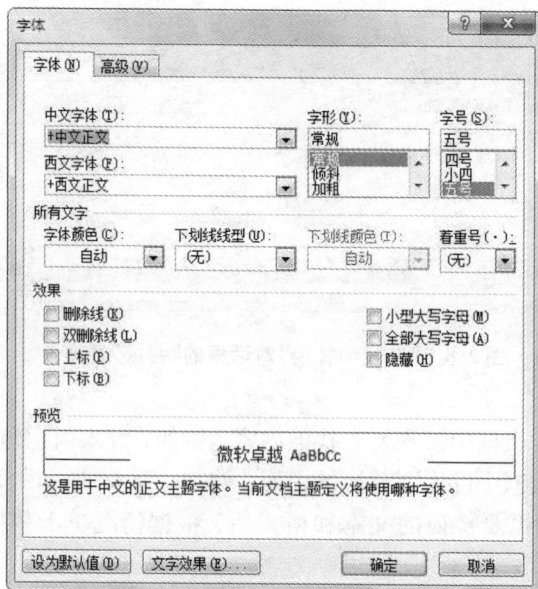

图2.9　"字体"对话框的"字体"选项卡

③ 单击"字体"选项卡，可以对字体进行设置。

④ 单击"中文字体"列表框中的下拉按钮，打开中文字体列表并选定所需字体。

⑤ 单击"英文字体"列表框中的下拉按钮，打开英文字体列表并选定所需英文字体。

⑥ 在"字形"和"字号"列表框中选定所需的字形和字号。

⑦ 单击"字体颜色"列表框的下拉按钮，打开颜色列表并选定所需的颜色。Word 默认为自动设置(黑色)。

⑧ 在预览框中查看字体，确认后单击"确定"按钮。

2.改变字符间距、字宽度和水平位置

① 选定要调整的文本。

② 单击右键，在打开的快捷菜单中选择"字体"，打开"字体"对话框。

③ 单击"高级"选项卡，得到如图 2.10 所示的"字体"对话框，设置以下选项。

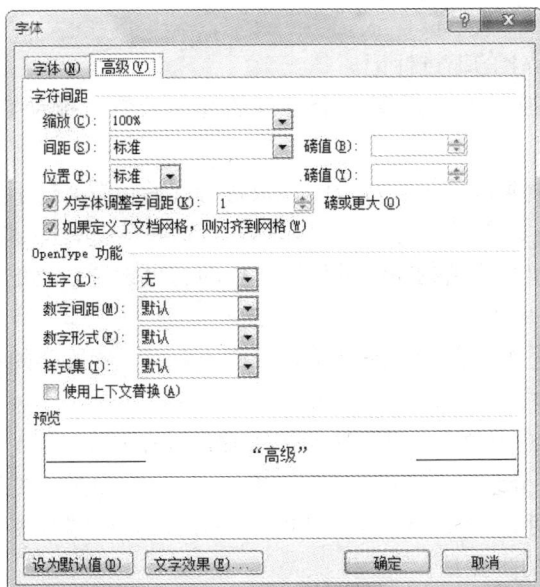

图 2.10　"字体"对话框的"高级"选项卡

★ 缩放：将文字在水平方向上进行扩展或压缩。

★ 间距：通过调整"磅值"，加大或缩小文字间距。

★ 位置：通过调整"磅值"，改变文字相对水平基线，提升或降低文字显示的位置。

④ 设置后，可在预览框中查看设置结果，确定后单击"确定"按钮。

2.3.2　段落的排版

1. 段落的左右边界的设置

（1）使用"段落"对话框。

① 选定拟设置左、右边界的段落。

② 单击"开始"→"段落"→"段落"按钮，打开如图 2.11 所示的"段落"对话框。

③ 在"缩进与间距"选项卡中，单击"缩进"组下的"左侧"或"右侧"文本框的增减按钮，设定左右边界的字符数。

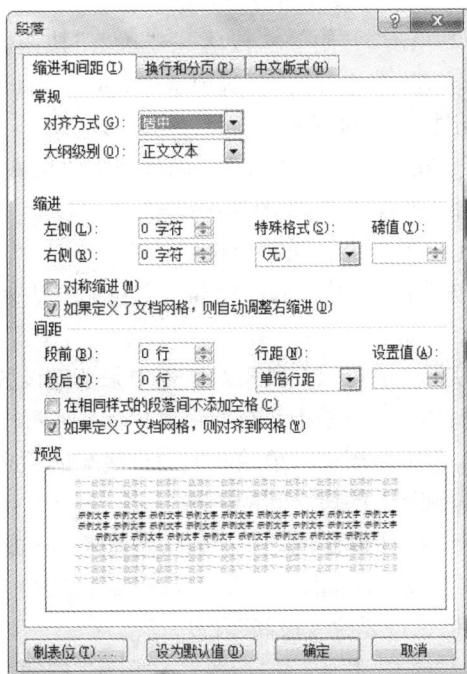

图 2.11　"段落"对话框

④ 单击"特殊格式"列表框的下拉按钮，选择"首行缩进"、"悬挂缩进"或"无"确定段落

首行的格式。

⑤ 在"预览"框中查看，确认排版效果满意后，单击"确定"按钮；若排版效果不理想，则可单击"取消"按钮取消本次设置。

（2）用鼠标拖动标尺上的缩进标记。

首行缩进标记：仅控制第一行第一个字符的起始位置。拖动它可以设置首行缩进的位置。

悬挂缩进标记：控制除段落第一行外的其余各行起始位置，且不影响第一行。拖动它可实现悬挂缩进。

左缩进标记：控制整个段落的左缩进位置。拖动它可设置段落的左边界，拖动时首行缩进标记和悬挂缩进标记一起拖动。

右缩进标记：控制整个段落的右缩进位置。拖动它可设置段落的右边界。

2. 设置段落对齐方式

（1）用"开始"功能区"段落"分组中功能按钮设置对齐方式。

在"开始"→"段落"分组中，提供了"文本左对齐"、"居中"、"文本右对齐"、"两端对齐"和"分散对齐"五个对齐按钮。Word 默认的对齐方式是"两端对齐"。

设置段落对齐方式的步骤是：

先选定要设置对齐方式的段落，然后单击"格式"工具栏中的相应的对齐方式按钮即可。

（2）用"段落"对话框来设置对齐方式。

① 选定拟设置对齐方式的段落。

② 单击"开始"→"段落"→"段落"按钮，打开"段落"对话框。

③ 在"缩进和间距"选项卡中，单击"对齐方式"列表框的下拉按钮，在对齐方式的列表中选定相应的对齐方式。

④ 在"预览"框中查看，确认排版效果满意后，单击"确定"按钮；若排版效果不理想，则可单击"取消"按钮取消本次设置。

3. 行间距与段间距的设定

初学者常用按 Enter 键插入空行的方法来增加段间距或行距。显然，这是一种不得已的办法。

实际上，可以在段落对话框中来精确设置段间距和行间距。

行距：行距是指两行的距离，而不是两行之间的距离。即指当前行底端和上一行底端的距离，而不是当前行顶端和上一行底端的距离。

段间距：两段之间的距离。

行距、段间距的单位：可以是厘米、磅或当前行距的倍数。

（1）设置段间距。

① 选定要改变段间距的段落。

② 单击"开始"→"段落"→"段落"按钮，打开"段落"对话框。

③ 单击"缩进和行距"选项卡中"间距"组的"段前"和"段后"文本框的增减按钮，设定间距，每按一次增加或减少 0.5 行。"段前"、"段后"选项分别表示所选段落与上、下段之间的距离。

④ 在"预览"框中查看，确认排版效果满意后，单击"确定"按钮；若排版效果不理想，则

可单击"取消"按钮取消本次设置。

（2）设置行距。

① 选定要设置行距的段落。

② 单击"开始"→"段落"→"段落"按钮，打开"段落"对话框。

③ 单击"行距"列表框下拉按钮，选择所需的行距选项。

④ 在"设置值"框中键入具体的设置值。

⑤ 在"预览"框中查看，确认排版效果满意后，单击"确定"按钮；若排版效果不理想，则可单击"取消"按钮取消本次设置。

4.给段落添加边框和底纹

有时，对文章的某些重要段落或文字加上边框或底纹，使其更为突出和醒目。

给段落添加边框和底纹的方法与文本加边框和底纹的方法相同，只是需要注意：在"边框"或"底纹"选项卡的"应用范围"列表框中应选定"段落"选项。

5.项目符号和段落编号

编排文档时，在某些段落前加上编号或某种特定的符号（称项目符号），这样可以提高文档的可读性。

手工输入段落编号或项目符号不仅效率不高，而且在增、删段落时还需修改编号顺序，容易出错。

在 Word 中，可以在键入时自动给段落创建编号或项目符号，也可以给已键入的各段文本添加编号或项目符号。

（1）对已键入的各段文本添加项目符号或编号。

使用"开始"→"段落"→"项目符号"或"开始"→"段落"→"编号"按钮给已有的段落添加项目符号或编号。

① 选定要添加项目符号（或编号）的各段落。

② 单击"开始"→"段落"→"项目符号"（或"开始"→"段落"→"编号"按钮 ）中的下拉菜单按钮，打开如图 2.12 所示的"项目符号"列表框（或如图 2.13 所示的"编号"列表框）。

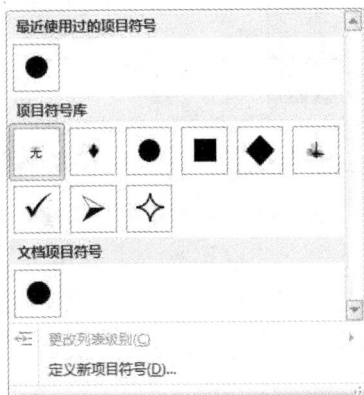

图 2.12　"项目符号"列表框　　　　　　图 2.13　"编号"列表框

③ 在"项目符号"（或"编号"）列表中，选定所需要的项目符号（或编号），再单击"确定"

按钮。

④ 如果"项目符号"(或"编号")列表中没有所需要的项目符号(或编号),可以单击"定义新符号项目"(或"定义新编号格式")按钮,在打开的对话框中,选定或设置所需要的"符号项目"(或"编号")。

2.3.3 版面设置

1. 页面设置

纸张的大小、页边距确定了可用文本区域。

文本区域的宽度等于纸张的宽度减去左、右页边距,文本区的高度等于纸张的高度减去上、下页边距,如图2.14所示。

可以使用"页面布局"→"页面设置"分组中的各项功能来设置纸张大小、页边距和纸张方向等。具体步骤如下:

① 单击"页面布局"→"页面设置"→"页面设置"按钮,打开如图2.15所示的"页面设置"对话框。对话框中包含有"页边距"、"纸张"、"版式"和"文档网络"四个选项卡。

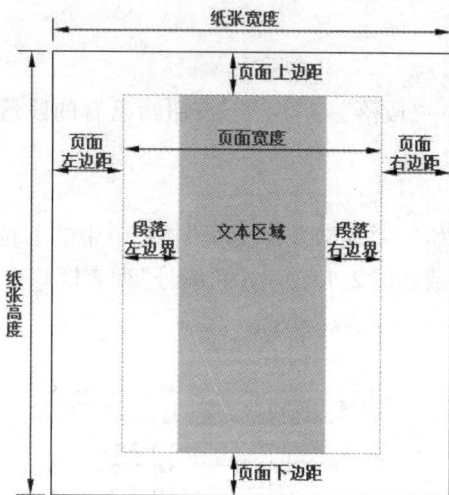

图 2.14　纸张大小、页边距和文本区域示意图　　　图 2.15　"页面设置"对话框

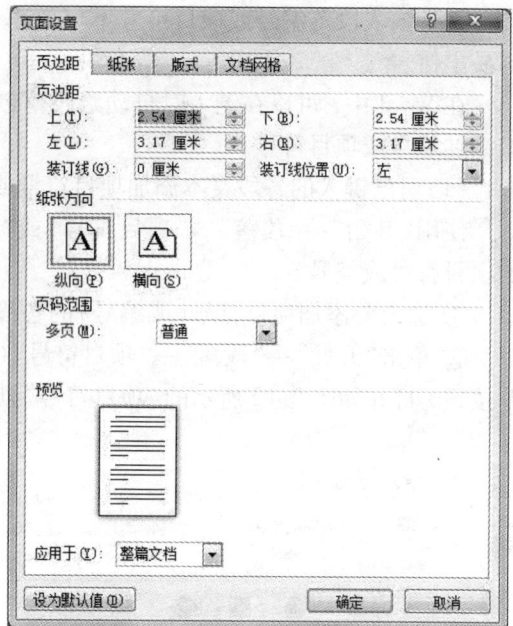

② 在"页边距"选项卡中,可以设置上、下、左、右边距和页眉页脚距边界的位置,以及"应用范围"和"装订位置"。

③ 在"纸张"选项卡中,可以设置纸张大小和方向。

④ 在"版式"选项卡中,可设置页眉和页脚在文档中的编排,还可设置文本的垂直对齐方式等。

⑤ 在"文档网络"选项卡中,可设置每一页中的行数和每行的字符数,还可设置分栏数。

⑥ 设置完成后,可查看预览框中的效果。若满意,可单击"确定"按钮确认设置,否则,单击"取消"按钮。

2.插入分页符

Word 具有自动分页的功能。但有时为了将文档的某一部分内容单独形成一页,可以插入分页符进行人工分页。

插入分页符的步骤是:

① 将插入点移到新的一页的开始位置。

② 按组合键 Ctrl + Enter;或单击"插入"→"页"→"分页"按钮;还可以单击"页面布局"→"页面设置"→"分隔符"按钮,在打开的"分隔符"列表中,单击"分页符"命令。

在普通视图下,人工分页符是一条水平虚线。如果想删除分页符,只要把插入点移到人工分页符的水平虚线中,按 Delete 键即可。

3.插入页码

插入页码的具体步骤如下:

单击"插入"→"页眉和页脚"→"页码"按钮,打开如图 2.16 所示的"页码"下拉菜单,根据所需在下拉菜单中选定页码的位置。

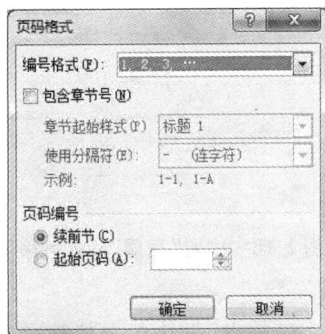

只有在页面视图和打印预览方式下可以看到插入的页码,在其他视图下看不到页码。

如果要更改页码的格式,可执行"页码"下拉菜单中的"设置页码格式"命令,打开如图 2.17 所示的"页码格式"对话框,在此对话框中设定页码格式并单击"确定"按钮返回"页码"对话框。

图 2.16　"页码"下拉菜单　　　　　　**图 2.17　"页码格式"对话框**

4.页眉和页脚

页眉和页脚是打印在一页顶部和底部的注释性文字或图形。

(1)建立页眉/页脚。

① 单击"插入/页眉和页脚/页眉"按钮,打开内置"页眉"版式列表,如图 2.18 所示。如果在草稿视图或大纲视图下执行此命令,则会自动切换到页面视图。

② 在内置"页眉"版式列表中选择所需要的页眉版式,并随之键入页眉内容。当选定页眉版式后,Word 窗口中会自动添加一个名为"页眉和页脚工具"的功能区并使其处于激活状态,此时,仅能对页眉内容进行编辑操作。

③ 如果内置"页眉"版式列表中没有所需的页眉版式,可以单击内置"页眉"版式列表

下方的"编辑页眉"命令，直接进入"页眉"编辑状态输入页眉内容，并在"页眉和页脚工具"功能区中设置页眉的相关参数。

④ 单击"关闭页眉和页脚"按钮，完成设置并返回文档编辑区。这时，整个文档的各页都具有同一格式的页眉。

5. 分栏排版

分栏使得版面显得更为生动、活泼，增强可读性。使用"页面布局"→"页面设置"→"分栏"功能可以实现文档的分栏，具体操作如下：

① 如要对整个文档分栏，则将插入点移到文本的任意处；如要对部分段落分栏，则应先选定这些段落。

② 单击"页面布局/页面设置/分栏"按钮，打开"分栏"下拉菜单。在"分栏"菜单中，单击所需格式的分栏按钮即可。

③ 若"分栏"下拉菜单中所提供的分栏格式不能满足要求，则可单击菜单中的"更多分栏"按钮，打开如图2.19所示的"分栏"对话框。

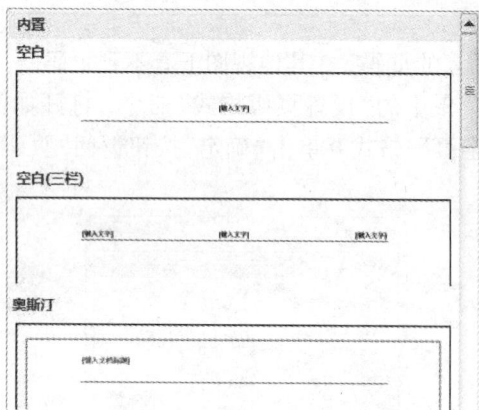

图 2.18　内置"页眉"版式列表　　　　　　　图 2.19　"分栏"对话框

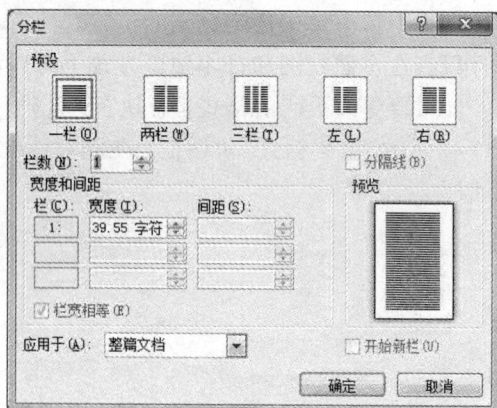

④ 选定"预设"框中的分栏格式，或在"栏数"文本框中键入分栏数，在"宽度和间距"框中设置栏宽和间距。

⑤ 单击"栏宽相等"复选框，则各栏宽相等，否则可以逐栏设置宽度。

⑥ 单击"分隔线"复选框，可以在各栏之间加一分隔线。

⑦ 应用范围有"整个文档"、"选定文本"等，随具体情况选定后单击"确定"按钮。

2.3.4　文档打印

1. 打印预览

执行"文件"→"打印"命令，在打开的"打印"窗口面板右侧就是打印预览内容，如图2.20所示。

2. 打印文档

打印一份文档：单击"打印"窗口面板上的"打印"按钮即可。

打印多份文档副本：在"打印"窗口面板上的"份数"文本框中输入要打印的文档份数，然

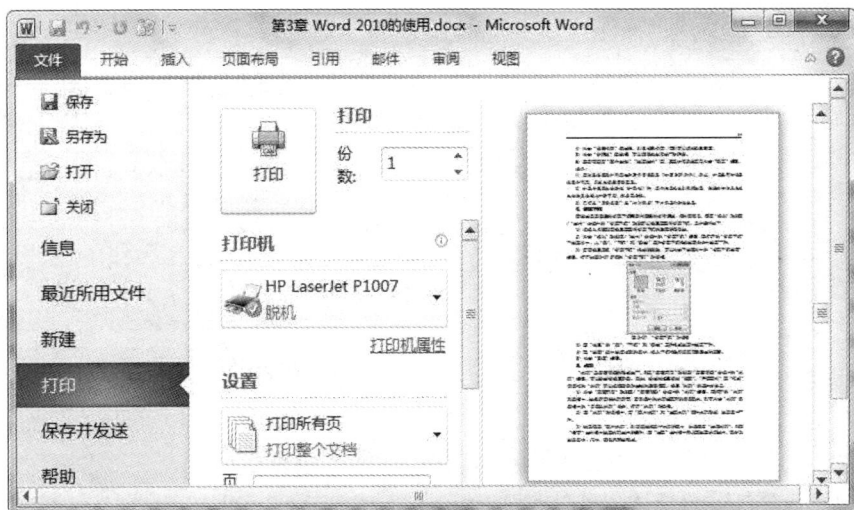

图 2.20　"打印"窗口面板

后单击"打印"按钮。

　　打印一页或几页：单击"打印所有页"右侧的下拉列表按钮，在打开列表中的"文档"选项组中，如果选定"打印当前页"，那么只打印当前插入点所在的一页；如果选定"自定义打印范围"，那么，还需要进一步设置打印的页码或页码范围。

2.4　Word 的表格制作

2.4.1　表格的创建

　　1. 自动创建简单表格

　　(1)用"插入"→"表格"→"插入表格"按钮创建表格。

　　① 将光标移至要插入表格的位置。

　　② 单击"插入"→"表格"→"表格按钮"，出现如图 2.21 所示的"插入表格"菜单。

　　③ 鼠标在表格框内向右下方向拖动，选定所需的行数和列数。松开鼠标，表格自动插到当前的光标处。

　　(2)用"插入"→"表格"→"插入表格"功能创建表格。

　　① 将光标移至要插入表格的位置。

　　② 单击"插入"→"表格"→"表格"按钮，在打开的"插入表格"下拉菜单中，单击"插入表格"命令，打开如图 2.22 所示的"插入表格"对话框。

　　③ 在"行数"和"列数"框中分别输入所需表格的行数和列数。"自动调整"操作中默认为单选项"固定列宽"。

　　④ 单击"确定"按钮，即可在插入点处插入一张表格。

图 2.21　"插入表格"菜单

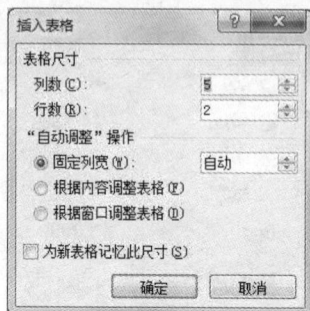

图 2.22　"插入表格"对话框

（3）用"插入"→"表格"→"文本转换为表格"功能创建表格。

将文本转换为表格的具体操作步骤如下：

① 选定用制表符分隔的表格文本。

② 单击"插入"→"表格"→"表格"按钮，在打开的"插入表格"下拉菜单中，单击的"文本转换为表格"命令，打开"将文字转换成表格"对话框。

③ 在对话框中，设置"列数"、"分隔字符位置"。

④ 单击"确定"按钮，就实现了文本到表格的转换。

图 2.23 和图 2.24 分别为转换前的文本和转换后的表格图示效果。

国家	金牌	银牌	铜牌	总数
中国	51	21	28	100
美国	36	38	36	110
俄罗斯	23	21	28	72

图 2.23　选定的表格文本（以制表位分隔）示例

国家	金牌	银牌	铜牌	总数
中国	51	21	28	100
美国	36	38	36	110
俄罗斯	23	21	28	72

图 2.24　转换后的表格图示效果

2. 手工绘制复杂表格

Word 提供了绘制这种不规则表格的功能。可以用"插入"→"表格"→"绘制表格"功能来绘制表格。具体操作步骤如下：

① 单击"插入"→"表格"→"表格"按钮，在打开的"插入表格"下拉菜单中，单击"绘制表格"命令，此时鼠标指针变成"笔"状，表明鼠标处在"手动制表"状态。

② 将铅笔形状的鼠标指针移到要绘制表格的位置，按住鼠标左键拖动鼠标绘出表格的外框虚线，放开鼠标左键后，得到实线的表格外框。

③ 拖动鼠标笔形指针，在表格中绘制水平或垂直线，也可以将鼠标指针移到单元格的一角向其对角画斜线。

④ 可以利用"表格 – 设计"→"擦除"按钮，使鼠标变成橡皮形，把橡皮形鼠标指针移到要擦除线条的一端，拖动鼠标到另一端，放开鼠标就可擦除选定的线段。

另外，还可以利用工具栏中的"线型"和"粗细"列表框选定线型和粗细，利用"边框"、"底纹"和"笔颜色"等按钮设置表格外围线或单元格线的颜色和类型，给单元格填充颜色，使表格变得丰富多彩。

3. 表格中输入文本

建立空表格后，可以将插入点移到表格的单元格中输入文本。

当输入到单元格右边线时，单元格高度会自动增大，把输入的内容转到下一行。如果要另起一段，则按 Enter 键。

按 Tab 键将插入点移到下一个单元格内。按 Shift + Tab 组合键可将插入点移到上一个单元格。

按上、下箭头键可将插入点移到上、下一行。

2.4.2　表格的编辑与修饰

1. 选定表格

（1）用鼠标选定单元格、行或列。

选定单元格或单元格区域：鼠标指针移到要选定的单元格"选定区"，当指针由"I"变成"⤢"形状时，单击鼠标选定单元格，向上、下、左、右拖动鼠标选定相邻多个单元格即单元格区域。

选定表格的行：鼠标指针移到文本区的"选定区"，鼠标指针指向要选定的行，单击鼠标选定一行；向下或向上拖动鼠标"选定"表中相邻的多行。

选定表格的列：鼠标指针移到表格的最上面的边框线上，指针指向要选定的列，当鼠标指针由"I"变成"⇩"形状时，单击鼠标选定一列；向左或向右拖动鼠标选定表中相邻的多列。

选定不连续的单元格：按住 Ctrl 键，依次选中多个区域。

选定整个表格：单击表格左上角的移动控制点"✛"，可以迅速选定整个表格。

（2）用键盘选定单元格、行或列。

① 按 Ctrl + A 可以选定插入点所在的整个表格。

② 如果插入点所在的下一个单元格中已输入文本，那么按 Tab 键可以选定下一单元格中的文本。

③ 如果插入点所在的上一个单元格中已输入文本，那么按 Shift + Tab 键可以选定上一单元格中的文本。

④ 按 Shift + End 键可以选定插入点所在的单元格。

⑤ 按 Shift + ↑（↓、→、→）可以选定包括插入点所在的单元格在内的相邻的单元格。

⑥ 按任意箭头键可以取消选定。

2. 修改行高和列宽

（1）用拖动鼠标修改表格的列宽。

① 将鼠标指针移到表格的垂直框线上，当鼠标指针变成调整列宽指针形状时，按住鼠标左键，此时出现一条上下垂直的虚线。

② 向左或右拖动，同时改变左列和右列的列宽（垂直框线两端的列宽度总和不变）。拖动鼠标到所需的新位置，放开左键即可。

（2）用菜单命令改变列宽。

用"表格属性"对话框可以设置包括行高或列宽在内的许多表格的属性。此方法可以使行高和列宽的尺寸得到精确设定。其操作步骤如下：

① 选定要修改列宽的一列或数列。

② 单击"表格工具－布局"→"表"→"属性"命令，打开"表格属性"对话框，单击"列"选项卡，得到"列"选项卡窗口。

③ 单击"指定宽度"后的复选框，并在文本框中键入列宽的数值，在"列宽单位"下拉列表框中选定单位。

④ 单击"确定"按钮即可。

（3）用菜单命令改变行高。

① 选定要修改行高的一行或数行。

② 单击"表格工具－布局"→"表格"→"属性"命令，打开"表格属性"对话框，单击"行"选项卡，打开"表格属性"对话框的"行"选项卡窗口。

③ 若选定"指定高度"后的复选框，则在文本框中键入行高的数值，并在"行高值是"下拉列表框中选定"最小值"或"固定值"。否则，行高默认为自动设置。

④ 单击"确定"按钮即可。

3. 插入或删除行或列

（1）插入行。

插入行的快捷的方法：单击表格最右边的边框外，按回车键，在当前行的下面插入一行；或光标定位在最后一行最右一列单元格中，按 Tab 键追加一行。

（2）插入行/列

① 选定"单元格"→"行"→"列"（选定与将要插入的行或列等同数量的行/列）。或者

② 单击"表格工具－布局"→"行和列"分组中的相关按钮，选择：

★ "在上方插入""→""在下方插入"按钮：在选定行的上方或下方插入与选定行个数等同数量的行。

★ "在左侧插入""→""在右侧插入"按钮：在选定列的左侧或右侧插入与选定列个数等同数量的列。

（3）插入单元格。

① 选定若干单元格。

② 单击"表格工具－布局"→"行和列"→"表格插入单元格"按钮，打开"插入单元格"对话框，选择下列操作之一：

★ 活动单元格右移：在选定的单元格的左侧插入数量相等的新单元格。

★ 活动单元格下移：在选定的单元格的上方插入数量相等的新单元格。

（4）删除行/列。

如果想删除表格中的某些行/列，那么只要选定要删除的行或列，单击"表格工具－布局"→"行和列"→"删除"按钮即可。

4. 合并或拆分单元格

（1）合并单元格。

① 选定 2 个或 2 个以上相邻的单元格。

② 单击"表格工具 – 布局"→"合并"→"合并单元格"按钮,则选定的多个单元格合并为 1 个单元格。

(2)拆分单元格。

① 选定要拆分的一个或多个单元格。

② 单击"表格工具 – 布局"→"合并"→"拆分单元格"按钮,打开"拆分单元格"对话框。

③ 在"拆分单元格"对话框键入要拆分的列数和行数。

④ 单击"确定"按钮,则选定的所有单元格均被拆分为指定的行数和列数。

5. 表格的拆分与合并

如果要拆分一个表格,那么先将插入点置于拆分后成为新表格的第一行的任意单元格中,然后单击"表格工具 – 布局"→"合并"→"拆分表格"按钮,这样就在插入点所在行的上方插入一空白段,把表格拆分成两张表格。

如果把插入点放在表格的第一行的任意列中,用"拆分表格"按钮可以在表格头部前面加一空白段。

如果要合并两个表格,那么只要删除两表格之间的换行符即可。

6. 表格格式的设置

(1)表格自动套用格式。

表格创建后,可以使用"表格工具 – 设计"→"表格样式"分组中内置的表格样式对表格进行排版,使表格的排版变得轻松、容易。具体操作如下:

① 将插入点移到要排版的表格内。

② 单击"表格工具 – 设计"→"表格样式"→"其他"按钮,打开如图 2.25 所示的表格样式列表框。

③ 在表格样式列表框中选定所需的表格样式即可。

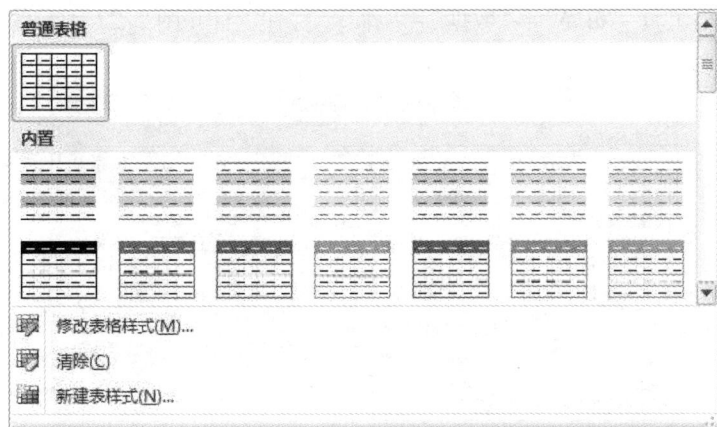

图 2.25 "表格样式"列表

(2)表格边框与底纹的设置。

除了表格样式外,还可以使用"表格工具 – 设计"→"表格样式"分组中的"底纹"和"边框"按钮对表格的边框线的线型、粗细和颜色、底纹颜色、单元格中文本的对齐方式等进行个性化的设置。

单击"边框"按钮组的下拉按钮,打开边框列表,可以设置所需的边框。

单击"底纹"按钮组的下拉按钮,打开底纹颜色列表,可选择所需的底纹颜色。

(3)表格中文本格式的设置。

表格中的文字同样可以用对文档文本排版的方法进行诸如字体、字号、字形、颜色和左、中、右对齐方式等设置。

此外,还可以使用单击"表格工具 – 布局"→"对齐方式"分组中的对齐按钮,选择9种对齐方式中的一种。

2.4.3　表格内数据的排序和计算

1.排序

下面以对图2.26所示的"排序前学生考试成绩表"的排序为例介绍具体排序操作。

排序要求是:按数字成绩进行递减排序,当两个学生的数学成绩相同时,再按英语成绩递减排序。

姓名	英语	物理	数学	平均成绩
王芳	85	78	89	
李国强	70	84	77	
张一鸣	90	80	89	

图2.26　排序前学生考试成绩表

① 将插入点置于要排序的学生考试成绩表格中。

② 执行"表格工具 – 布局"→"数据"→"排序"按钮,打开图2.27所示的"排序"对话框。

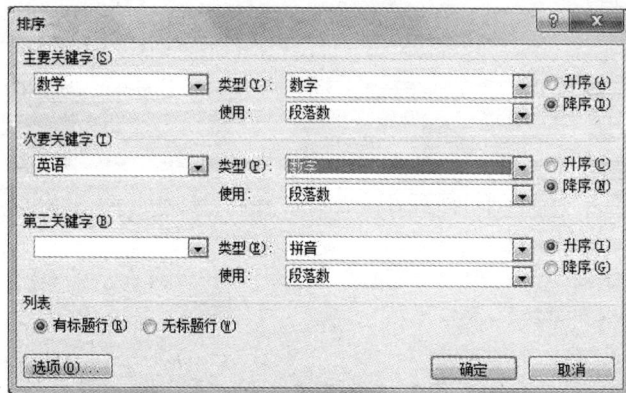

图2.27　"排序"对话框

③ 在"主要关键字"列表框中选定"数学"项,其右的"类型"列表框中选定"数字",再单击"降序"单选框。

④ 在"次要关键字"列表框中选定"英语"项，其右的"类型"列表框中选定"数字"，再单击"降序"单选框。

⑤ 在"列表"选项组中，单击"有标题行"单选框。

⑥ 单击"确认"按钮，可以得到图 2.28 所示的排序结果的图示效果。

姓名	英语	物理	数学	平均成绩
张一鸣	90	80	89	
王芳	85	78	89	
李国强	70	84	77	

图 2.28 排序后的学生考试成绩表

2. 计算

Word 提供了对表格数据一些诸如求和、求平均值等常用的统计计算功能。利用这些计算功能可以对表格中的数据进行计算。

下面以图 2.26 所示的学生考试成绩表为例，介绍计算学生考试平均成绩的具体操作：

① 将插入点移到存放平均成绩的单元格中。本例中放在第二行的最后一列。

② 单击"表格工具 – 布局"→"数据"→"公式"按钮，打开如图 2.29 所示的"公式"对话框。

③ "公式"列表框中显示" = SUM (LEFT)"，这与例题要求计算其平均值的要求不符，所以应将其修改为" = AVERAGE (LEFT)"。

图 2.29 "公式"对话框

④ 在"数据格式"列表框中选定"0.00"格式，表示到小数点后两位。

⑤ 单击"确认"按钮，得到计算结果。

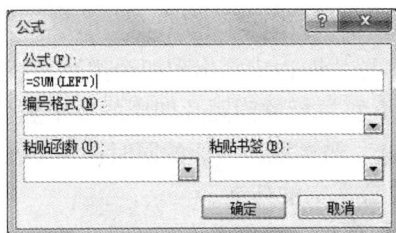

2.5 Word 的图文混排功能

2.5.1 插入图片

1. 插入剪贴画（或图片）

① 将插入点移到要插入剪贴画或图片的位置。

② 单击"插入"→"插图"→"剪贴画"按钮，打开图 2.30 所示的"剪贴画"任务窗格。

③ 在"搜索文字"编辑框中输入关键字（例如"汽车"），单击"结果类型"下拉三角按钮，在类型列表中仅选中"插图"复选框。

④ 单击"搜索"按钮。如果被选中的收藏集中含有指定关键字的剪贴画，则会显示剪贴画搜索结果。

图 2.30 "剪贴画"任务窗格

⑤ 单击合适的剪贴画，或单击剪贴画右侧的下拉三角按钮，并在打开的菜单中单击"插入"按钮即可将该剪贴画插入到文档中。

提示：在第 4 步操作时，如果当前计算机处于联网状态，选中"包括 Office.com 内容"复选框，就可以到 Microsoft 公司的 Office.com 的剪贴画库中搜索，从而扩大剪贴画的选择范围。

2. 图片格式的设置

（1）改变图片的大小和移动图片位置。

① 单击选定的图片，图片周围出现 8 个黑色（或空心）小方块。

② 将鼠标指针移到图片中的任意位置，指针变成十字箭头时，拖动它可以移动图片到新的位置。

③ 将鼠标移到小方块处，此时鼠标指针会变成水平、垂直或斜对角的双向箭头，按箭头方向拖动指针可以改变图片水平、垂直或斜对角方向的大小尺寸。

（2）图片的剪裁。

① 单击选定需要裁剪的图片（注意：图片应为非嵌入型环绕方式），图片周围出现 8 个空心小方块。

② 单击"图片工具"→"大小"→"裁剪"按钮。此时，图片的四个角会出现四个黑色直角线段、图片四边中部出现四个黑色短线，共计 8 个黑色线段。

③ 将鼠标移到图片四周的 8 个黑色线段处，向图片内侧拖动鼠标，可裁去图片中不需要的部分。如果拖动鼠标的同时按住 Ctrl 键，那么可以对称裁去图片。

（3）文字的环绕。

① 鼠标右击图片，打开图片设置快捷菜单，单击其中的"大小和位置"命令，打开图 2.31 所示的"布局"对话框。

② 单击"文字环绕"选项卡，在"环绕方式"选项组中选定所需的环绕方式并单击之。

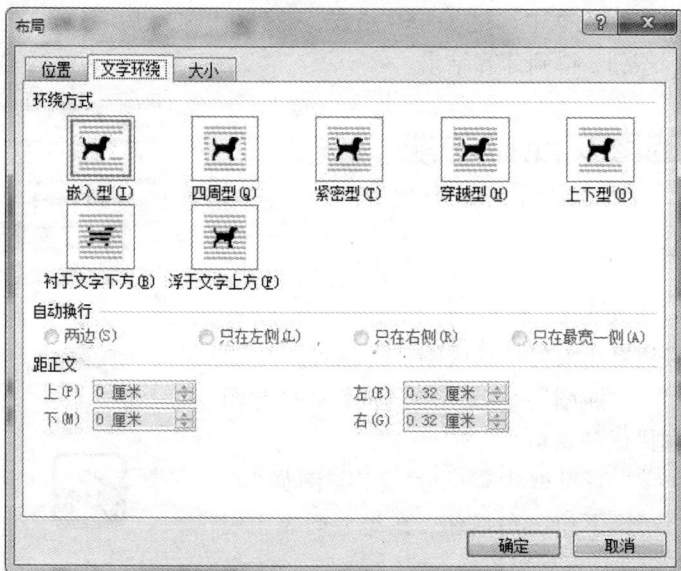

图 2.31　"布局"对话框

2.5.2　绘制图形

1. 图形的创建

在 Word 中，可以用"插入"→"插图"→"形状"命令绘制基本图形单元；并可用"绘图工具"功能区或用"绘图"快捷菜单将基本图形单元组合成复杂的图形。

需要注意的是：用鼠标指针指向图形对象并单击一次就可选定它。被选定对象的周围就会出现可调节图形大小的小方块，用鼠标拖动这些小方块可以改变图形的大小。当鼠标指针移到所选定的图形中且指针形状变成十字形箭头时，拖动鼠标可以改变图形的位置。

2. 图形中添加文字

① 将鼠标指针移到要添加文字的图形中，右击该图形，弹出快捷菜单。

② 执行快捷菜单中的"添加文字"命令，此时插入点移到图形内部，在插入点之后键入文字即可。

图形中添加的文字与图形一起移动。同样，可以用前面所述的方法，对文字格式进行编辑和排版。

3. 图形的颜色、线条、三维效果

单击"绘图"快捷菜单中"设置形状格式"命令，可以打开图 2.32 所示的"设置形状格式"对话框。在该对话框中可以为封闭图形填充颜色，给图形的线条设置线型和颜色，给图形对象添加阴影或产生立体效果等。

图 2.33 展示了几种图形效果。

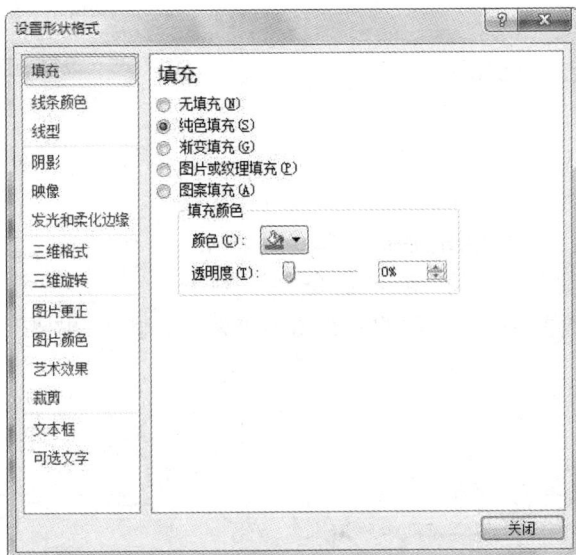

图 2.32　"设置形状格式"对话框

4. 调整图形的叠放次序

① 选定要确定叠放关系的图形对象。

② 单击鼠标右键，打开如图 2.34 所示的"绘图"快捷菜单，打开所示的下拉菜单。

③ 在展开的菜单中，从"置于顶层""置于底层""上移一层""下移一层""浮于文字上

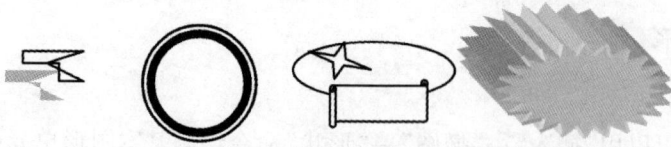

图2.33　自选图形、线型、阴影和三维效果示意图

方""衬于文字下方"中,选择所需的一个执行。

图2.35展示了将处于第三层的十字星上移一层后的情况。

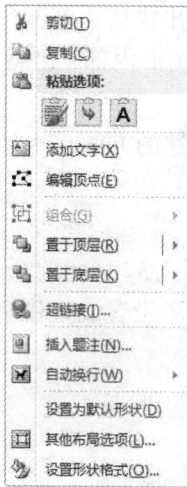

图2.34　"绘图"快捷菜单

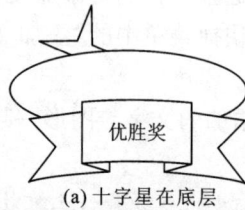

(a) 十字星在底层

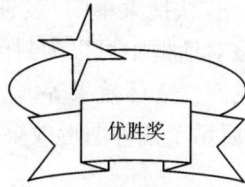

(b) 十字星上移一层

图2.35　改变图形叠放次序示例

5. 多个图形的组合

① 选定要组合的所有图形对象。

② 单击鼠标右键,打开"绘图"快捷菜单。

③ 单击"绘图"快捷菜单中的"组合"命令。

图2.36展示了组合举例,组合后的所有图形成为一个整体的图形对象,它可整体移动和旋转。

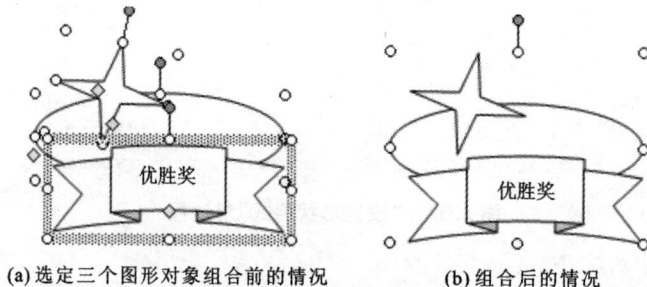

(a) 选定三个图形对象组合前的情况　　　　(b) 组合后的情况

图2.36　图形组合示例

2.5.3　使用文本框

1. 绘制文本框

如果要绘制文本框, 可以单击"插入"→"文本"→"文本框"按钮, 打开文本框下拉列表框, 单击所需的文本框, 即可在当前插入点处插入一个文本框。

将插入点移至文本框中, 可以在文本框中输入文本或插入图片。

文本框中的文字格式设置与前述的文字格式设置方法相同。

2. 改变文本框的位置、大小和环绕方式

移动文本框: 鼠标指针指向文本框的边框线, 当鼠标指针变成 $\updownarrow$ 形状时, 用鼠标拖动文本框, 实现文本框的移动。

复制文本框: 选中文本框, 按 Ctrl 键的同时, 用鼠标拖动文本框, 可实现文本框的复制。

改变文本框的大小: 选定文本框, 在其四周出现八个控制大小的小方块, 向内/外拖动文本框边框线上的小方块, 可改变文本框的大小。

改变文本框的环绕方式: 文本框环绕方式的设定与图片环绕方式的设定基本相同;另外, 用与设置图形叠放次序类似的方法, 也可以改变文本框的叠放次序。

3. 文本框格式设置

① 选定要操作的文本框。

② 单击鼠标右键, 打开"文本框"快捷菜单。

③ 单击"文本框"快捷菜单中的"设置文本框格式"命令, 可以打开图 2.37 所示的"设置文本框格式"对话框。

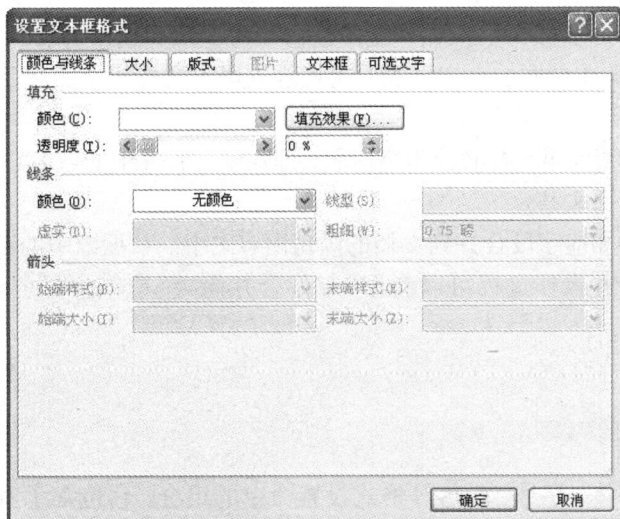

图 2.37　"设置文本框格式"对话框

④ 在"设置文本框格式"对话框中可以使用"填充""线条颜色""线型""阴影"和"三维格式"等命令, 为文本框填充颜色, 给文本框边框设置线型和颜色, 给文本框对象添加阴影或产生立体效果等。

2.6   邮件合并

在实际工作中,学校经常会遇到批量制作成绩单、准考证、录取通知书的情况;而企业也经常遇到给众多客户发送会议信函、新年贺卡的情况。这些工作都具有工作量大、重复率高的特点,既容易出错,又枯燥乏味,有什么解决办法呢? 在 Microsoft office Word 2010 中使用"邮件合并"功能,可以对大部分固定不变的 word 文档内容进行批量编辑、打印。本文以打印并且邮寄学生成绩通知单为例,详细叙述邮件合并在教学、管理等方面的应用。

2.6.1   使用邮件合并的概述

所谓邮件合并就是在 word 文档的固定内容中,插入一组变化的数据域,如 word 表格、Excel 表、Access 数据表等,从而批量生成需要的邮件合并文档。因此,要使用邮件合并功能,首先建立两个文档:主文档和数据源,然后在主文档中插入相关的信息。

1. 主文档的创建

主文档指在邮件合并中,所含文档是固定不变的内容,例如信封上的寄信人地址和邮件编码、邀请信函中的内容、会议通知等。通常在使用邮件合并之前建立主文档,这样不但可以考查该项工作是否适合使用邮件合并,而且主文档的建议也为数据源文档的创建后制作提供依据。

2. 数据源的创建

数据源文件中包含要合并到主文档中的信息,即前面提到的变化的内容。例如收信人的地址、邮编,被邀请人的姓名、称呼,通知参加会议人的姓名等。该部分内容通知有数据表中含有标题行的数据记录表表示,其中包含着相关的字段和记录内容。数据源可以是 word Excel access 或 outlook 中的联系人记录表,或其他数据库文件。在实际工作中,数据源通常是事先存在的,此时可以直接使用。

注意:数据源文档的第一行必须为字段名,即在邮件合并中的域名。

3. 合并数据源到主文档

即将数据源中的相应字段合并到文档的固定内容之中。数据源中的记录行数、决定着主文档生成的份数。合并操作过程可以利用"邮件合并向导"或"邮件"选项卡中的命令轻松完成。

2.7   样式

样式是指一种字体、字号、段落等格式设置命令的组合,它包含了对文档中正文、各级标题、页眉页脚等所需设置的格式。当将某种样式应用于文档中的某几个段落后,这几个段落将保持完全相同的格式设置,而在对该样式进行修改后,此修改内容也将同时作用于运用了该样式的所有段落。

使用样式可以自动生成文档的大纲和结构图,这样可使文档显得井井有条,进行编辑和修改也更简单、快捷。大纲和结构图是生成文档目录的基础。

2.7.1　应用样式

具体步骤如下：

①在编辑文档的过程中，选中某些文本或段落。

②单击"开始/样式/其他"按钮▾。在打开的下拉列表框中选择需要的样式，或者单击"样式"对话框启动器▣。打开"样式"窗格，选择需要的样式即可为文本或者是段落设置样式。

图 2.38　"样式"组

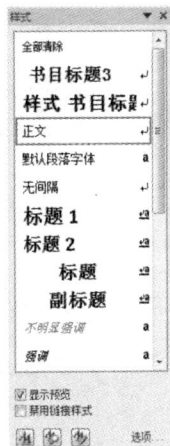

图 2.39　"样式"窗格

2.7.2　创建新样式

除了可以应用系统自带的内置样式之外，用户还可以创建新的样式，具体操作步骤如下：

①单击"开始/样式"对话框启动器▣。

②在打开的"样式"窗格中单击"新建样式"按钮▣。

③打开"根据格式设置创建新样式"对话框，在"名称"编辑框中输入新建样式的名称。然后单击"样式类型"下拉三角按钮，在"样式类型"下拉列表中包含五种类型：

段落：新建的样式将应用于段落级别；

字符：新建的样式将仅用于字符级别；

链接段落和字符：新建的样式将用于段落和字符两种级别；

表格：新建的样式主要用于表格；

列表：新建的样式主要用于项目符号和编号列表。选择一种样式类型，例如"段落"，如图 2.40 所示。

④单击"样式基准"下拉三角按钮，在"样式基准"下拉列表中选择 Word 2010 中的某一种内置样式作为新建样式的基准样式，如图 2.41 所示。

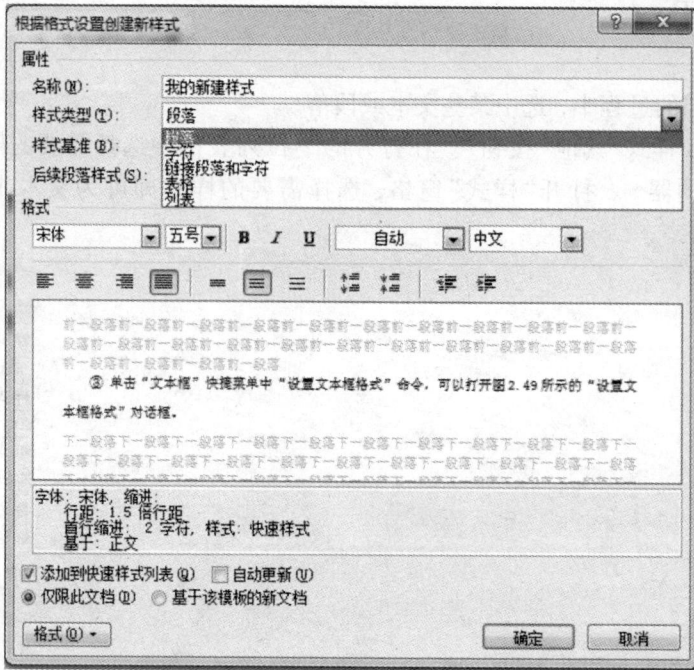

图 2.40　"根据格式设置创建新样式"对话框

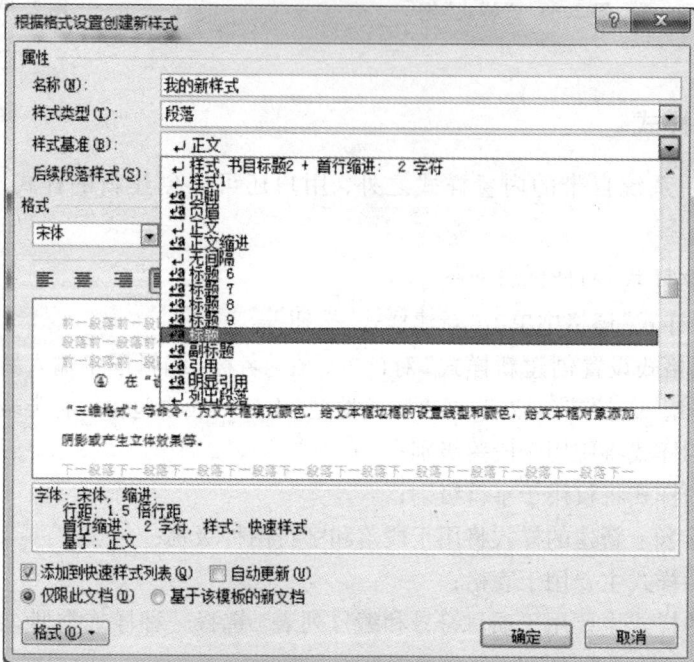

图 2.41　选择样式基准

⑤单击"后续段落样式"下拉三角按钮,在"后续段落样式"下拉列表中选择新建样式的

后续样式。

⑥在"格式"区域，根据实际需要设置字体、字号、颜色、段落间距、对齐方式等段落格式和字符格式。如果希望该样式应用于所有文档，则需要选中"基于该模板的新文档"单选框。设置完毕单击"确定"按钮即可。在"样式"窗格中可以看到所创建的新样式。

2.7.3　修改样式

如果现有的内置样式无法满足用户的要求，则可以在某内置样式的基础上进行修改。Word 2010 中修改样式的步骤如下：

①单击"开始/样式"对话框启动器。

②在打开的"样式"窗格中右键单击准备修改的样式，在打开的快捷菜单中选择"修改"命令，如图 2.42 所示。

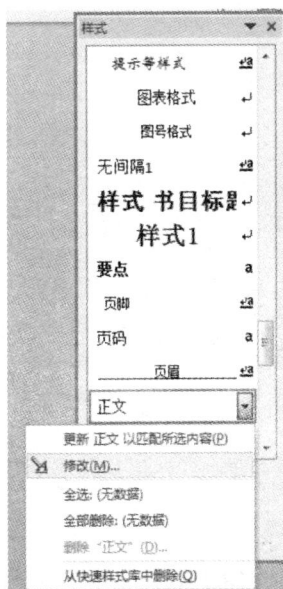

图 2.42　选择"修改"命令　　　　图 2.43　"修改样式"对话框

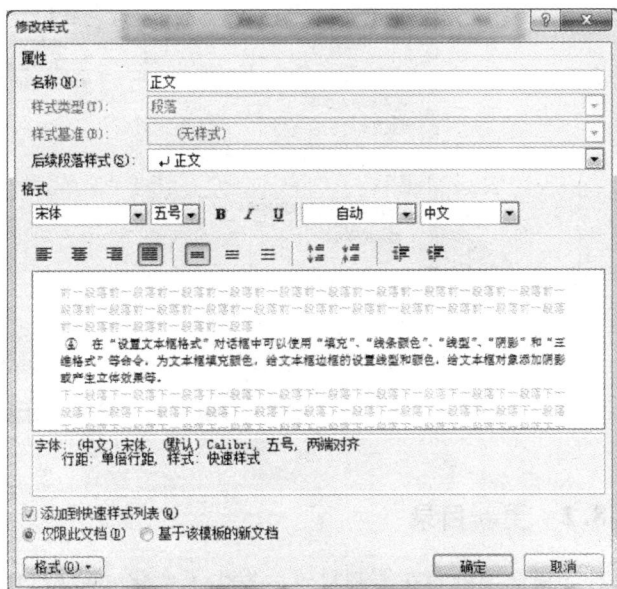

③打开"修改样式"对话框，用户可以在该对话框中重新设置样式定义。每一部分的设置方法可以参考"在 Word 2010 中新建样式"内容，如图 2.43 所示。

2.8　自动生成目录

目录通常是长文档不可缺少的部分，有了目录，用户就能很容易地知道文档中有什么内容，如何查找内容等。Word 提供了自动生成目录的功能，使目录的制作变得非常简便，而且在文档发生了改变以后，还可以利用更新目录的功能来适应文档的变化。

2.8.1 创建目录

创建目录的步骤：

①要自动生成目录，前提是将文档中各级标题用样式中的"标题"样式统一格式化。一般，目录分为 3 级，使用相应的 3 级"标题 1""标题 2""标题 3"样式来格式化。

②然后通过"引用"→"目录"→"插入目录"命令，在"目录"对话框的"目录"选项卡中进行设置。

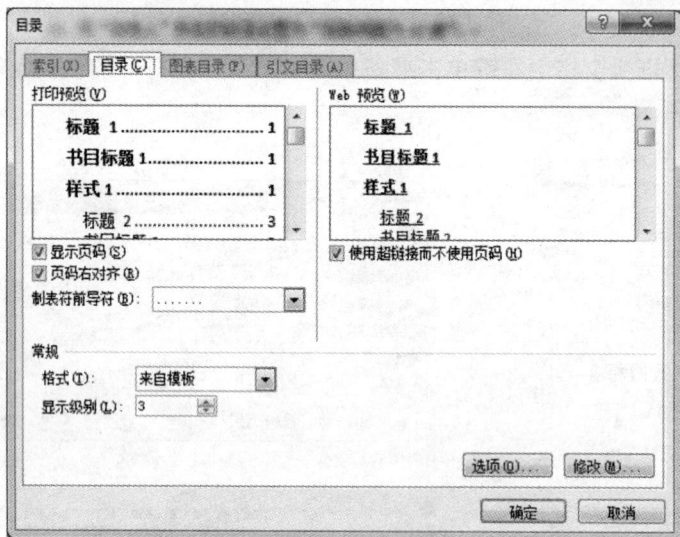

图 2.44 "目录"对话框

2.8.2 更新目录

如果文字内容在编制目录后发生了变化，Word 2010 可以很方便地对目录进行更新。方法是：在目录上右击，在快捷菜单中选择"更新域"命令，打开"更新目录"对话框，再选择"更新整个目录"选项，单击"确定"按钮完成了对目录的更新工作。

第二部分　Word 2010 的应用——文档的制作

实训项目一　"自荐信"文档的编辑

【实训目的】

1. 掌握 word 文档的创建方法；
2. 掌握文档的排版操作。

【实训内容】

1. 新建文档, 并以"自荐信"文件名保存, 在文档中输入如下文字内容:

自荐信
尊敬的领导:
您好!
首先感谢您的呈阅, 至少这意味着你给我一个参与选择的机会。
我是湖南工业美术职业学院电脑美术设计专业 2016 届专科毕业生。与众多莘莘学子一样,毕业在即, 收获在望, 等待着时代的选择, 等待着你的垂顾。"宝剑锋从磨砺出, 梅花香自苦寒来。"回首往事, 时光荏苒, 三年苦寒窗, 吾上下求索, 潜伏浩瀚学海。追索学业之精湛, 追求自己的理想和抱负, 在德, 智, 体等各方面得到了全面的发展。辛勤的汗水, 终于让我拥有了扎实的基础知识。熟练使用计算机, 责任心强, 有强烈的敬业精神及事业心。学生性格开朗,心地善良,为人忠厚诚恳,热爱祖国和团队精神。好运动和冷静的思考,交际能力自己认为还可以。能熟练操作运用 Photoshop、CorelDraw、office、Macromedia Dreamweaver软件。
同时, 在求知识之余不忘对自己人品的塑造, 严于律己, 宽以待人, 为培养自己的综合素质,积级参加校内外各项有意义的活动, 除了我们的专业课, 在课余时间广泛涉猎各个的领域的书籍。并利用寒, 暑假多次进行社会实践活动, 深入社会, 走理论与实践相结合的道路。
此外, 我还积极地参加各种社会活动, 抓住每一个机会, 锻炼自己。
大学三年, 我深深地感受到, 与优秀学生共事, 使我在竞争中获益;
向实际困难挑战, 让我在挫折中成长;
祖辈们教我勤奋、尽责、善良、正直。
湖南工业美术职业学院培养了我实事求是、开拓进取的作风。
我热爱贵单位所从事的事业, 殷切地期望能够在您的领导下, 为这一光荣的事业添砖加瓦;并且在实践中不断学习、进步。虽有所收获, 然所学是伊始, 新的考验和抉择, 仍要自己奋斗不息磨砺前行。但是我相信, 只要你给我一个机会, 能投足你的麾下, 牵手事业路, 风雨共舟, 并有你英明的领导, 我一定能在这个精诚团结, 锐意进取的集体中竭尽全力, 再添辉煌, 共托明天的太阳。
最后, 祝贵单位事业兴旺发达、蒸蒸日上。切盼佳音!
此致
敬礼!
自荐人: 李某
2016 年 5 月 14 日

2. 设置文档格式:

(1)将标题"自荐信"设置为"华文新魏、一号、加粗、字符间距为加宽 12 磅"。

(2)将"尊敬的领导: "、"自荐人: ", "日期"设置为幼圆、四号。

(3)将正文文字(从"您好"到"敬礼"为止), 设置为"楷体、小四"。

(4)将标题"自荐信"设置为"居中对齐"。

(5)将正文段落(从"您好"到"此致"为止)设置为"两端对齐、首行缩进 2 字符, 1.2 倍行距"。

(6)将最后两段设置为"右对齐"。

(7)将"自荐人"所在的段落设置为"段前间距为 10 磅"。

(8)页面设置:

上、下边距　2.54 厘米

左、右边距　3 厘米

(9)在页脚中央位置插入页码。

(10)给"湖南工艺美术职业技术学院"添加脚注: "湖南省示范高职学院, 以及国家骨干高职学院"。

【实训步骤】

第一步：选择桌面任务栏中的"开始"→"所有程序"→"Microsoft office"→"Microsoft word 2010"命令，启动 word 2010 后，word 2010 会自动新建一个空白文档，输入文字内容后，保存文档。

第二步：选定"自荐书"，右击它，在弹出的快捷菜单中选择"字体"命令，在弹出的"字体"对话框中选择"字体"选项卡，在字体中选择华文新魏，字号为：一号，字体为：加粗。然后选择"字符间距"选项卡，将字符间距为加宽 12 磅。如图 2.45 所示。

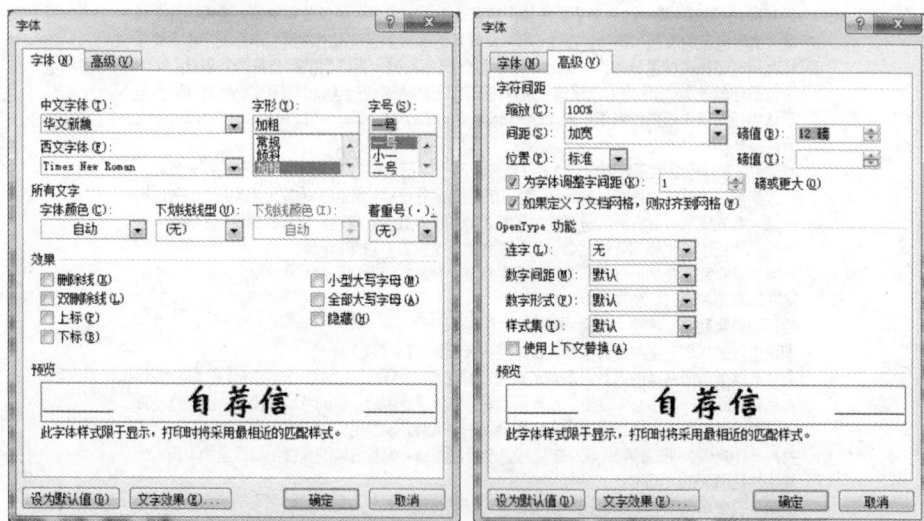

图 2.45　所示的"字体"对话框

第三步：按住 ctrl，再选定"尊敬的领导："，"自荐人："以及"日期"，选择"开始"功能区→"字体"分组中的字体列表框和字号列表框中，选择"幼圆"字体，字号设置为"四号"。如图 2.46 所示。

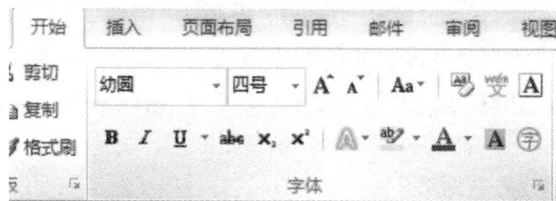

图 2.46　所示的"字体"分组

第四步：把光标定位在"您好"前面，然后按住 shift，再单击鼠标左键"敬礼"后面，就选择了连续的文字，接着选择"格式"→"字体"命令，在弹出的"字体"对话框中选择"字体"选项卡，在字体中选择楷体，字号为：小四。（方法同上）

第五步：选择标题，然后选择"开始"功能区→"段落"分组中的"居中对齐"按钮。

图 2.47　所示的"字体"分组

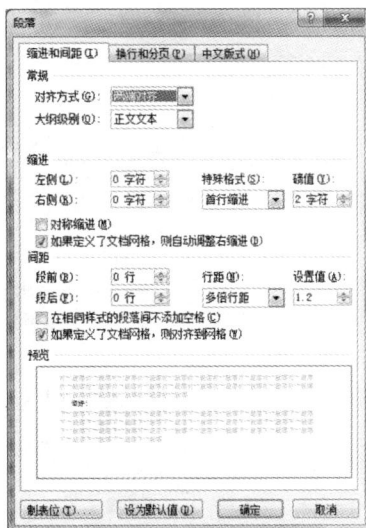

图 2.48　所示的"段落"对话框

第六步：把光标定位在"您好"前面，然后按住 shift，再单击鼠标左键"此致"后面，就选择了连续的文字，接着单击"段落"分组右下角的对话框启动按钮，在段落对话框中选择"对齐方式"为两端对齐。首行缩进 2 字符，1.2 倍行距"；

图 2.49　设置正文段落格式

第七步：选定最后两段，然后选择"开始"功能区→"段落"分组中的"右对齐"按钮。右对齐按钮。

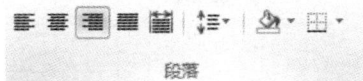

图 2.50　格式工具栏的右对齐按钮

第八步：选定"自荐人"所在的段落并右击，在打开的快捷菜单中选择"段落"，在出现的对话框中输入段前间距的值为 10 磅。

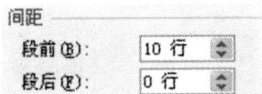

图 2.51　"段前"值设为"20 磅"

　　第九步：选择"页面布局"→"页面设置"右下角的对话框启动按钮▣，就会打开页面设置对话框并进行设置。

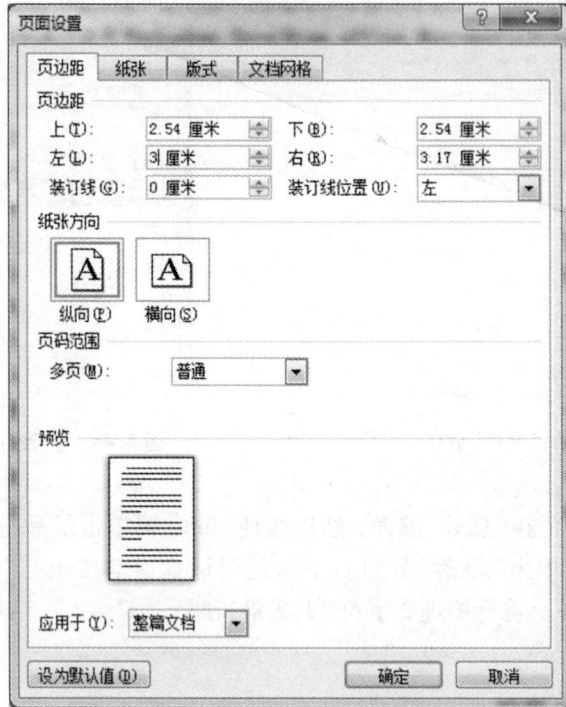

图 2.52　"页面设置"对话框

　　第十步：单击"插入"→"页码"→"页面底端"→"普通数字 2"。

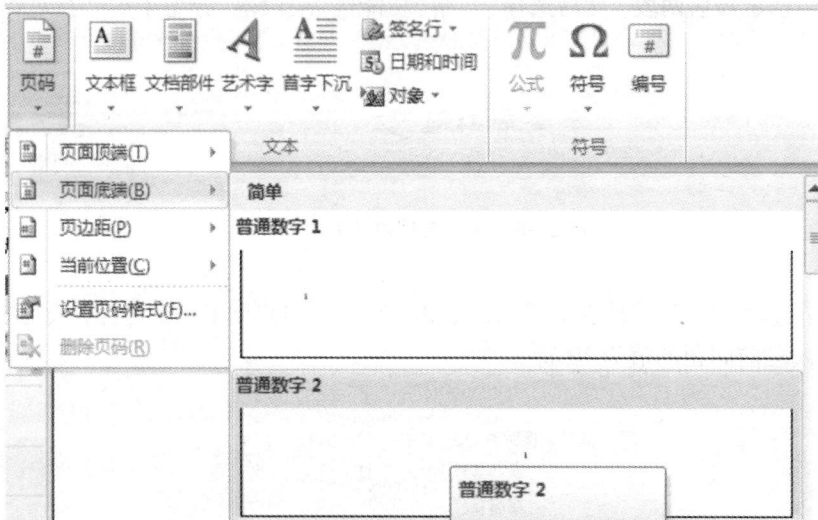

图 2.53　设置"页码"

第十一步：选择正文处的"湖南工艺美术职业技术学院"文本，再选择"引用"→"插入脚注"按钮，如图 2.54 所示。在脚注位置输入：湖南省示范高职学院，以及国家骨干高职学院。文档排版效果如图 2.55 所示。

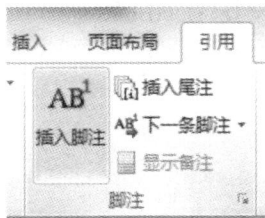

图 2.54　设置"插入脚注"　　　　　　　　图 2.55　文档排版效果

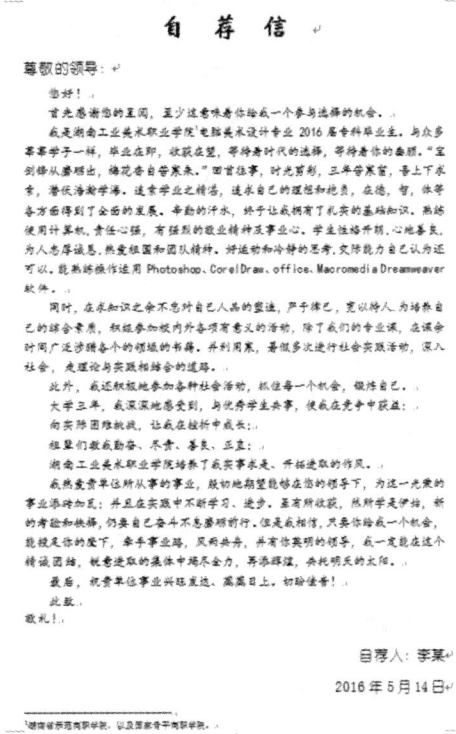

【实训练习】

打开"Wordz1_3.docx"文件，如下图所示：

(1) 将全文的行距设为固定值 20 磅，段前间距 0.5 行；
(2) 添加如下图所示的项目符号；

招聘启事

招聘职位：平面设计师

职位要求：大专以上文化程度，设计类相关专业，具有一年以上美术或广告设计工作经验，能熟练操作 CorelDraw、Photoshop、PageMaker 等平面设计软件。具备良好的艺术审美能力、有自己独特的设计风格、设计见解和创意观点。具有良好的沟通能力及团队合作精神，服务态度好，能吃苦耐劳，工作认真负责。

➢　　工资薪酬：面议，联系地址：高新技术产业园 E2 组团

➢　　联系人：杨先生

➢　　联系电话：Tel：026-82580008-202

无限设计空间，释放精彩人生！

（3）将第一行和最后一行设置为居中对齐；

（4）页面设置：纸张大小为16K，横向，页边距上下各两厘米。

完成以上操作后，以文件名"word4_3.docx"保存。

实训项目二　　"个人简历"表格的制作

【实训目的】

掌握表格的插入以及编辑操作。

【实训内容】

打开"自荐书"，在自荐书后面插入一个页面，并制作如图2.56所示"个人简历"表格。

【实训步骤】

第一步：打开"自荐书"，把插入点定位在日期的后面，然后选择"插入"→"空白页"。

第二步（制作表格标题及格式设置）：输入表格标题文字"个人简历"→选定"自荐书"内容→单击"开始"工作区中的"格式刷"按钮→将鼠标指针移动到"个人简历"文本→拖动要更改格式的"个人简历"文字，进行格式的复制。

第三步（创建表格）：按回车键，光标定位到下一行，选择"样式"→"其他"→"清除格式"命令，就把第二行沿用上面的格式清除，返回到 word 默认的格式，再选择"插入"→"表格"→"插入表格"打开"插入表格"对话框，设置要插入表格的 7 列、10 行，确定后所需的表格就插入到文档中了。

第四步（合并与拆分单元格）：先选中第 7 列中的 1～5 行，然后执行"表格工具"→"布局"→"合并单元格"命令，选中的单元格就合并成一个单元格。分别选中表格中第 4 行和第 5 行的 2～4 单元格，然后执行"表格工具"→"布局"→"合并单元格"命令，选中的单元格就合并成一个单元格。右击表格中第 6～10 行每行中第 2～7 列，在弹出的快捷菜单中选择"合并单元格"命令，进行合并。

图 2.56　个人简历表

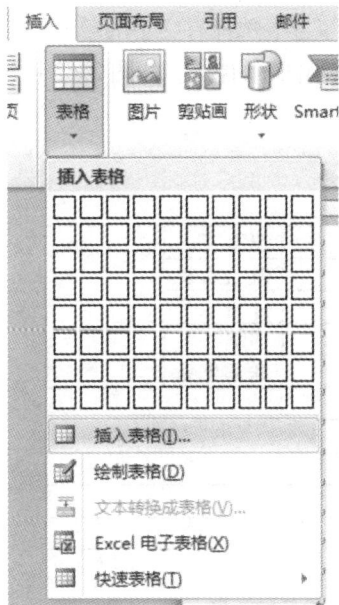

图 2.57　选择"插入"→"表格"→"插入表格"命令

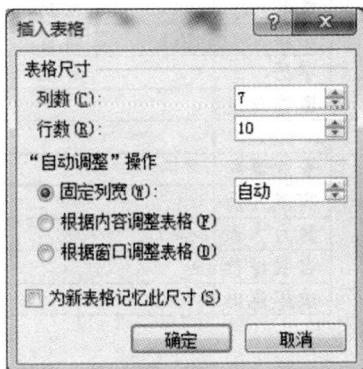

图 2.58　设置列数和行数

个 人 简 历

图 2.59　插入的表格

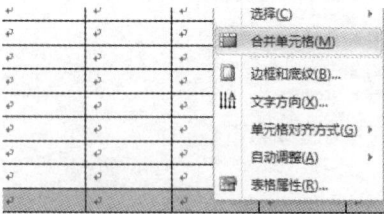

图 2.60　合并单元格

图 2.61　表格合并单元格后的效果

第五步(在单元格中输入文字):单元格中录入对应的文字,选择有文字的单元格→"开始"功能区中选择相应的按钮进行设置,设置的格式为"仿宋、小四、加粗"。如图 2.62 所示。

个 人 简 历

姓名		性别			出生年月	
民族		籍贯			政治面貌	
学历		专业			外语水平	
通信地址					邮编	
e-mail					联系电话	
专业课程						
实践经历						
能力方面						
自我评价						
求职意向						

图 2.62　表格录入文字与设置文字格式后的效果

第六步(设置单元格的对齐方式):选定表格第 1～5 行后,单击右键选择"单元格的对齐方式"为"中部居中"。

选定表格中"专业课程"、"实践经历"、"能力方面"、"自我评价"、"求职意向"单元格，单击右键选择"文字方向"为竖排，单击右键选择"单元格的对齐方式"为"中部居中"，最后按"确定"。

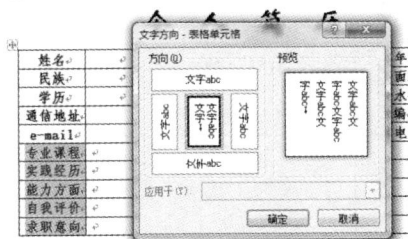

图 2.63　设置文字方向

图 2.64　设置单元格对齐方式后的效果

第七步(调整单元格的行高或列宽)：选定表格第 1～5 行后，单击右键，在弹出的快捷菜单中选择"表格属性"命令，在"表格属性"对话框中选择"行"→"指定高度"为 0.8 厘米；将鼠标移动到要改变高度的行的横线上(即"专业课程"的下行线上)，当鼠标变为 ÷ 形状时，拖动鼠标调整高度，虚线表示调整后的高度。同方法可以调整第 8－10 行的行高。

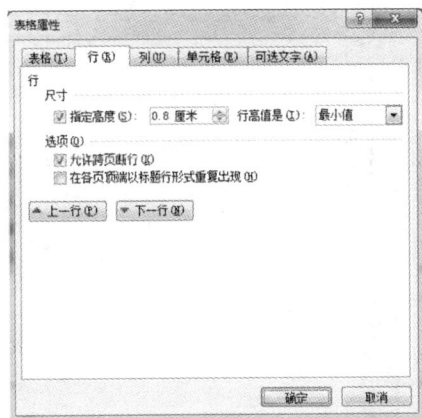

图 2.65　设置行高

图 2.66　调整行高后的效果

第八步（设置表格的边框）：先全选表格，右击表格，在弹出的快捷菜单中选择"边框和底纹"命令，在"边框和底纹"对话框中，选择"边框"选项卡，选择"自定义"设置，再选择表格的内侧框线为"------"，外侧框线为"——"。

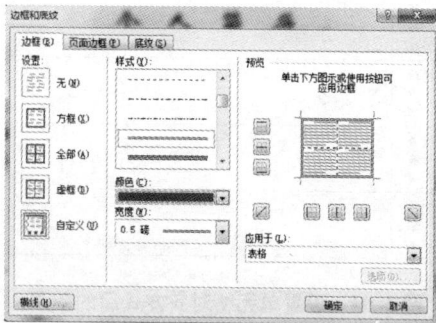

图 2.67　设置表格边框

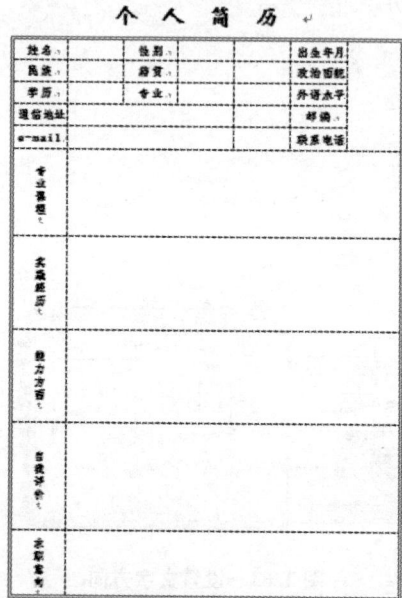

图 2.68　设置边框后的效果

第九步（设置表格的底纹）：先选择有文字的单元格，然后选择菜单"格式"→"边框和底纹"命令，在"边框和底纹"对话框中，选择"底纹"选项卡，将表格中相应单元格的底纹设置为"白色，深色 15%"。

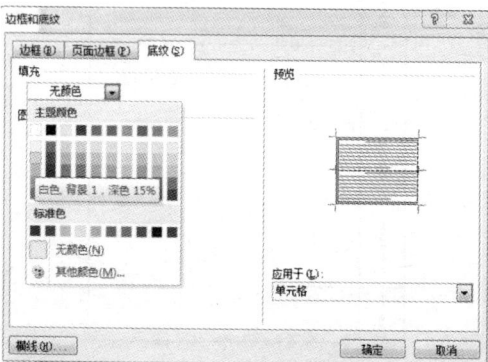

图 2.69　设置底纹

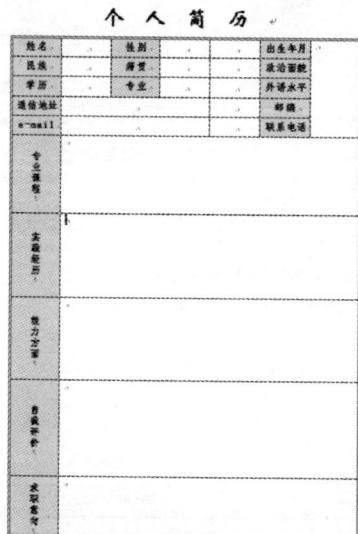

图 2.70　设置底纹后的效果

　　第十步(在"专业课程"单元格的右侧插入 3 行 4 列的表格并输入内容)：选择菜单栏中的"插入"→"表格"→"插入表格"命令，打开"插入表格"对话框，设置要插入表格的 4 列、3 行，确定后所需的表格就插入到表格中了；接着输入专业课程。

　　第十一步(在单元格中输入文字)：填入自己的个人信息。

【实训练习】

　　1. 打开"Word2_2. docx"文件：

序号	部门	店长	第一季度	第二季度	第三季度	第四季度
1	中山店	陈小同	456.213	431.967	346.986	462.973
2	韶山店	张大为	557.983	636.984	555.988	562.823
12	万家丽店	杨向阳	457.413	441.967	344.189	409.673
合计						

　　(1)将表格最后一行的 1 – 3 列合并为一个单元格；

　　(2)在合计行对应的单元格用公式计算出各季度的销售总额；

　　(3)将表格中所有单元格内容设置为水平居中、垂直居中；

　　(4)将表格的第一行行高设置为 2 厘米；

　　(5)将表格的外框线的宽度设置为 3 磅。

　　完成以上操作后，以文件名"word4_1. docx"保存。

　　2. 打开"wyp18. docx"文档，完成以下操作：

　　(1)创建如下表格，输入表格内文字；

　　(2)设置表格第一行文字"加粗"；

　　(3)表格内文字对齐方式为：第 2、3、4 列"中部居中"对齐；

　　(4)表格第一、三列底纹：黄色；第二、四列底纹：蓝色；

　　(5)把第二列与第三列互换；

　　(6)按"姓名"的降序给表格排序(排序类型：拼音)。

　　完成以上操作后，将该文件以原文件名保存。

	数学	语文	英语
刘言	89	78	65
李伟	60	95	97
高大权	32	78	66

实训项目三　求职简历封面的制作

【实训目的】

掌握在 word 文档中插入和编辑图片、文本框、自选图形、艺术字等。

【实训内容】

打开"自荐书",在自荐书的前面添加一个空白的页面,制作求职简历封面,要求插入图片、文本框、艺术字等对象,并设置环绕方式,最后打印求职简历文档。

【实训步骤】

第一步:打开"自荐书",把插入点定位在自荐书的前面,然后选择"插入"→"空白页",就会在自荐书后面插入一张新的页面。

第二步(插入图片及大小,位置的调整):把插入点定位在第 1 行,选择"插入"→"图片"命令,"校徽.gif",并通过尺寸柄调整大小。

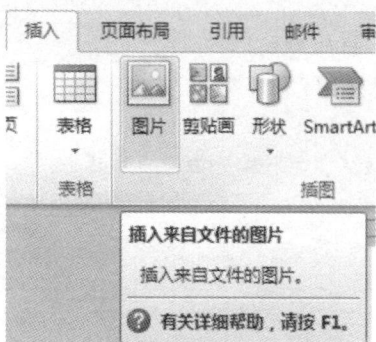

图 2.71　选择"插入"→"图片"　　　　图 2.72　插入来自文件的图片

在第 3 行插入"教学楼.jpg",并通过尺寸柄调整大小,再选择"段落"分组中的居中按钮进行设置。效果如图 2.73 所示。

第三步(插入艺术字及大小,位置的调整):将光标定位在"校徽.gif"图片后面,选择"插入"→"艺术字",然后选择第 2 列第 4 个样式,并输入内容为:湖南工艺美术职业学院。按照同样的方法插入"求职简历"艺术字。

第四步(插入文本框):选择插入→文本框命令,输入好内容,并设置好格式,最后右击文本框边框线,在弹出的快捷菜单中选择"设置形状格式",在打开的"设置形状格式"对话框中选择"线条颜色"中的"无线条"命令,最后合理地调整"文本框"的位置。

图 2.73　插入图片后的效果

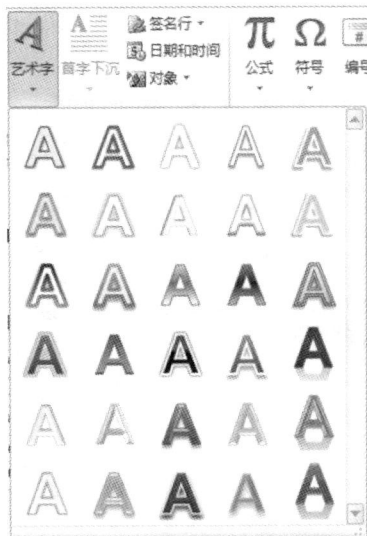

图 2.74　选择插入艺术字命令

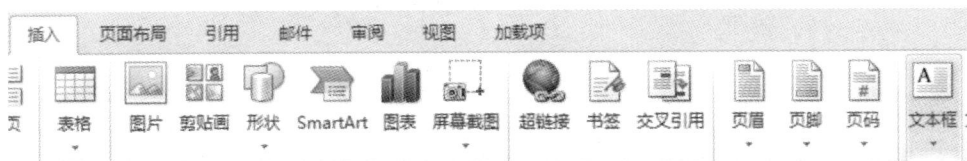

图 2.75　选择插入文本框命令

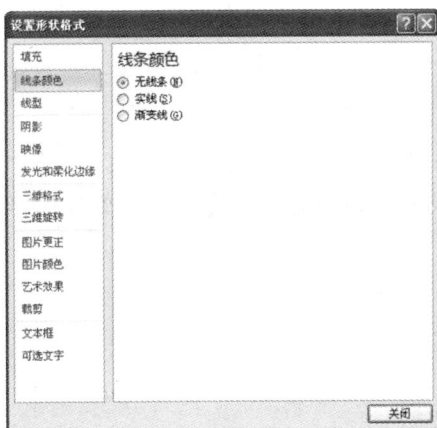

图 2.76　设置形状格式对话框

图 2.77　封面效果图

第五步：选择"文件"→"打印"命令，看文档的实际打印效果，如果满意就点"打印"按钮。

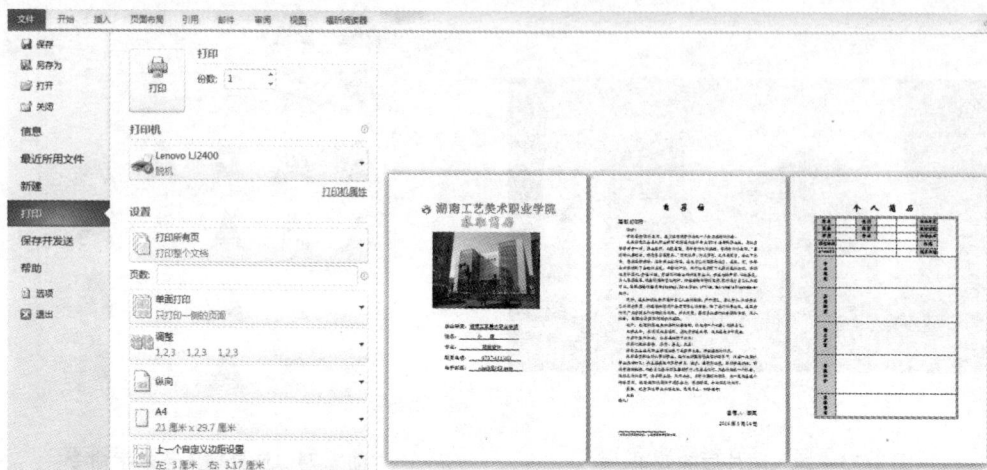

图2.78 打印预览效果图

【实训练习】

1. 打开"word3_1. docx"文件：

（1）标题"江南第一村明清古建筑高椅村"；

艺术字样式：渐变填充 – 蓝色，强调文字颜色1；

字体：黑体、32号；

（2）将图片"w_gygc. jpg"插入到第一自然段和第二自然段之间，并作如下设置：

缩放：高度60%、锁定纵横比；

环绕方式：上下型。

阴影：外部右下斜偏移。

完成以上操作后，以原文件名保存。

2. 打开"word3_2. docx"文件，并参照样文"word3_2 样文. jpg"完成如下操作：

（1）插入图片：将图片"w_yls. jpg"插入到样文所示的位置，并将其环绕方式设为：四周型、大小设为：高度5厘米，锁定纵横比；

（2）在样文所示的位置插入"星与旗帜"中的"波形"旗帜图形；

（3）在旗帜图形中添加文字"岳麓山景区"。

完成以上操作后，以原文件名保存。

3. 请打开 "word4_6. docx"，完成以下操作

（1）超级链接的插入：给文件中的图片插入超级链接，并设置超级链接的提示文字为"请看奔马图"；

（2）文件的插入：在文档的结尾处插入分页符，然后插入文件 word4_6B. doc；

（3）为插入的文件的第1段的壁虎二字加着重号，将文件以原文件名保存；

实训项目四 用邮件合并功能批量制作"成绩单.docx"

【实训目的】

掌握邮件合并功能的操作。

【实训内容】

用邮件合并功能进行以下操作：打开"Word4_4c.docx"，使用当前文档作为主文档，设置文档类型为"信函"，以"Excel4_4c.xlsx"中的 sheet1 工作表为数据源，进行邮件合并，将合并后的结果以文件名"成绩单.docx"保存，成绩单内容如下所示：

2015 年下学期服装系服工 1501 班期终考试成绩通知单					
学号	计算机	语文	大学英语	思想与政治	服装 CAD
0801001	88	79	98	89	95

2015 年下学期服装系服工 1501 班期终考试成绩通知单					
学号	计算机	语文	大学英语	思想与政治	服装 CAD
0801002	90	76	95	83	93

2015 年下学期服装系服工 1501 班期终考试成绩通知单					
学号	计算机	语文	大学英语	思想与政治	服装 CAD
0801003	92	89	96	86	92

2015 年下学期服装系服工 1501 班期终考试成绩通知单					
学号	计算机	语文	大学英语	思想与政治	服装 CAD
0801004	95	85	93	85	94

2015 年下学期服装系服工 1501 班期终考试成绩通知单					
学号	计算机	语文	大学英语	思想与政治	服装 CAD
0801005	96	84	94	84	96

2015 年下学期服装系服工 1501 班期终考试成绩通知单					
学号	计算机	语文	大学英语	思想与政治	服装 CAD
0801006	87	82	85	87	91

图 2.79 成绩单效果图

【实训内容】

第一步：打开"Word4_4c.docx"文档

2015 年下学期服装系服工 1501 班期终考试成绩通知单					
学号	计算机	语文	大学英语	思想与政治	服装 CAD

图 2.80 主文档内容

第二步：单击"邮件"→"开始邮件合并"→"信函"，就设置好了文档的类型。

第三步：单击"邮件"→"选择收件人"→"使用现有列表"→然后找到并选择"Excel4_4c.xlsx"文件→选择"打开"按钮→在打开的"选择表格"对话框中选择 sheet1 工作表，就在主文档中打开了数据源。

第四步：将光标定位到"学号"下面的单元格内→单击"插入合并域"中的"学号"域，重复插入域操作，如下图 2.85 所示在主文档中添加"语文"等其他域。

第五步：单击"预览结果"，就看到合并后第一个同学的成绩数据。

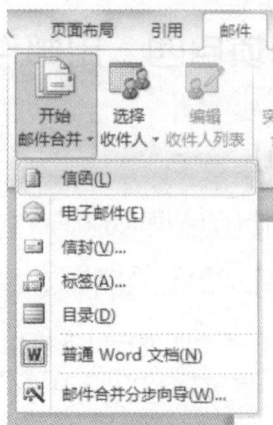

图 2.81 设置文档类型为"信函"

图 2.82 选择"使用现有列表"在主文档中打开了数据源

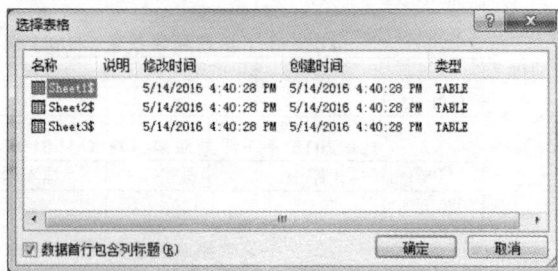

图 2.83 "选择表格"对话框

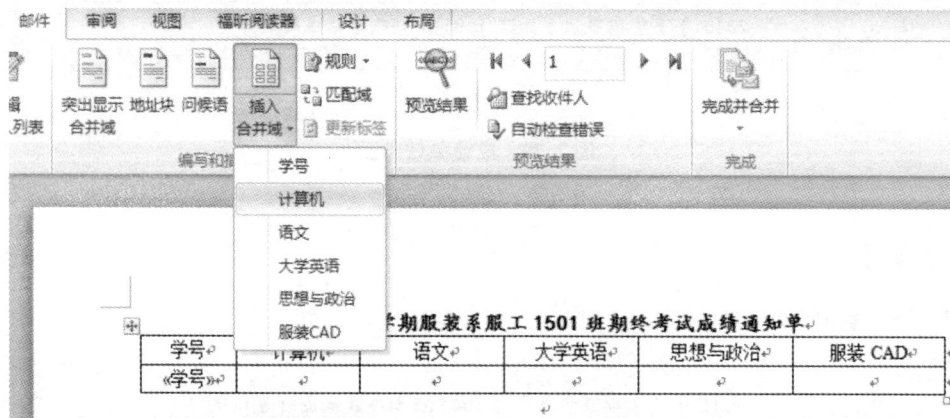

图 2.84 "插入合并域"对话框

2015 年下学期服装系服工 1501 班期终考试成绩通知单					
学号	计算机	语文	大学英语	思想与政治	服装 CAD
《学号》	《计算机》	《语文》	《大学英语》	《思想与政治》	《服装 CAD》

图 2.85　插入域后的效果

2015 年下学期服装系服工 1501 班期终考试成绩通知单					
学号	计算机	语文	大学英语	思想与政治	服装 CAD
0801001	88	79	98	89	95

图 2.86　预览结果

第六步：单击"完成并合并"→"编辑单个文档"，会打开"合并到新文档"对话框。选择全部，单击确定，自动生成合并后的文档。

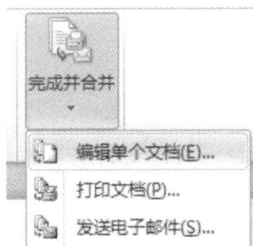

图 2.87　选择"编辑单个文档"

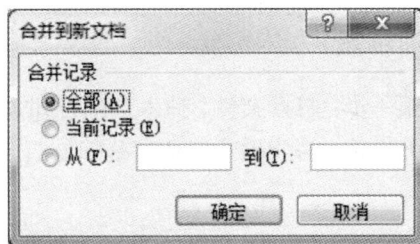

图 2.88　"合并到新文档"对话框

第七步：将"信函 1"文档以"成绩单.docx"文件名保存。

【实训练习】

打开文件"word4_6C.docx，进行如下操作：选择"目录"文档类型，使用当前文档作为主文档，以"Excel4_6C.xlsx"的 sheet1 工作表为数据源，进行邮件合并，将合并后的结果以文件名为"新生录取通知书.docx"保存。

实训项目五　目录的制作

【实训目的】

掌握样式的应用，以及自动插入目录的操作。

【实训内容】

打开"word4_2.docx"文件：

1. 插入分隔符和页码：在文章的最前面插入分隔符："分节符类型为'下一页'"，将光标定位到文件的第 2 页，插入页码，起始页码为 1；

2. 样式的应用：将文件中下图所示的一级目录文字应用标题 1 样式，二级目录文字应用标题 2 样式，三级目录文字应用标题 3 样式；

3. 插入目录：在文档的首部插入如下所示的目录，目录格式为"优雅"、显示页码、页码右对齐，显示级别为 3 级，制表前导符为"……………"。

【实训步骤】

第一步：打开文件，插入分隔符和页码。

分隔符：将光标定位在文章的最前面，选择"页面布局"→"分隔符"→"下一页"。

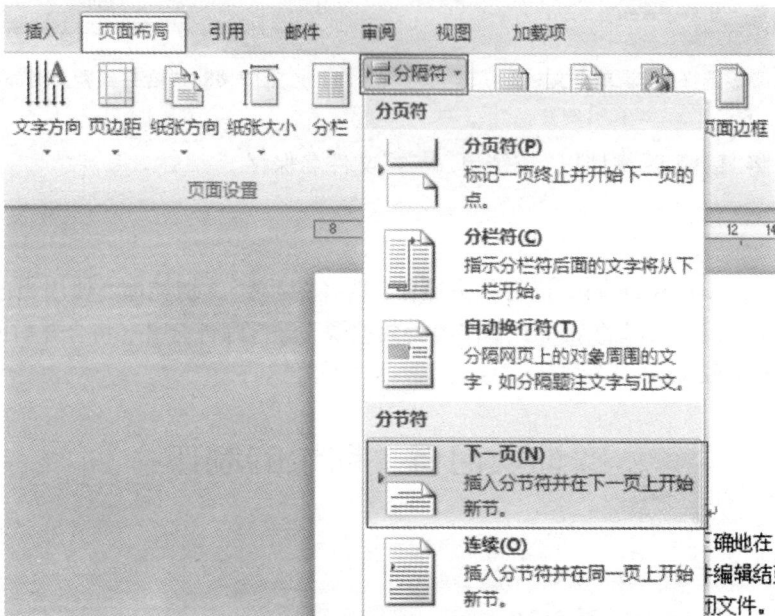

图 2.89　插入"下一页"方法

页码：将光标定位到文件的第 2 页，选择"插入"→"页码"命令，→"设置页码格式"，在弹出的"页码格式"对话框中，将"页面编排"的"起始页码"设置为 1；然后再选择："页面底端"中的数字 3 样式。如图 2.90 所示：

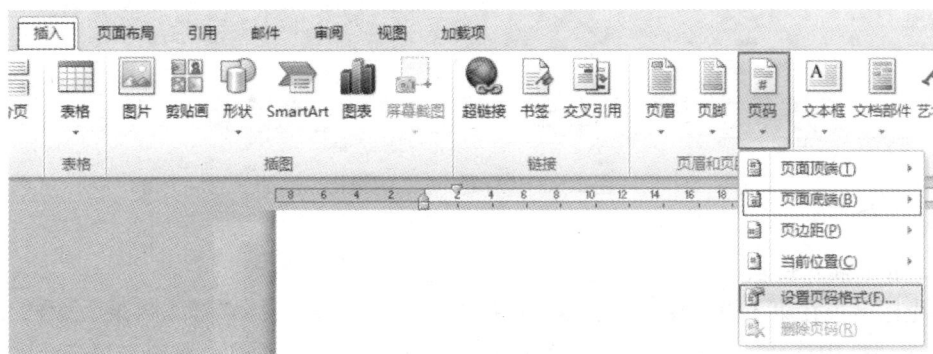

图 2.90　插入"页码"方法图

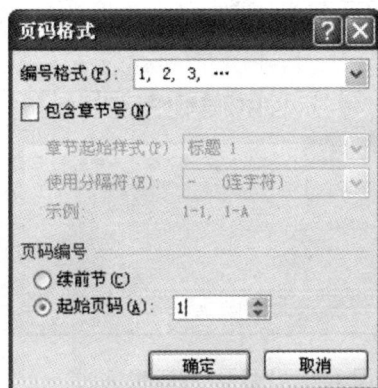

图 2.91　设置"页码格式"对话框　　　　　　**图 2.92　选择"页面底端"格式**

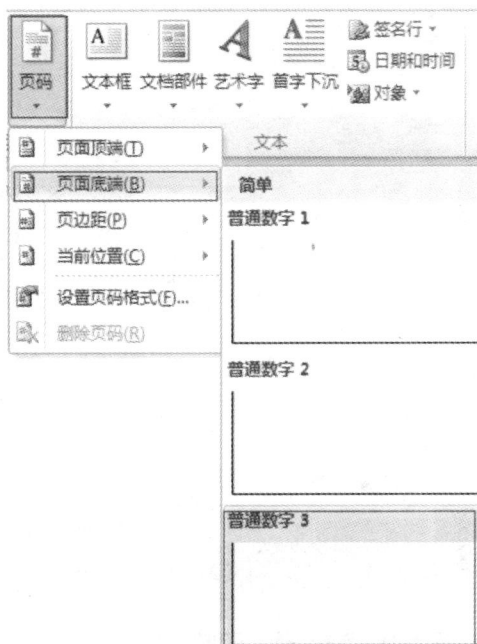

第二步：样式的应用。

选择"开始"→"样式"→"标题"样式按钮进行设置。先选定要设定的文字，再选定所需要应用的样式，将文件中所示的一级目录文字应用"标题 1"样式，二级目录文字应用"标题 2"样式，三级目录文字应用"标题 3"样式。如："第 13 章　文件操作"应用"标题 1"样式。

图 2.93 "标题"格式的选择

第三步：插入目录。

将光标定位在第 1 页开始位置，然后选择"引用"→"目录"→"插入目录"命令，在打开"目录"对话框中选择"目录"选项卡，设置格式为"优雅"、显示页码、页码右对齐，显示级别为三级，制表符前导符为"————"。

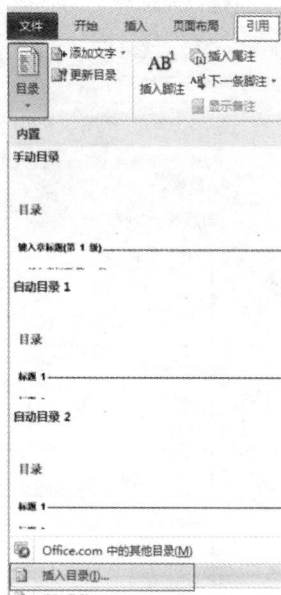

图 2.94 选择"插入目录"命令

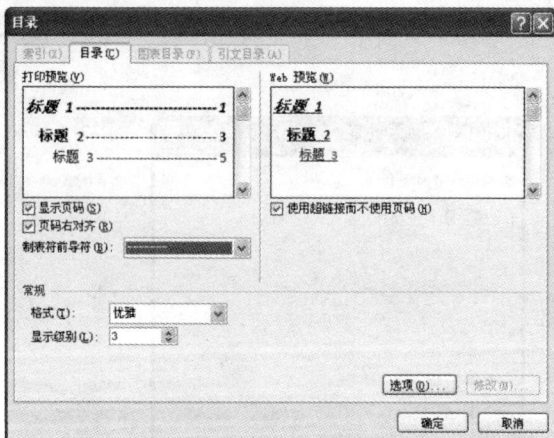

图 2.95 "目录"对话框

第三章　电子表格软件
——Excel 2010 应用

引言

　　Excel 2010 是 Microsoft Office 2010 的一个重要组成部分，它不仅具有强大的数据组织、计算、分析和统计功能，还可以通过图表等多种形式对数据结果进行形象化显示。Excel 2010 广泛应用于管理、统计、财经、金融等众多领域。Excel 2010 继承了 Excel 2007，改进后的功能界面更直观、更快捷，同时具有更为强大的数据运算处理与分析能力。

　　应用 Excel 2010 进行数据的统计处理和分析方便快捷，是工作、生活应用的好帮手，应用 Excel 2010 进行数据处理是现代职业最基本的岗位能力。Excel 2010 可以帮你统计、汇总、分析销售业绩、产品生产、工资核算、考勤统计、资产报表等。

第一部分　Excel 2010 基础知识

3.1　Excel 2010 使用初步

3.1.1　Excel 2010 安装、启动与退出

　　一、安装 Excel 2010

　　Excel 2010 进一步简化了安装过程和操作步骤，安装 Office 2010 就附带安装了 Excel 2010。执行安装程序之后，用户必须阅读安装许可条款并同意之后，才可进入下一步安装。进入安装后，Office 2010 会自动安装处理直到安装结束。

　　二、Excel 2010 的启动与退出

　　1. Excel 2010 的启动

　　在计算机中安装了 Excel 2010 后，便可以通过以下几种方式启动：

　　(1)可双击桌面上的 Excel 2010 快捷方式(默认安装时建立)。

　　(2)单击桌面开始菜单中的"开始"→"所有程序"→"Microsoft Office"→"Microsoft Office Excel 2010"。

　　(3)直接打开保存的电子表格文件，则启动 Excel 2010 并同时打开该文件。

　　2. 退出 Excel 2010

　　如果想退出 Excel 2010，可选择下列任意一种方法：

　　(1)单击"文件"选项卡中的"退出"。

　　(2)单击标题栏左侧控制图标，在弹出的控制菜单中单击"关闭"。

（3）单击 Excel 窗口右上角的关闭图标（ 🗙 ）。

（4）按 Alt + F4 组合键。

在退出 Excel 2010 时，如果还没保存当前的工作表，会出现一个提示对话框，询问是否保存所做修改。

如果用户想保存文件，则单击"是"按钮，不想保存就单击"否"按钮，如果不想退出 Excel 2010 则单击"取消"按钮。

3.1.2　Excel 2010 窗口界面

图 3.1 所示是典型的 Excel 2010 中文版用户界面，界面和以往版本相比又有了新的变化，主要由以下几部分组成：

① 标题栏：显示正在编辑的文档的文件名（如"七星电脑销售表"）以及所使用的软件名。其中还包括标准的"最小化""还原"和"关闭"按钮。

② 快速访问工具栏：常用命令位于此处，例如"保存""撤销"和"恢复"。在快速访问工具栏的末尾是一个下拉菜单，在其中可以添加其他常用命令或经常需要用到的命令。

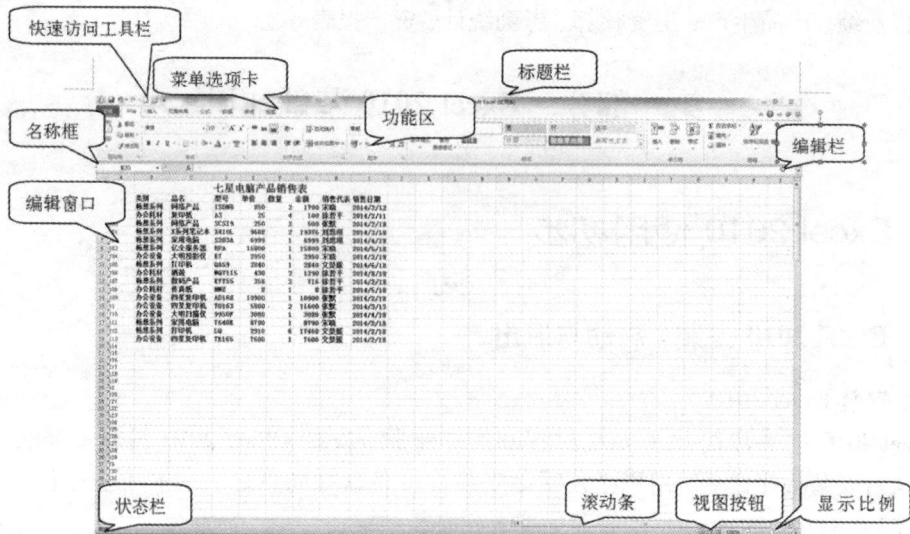

图 3.1　Excel 2010 窗口界面

③ "菜单"选项卡：单击此按钮可以查找对文档本身而非对文档内容进行操作的命令，例如文件菜单"新建""打开""另存为""打印"和"关闭"。

④ 功能区：工作时需要用到的命令位于此处。功能区的外观会根据监视器的大小改变，通过更改控件的排列来压缩功能区，以便适应较小的监视器。

⑤ 编辑窗口：显示正在编辑的文档的内容。

⑥ 滚动条：可用于更改正在编辑的文档的显示位置。

⑦ 状态栏：显示正在编辑的文档的相关信息。

⑧ "视图"按钮：可用于更改正在编辑的文档的显示模式以符合您的要求。

⑨ 显示比例：可用于更改正在编辑的文档的显示比例。

3.1.3　Excel 2010 工作簿、工作表与单元格

1. 工作簿

工作簿是在 Excel 2010 中文版环境中用来运算和存储数据的文件，其默认扩展名为
".XLSX"。一个工作簿可以包含多张具有不同类型的工作表，用户可以将若干相关工作表组
成一个工作簿，操作时可直接在同一文件的不同工作表中方便地切换。在一个工作簿中最多
可以有 255 个工作表。默认情况下，每个工作簿中有三个工作表，分别以 Sheet1、Sheet2、
Sheet3 来命名。工作表的名字显示在工作簿文件窗口的底部标签里，如图 3.2 所示。

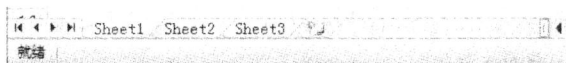

图 3.2　系统默认的工作表

启动 Excel 后，用户首先看到的是名称为"工作簿 1"的工作簿。"工作簿 1"是一个默认
的、新建的和未保存的工作簿，当用户在该工作簿输入信息后第一次保存时，Excel 弹出"另
存为"对话框，可以让用户给出新的文件名（即工作簿名）。如果启动 Excel 后直接打开一个
已有的工作簿，则"工作簿 1"会自动关闭。

2. 工作表

工作表又称为电子表格，是工作簿中的一张表，是 Excel 完成一项工作的基本单位，可用
于对数据进行组织和分析，每个工作表最多由 256 列和 65535 行组成。行的编号由上到下从
"1"到"65535"编号；列的编号由左到右，用字母从"A"到"IV"编号。

3. 单元格

在工作表中行与列相交形成单元格，它是存储数据的基本单位，这些数据可以是字符
串、数字、公式、图形、声音等，单元格里还可以有附加信息、自动计算结果等内容。在工作
表中，每一个单元格都有自己唯一的地址，这就是它的名称。同时，一个地址也唯一地表示
一个单元格。单元格的地址由单元格所在的列号和行号组成，且列号在前，行号在后。例
如，C3 就表示单元格在第 C 列的第 3 行。

单击任何一个单元格，这个单元格的四周就会被粗线条包围起来，它就成为活动单元
格，表示用户当前正在操作该单元格，活动单元格的地址在编辑栏的名称框中显示，通过使
用单元格地址可以很清楚地表示当前正在编辑的单元格，用户也可以通过地址来引用单元格
的数据。由于一个工作簿文件中可能有多个工作表，为了区分不同工作表的单元格，可在单
元格地址前面增加工作表名称。工作表与单元格地址之间用"!"分开。例如 Sheet3! B5，表
示该单元格是"Sheet3"工作表中的"B5"单元格。

3.1.4　工作簿的基本操作

一、新建工作簿

在 Excel 2010 中，创建工作簿的方法有多种，比较常用的有以下三种：

1. 利用"文件"选项卡命令新建工作簿

具体操作步骤如下：

①单击菜单中的"文件"选项卡→"新建"，窗口内部右侧会出现"新建工作簿"的任务窗格，再单击"空白工作簿"即可。

②选中选项卡上的"空白工作簿"，单击"创建"按钮即可新建一个空工作簿。

2.利用"快速访问工具栏"创建工作簿

如图3.1所示，单击"快速访问工具栏"下拉按钮，在弹出的下拉菜单中单击"新建"创建工作簿。

3.利用快捷键创建工作簿

按 Ctrl + N 键，也可以创建新的工作簿。

二、保存及保护工作簿

单击"快速访问工具栏"中的"保存"按钮或"文件"选项卡中的"保存"可以实现保存操作。

在"文件"选项卡中还有一个"另存为"选项。前面已经打开的工作簿，如果定好了名字，再使用"保存"命令时就不会弹出"保存"对话框，而是直接保存到相应的文件中。但有时希望把当前的工作做一个备份，或者需要保存为其他类型文件，这时就要用到"另存为"选项了。

"另存为"对话框与前面见到的一般的保存对话框是相同的，同样如果想把文件保存到某个文件夹中，单击"保存位置"下拉列表框，从中选择相应目录，进入对应的文件夹，在"文件名"中键入文件名，单击"保存"按钮，这个文件就保存到指定的文件夹中了。

Excel 2010 提供了多层保护来控制可访问和更改 Excel 数据的用户，其中最高的一层是文件级安全性。文件级的安全性又可分为3个层次：

1.给文件加保护口令

具体操作步骤如下：选择菜单中的"文件"选项卡→"另存为"，打开"另存为"对话框，如图3.3所示，单击"工具"按钮，在弹出的菜单列表中选择"常规选项"，出现"常规选项"对话框(图3.3)，这里密码级别有两种，一种是打开时需要的密码，一种是修改时需要的密码，在对话框的"打开权限密码"输入框中键入口令，然后单击"确定"按钮。在确认密码对话框中再输入一遍刚才键入的口令，然后单击"确定"按钮。最后返回并单击"另存为"对话框中的"确定"按钮即可。

这样，以后每次打开或存取工作簿时，都必须先输入该口令。一般说来，这种保护口令适用于需要最高级安全性的工作簿。口令最多能包括15个字符，可以使用特殊字符，并且区分大小写。

2.修改权限口令

具体操作步骤与"给文件加保护口令"基本一样，并在"保存选项"对话框的"修改权限密码"输入框中键入口令，然后单击"确定"按钮。

这样，在不了解该口令的情况下，用户可以打开、浏览和操作工作簿，但不能存储该工作簿，从而达到保护工作簿的目的。和文件保存口令一样，修改权限口令最多能包括15个字符，可以使用特殊字符，并且区分大小写。

3.只读方式保存和备份文件的生成

以只读方式保存工作簿就可以实现以下目的：当多数人同时使用某一工作簿时，如果有人需要改变内容，那么其他用户应该以只读方式打开该工作簿；当工作簿需要定期维护，而

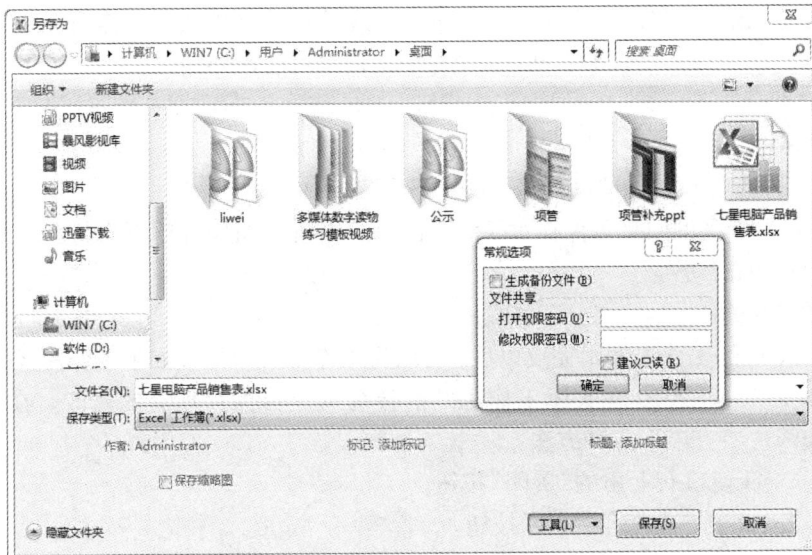

图 3.3　"工具"选项菜单与"常规选项"对话框

不是需每天做日常性的修改时，将工作簿设置成只读方式，可以防止无意中修改工作簿。

可在"常规选项"对话框中选定"生成备份文件"，那么用户每次存储该工作簿时，Excel将创建一个备份文件。备份文件和源文件在同一目录下，且文件名一样，扩展名为.XLK。这样当由于操作失误造成源文件毁坏时，就可以利用备份文件来恢复。

4. 保护工作簿

保护工作簿可防止用户添加或删除工作表，或是显示隐藏的工作表。同时还可防止用户更改已设置的工作簿显示窗口的大小或位置。这些保护可应用于整个工作簿。

具体操作步骤如下：单击"审阅"选项卡→"更改"→"保护工作簿"，弹出"保护工作簿"对话框如图 3.4 所示。根据实际需要选定"结构"或"窗口"选项。若需要口令则在对话框的"密码(可选)"输入框中键入口令，并在"确认密码"对话框中再输入一遍刚才键入的口令，然后单击

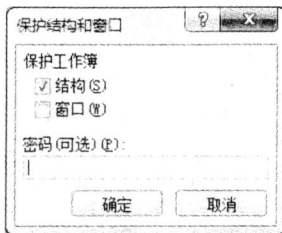

图 3.4　"保护工作簿"对话框

"确定"按钮。口令最多可包含 255 个字符，并且可有特殊字符，区分大小写。

三、打开工作簿

如果要编辑系统中已存在的工作簿，首先要将其打开，打开工作簿的方法有三种：

(1)单击菜单中的"文件"选项卡→"打开"。

(2)单击"快速访问工具栏"下拉按钮的"打开"命令。

(3)按 Ctrl + O 键。

四、隐藏/显示工作簿

1. 显示隐藏的工作簿

单击"视图"选项卡"窗口"功能区→"取消隐藏"。

如果"取消隐藏"命令无效，则说明工作簿中没有隐藏的工作表。如果"重命名"和"隐

藏"命令均无效，则说明当前工作簿正处于防止更改结构的保护状态。需要撤销保护工作簿之后，才能确定是否有工作表被隐藏；取消保护工作簿可能需要输入密码。

2. 隐藏工作簿

打开工作簿。

单击"视图"选项卡"窗口"功能区—"隐藏"。

退出 Excel 时，将询问是否保存对隐藏工作簿的更改。如果希望下次打开工作簿时隐藏工作簿窗口，请单击"是"。

五、关闭工作簿

在对工作簿中的工作表编辑完成以后，可以将工作簿关闭掉。如果工作簿经过了修改还没有保存，那么 Excel 2010 在关闭工作簿之前会提示是否保存现有的修改。在 Excel 2010 中，关闭工作簿主要有以下几种方法：

(1)单击 Excel 窗口右上角的"关闭"按钮。

(2)双击 Excel 窗口左上角的"国"按钮。

(3)单击 Excel 窗口左上角的"国"按钮，再从弹出的菜单叶，选择"关闭"命令。

(4)按下键盘上快捷键 Alt + F4。

3.1.5　工作表的基本操作

一、工作表之间的切换

由于一本工作簿具有多张工作表，且它们不可能同时显示在一个屏幕上，所以要不断地在工作表中切换来完成不同的工作。例如第一张表格是学生课程表，第二张表格则是学生信息表，第三张表格是学生成绩表，第四张表格是考试情况分析图表等。

在中文 Excel 中可以利用工作表选项卡快速地在不同的工作表之间切换。在切换过程中，如果该工作表的名字在选项卡中，可以在该选项卡上单击鼠标，即可切换到该工作表中。如果要切换到该张工作表的后一张工作表，也可以按下 Ctrl + PageDown 键或者单击该工作表的选项卡(或称工作表标签)；如果要切换到该张工作簿的前一张工作表，也可以按下 Ctrl + PageUp 键或者单击该工作表的选项卡。如果要切换的工作表选项卡没有显示在当前的表格选项卡中，可以通过滚动按钮来进行切换。

滚动按钮是一个非常方便的切换工具。单击它可以快速切换到第一张工作表或者最后一张工作表。也可以改变选项卡分割条的位置，以便显示更多的工作表选项卡等。

二、新建与重命名工作表

1. 新建工作表

有时一个工作簿中可能需要更多的工作表，这时用户就可以直接插入操作来新建工作表。用户可以插入一个工作表，也可以插入多个工作表。

插入工作表的具体操作步骤如下：

单击"开始"选项卡"单元格"功能区"插入"下拉按钮，在弹出的下拉列表中单击"插入工作表"，系统会自动插入工作表，其名称依次为 Sheet4，Sheet5，……

此外，用户也可以利用快捷菜单插入工作表。具体操作步骤如下：

在工作表标签上单击鼠标右键，在弹出的快捷菜单中单击"插入"，弹出"插入"对话框，在"常用"选项卡上选择"工作表"后确定。或单击窗口下边工作表标签中的"插入工作表"

按钮。

2. 重命名工作表

为了使工作表看上去一目了然，更加形象，可以让别人一看上去就知道工作表中有什么，用户可以为工作表重新命名。

将系统默认的名称 Sheet1 更名为"档案表"，其操作步骤如下：

① 选定 Sheet1 工作表标签。

② 右击 Sheet1 工作表标签，在弹出的快捷菜单中单击"重命名"，输入名称"档案表"，即可更改工作表名。

三、移动、复制和删除工作表

移动、复制和删除工作表在 Excel 2010 中的应用相当广泛，用户可以在同一个工作簿上移动或复制工作表，也可以将工作表移动到另一个工作簿中。在移动或复制工作表时要特别注意，因为工作表移动后与其相关的计算结果或图表可能会受到影响。

将"工作簿 1"工作簿中的 Sheet1 移动复制到"工作簿 2"中的操作步骤如下：

① 打开"工作簿 1"和"工作簿 2"窗口。

② 切换至"工作簿 1"，选定 Sheet1 工作表。

③ 右击 Sheet1 工作表标签，在弹出的快捷菜单中单击"移动或复制工作表"，打开"移动或复制工作表"对话框（图 3.5）。

④ 单击"工作簿"右端的向下三角按钮，选择"工作簿 2"，然后再选择指定位置，如果选择 Sheet1 工作表，那么工作表将移动或复制到 Sheet1 前面。

⑤ 如果要复制工作表，而不移动，则选定"建立副本"单选框。

⑥ 单击"确定"按钮，Sheet1 被移动到"工作簿 2"中，被命名为 Sheet1（2）。

图 3.5 "移动或复制工作簿"对话框

如果用户觉得工作表也没用了，可以随时将它删除，但被删除的工作表不能还原。

删除工作表的具体操作步骤如下：

① 选定一个或多个工作表。

② 右击选定的工作表标签，在弹出的快捷菜单中单击"删除"删除工作表。

四、工作表的拆分与冻结

如果要查看工作表中相隔较远的内容，来回拖动鼠标很麻烦。通过拆分窗口在多窗口中操作就很方便，工作表的拆分步骤如下：

① 选择要拆分的工作表。

② 单击"视图"选项卡中的"窗口"功能区中的"拆分"，Excel 2010 便以选定的单元格为中心自动拆分成四个窗口。若选择一行或一列，则以行或列为参照拆分成两个窗口。

如果窗口已冻结，将在冻结处拆分窗口。另外，当窗口未冻结时，还可以用下面的方法将 Excel 2010 窗口拆分成上下或左右并列的两个窗口。方法是将鼠标指针放到位于水平滚动条右侧或垂直滚动条上方的拆分框上，当指针变成双箭头形状时，按住鼠标左键会有一条灰色的垂直线或水平线出现，将其拖动到表格中即可。

要取消拆分窗口，双击拆分条或者再次单击"拆分"则取消窗口的拆分。

五、保护工作表

设置对工作表的保护可以防止未授权用户对表内容的访问，避免工作表中数据受到破坏和信息发生泄露。

保护工作表功能可以对工作表上的各元素（例如含有公式的单元格）进行保护，以禁止个别用户对指定的区域进行访问。

保护工作表的具体操作步骤如下：

选择并单击需要实施保护的工作表，如"档案"工作表。

1. 选定工作表被保护后仍允许用户进行编辑的单元格区域

① 选定单元格区域 A3：E5

② 右击选中的区域，在弹出的快捷菜单中单击"设置单元格格式"，打开"单元格格式"对话框，选择"保护"选项卡。

③ 单击"锁定"复选框，取消对该复选框的选定。

④ 单击"确定"按钮，即可。

2. 设定工作表被保护后需要隐藏公式的单元格区域

① 选定单元格区域 L2：L21（L 列是由公式计算得来）。

② 右击选中的区域，在弹出的快捷菜单中单击"设置单元格格式"，打开"单元格格式"对话框，选择"保护"选项卡。

③ 选定"锁定"和"隐藏"复选框。

④ 单击"确定"按钮即可。

3. 设定工作表保护

① 单击"审阅"选项卡—"更改"组中的"保护工作表"，弹出"保护工作表"对话框，如图3.6所示。

② 选定"保护工作表及锁定的单元格内容"复选框。

③ 在"取消工作表保护时使用的密码"文本框中输入密码"1234"。

④ 在"允许此工作表的所有用户进行"列表框中选择允许用户进行的操作。如选定"选定锁定单元格"、"选定未锁定的单元格"和"设置单元格格式"3 个复选框。

⑤ 单击"确定"按钮，即可设定对"图表"工作表的保护。

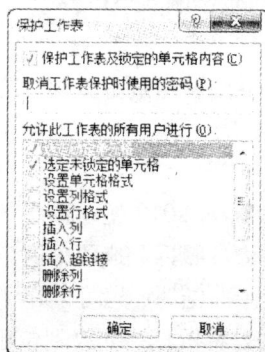

图3.6　"保护工作表"对话框　　　　　　图3.7　"取消隐藏"对话框

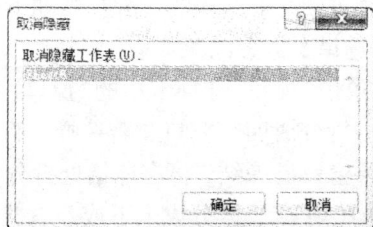

4. 在受保护的"图表"工作表中进行操作

① 单击单元格区域 A3∶E5 以外的任意单元格，并输入"空格"，则弹出一个警告框，提示用户此工作表受到保护，若要编辑该工作表，请先撤销对工作表的保护。

② 单击第 1 行中的标题，然后为其设置"黑体"字体。

③ 单击 B3 单元格，输入"张三"，并"回车"确认。

④ 单击 L3 单元格，在编辑栏中没有任何显示，表明隐藏了公式。

通过以上验证，工作表已经按要求进行了保护。

5. 撤销对工作表的保护

① 单击"审阅"选项卡—"更改"组中的"撤销工作表的保护"，弹出"撤销工作表的保护"对话框。

② 在对话框中的"密码"文本框中输入"1234"，单击"确定"按钮，即可撤销对工作表的保护。

六、隐藏/显示工作表

如果用户不想让别人看到自己编辑的内容，可以将工作表隐藏起来。用的时候可以随时将其显示出来。另外，隐藏工作表，还可以减少屏幕上显示工作表的数量。

隐藏工作表的具体操作步骤如下：

① 选择要隐藏的工作表（如档案表）。

② 右击要隐藏的工作表标签，在弹出的快捷菜单中单击"隐藏"，工作表即从窗口中消失。

显示隐藏的工作表的具体操作步骤如下：

① 右击工作表标签，在弹出的快捷菜单中单击"取消隐藏"，打开"取消隐藏"对话框，如图 3.7 所示。对话框中显示出了所有被隐藏的工作表。

② 选择要显示的工作表，单击"确定"按钮。

3.1.6　单元格的基本操作

对单元格进行操作（如移动、删除、复制单元格）时，首先要选定单元格。用户根据要编辑的内容，可以选定一个单元格、选择多个单元格，也可以一次选定一整行或整列，还可以一次将所有的单元格都选中。熟练地掌握选择不同范围内的单元格，可以加快编辑的速度，从而提高效率。下面介绍选定单元格的方法。

一、单元格的选定

1. 选定一个单元格

选定一个单元格是 Excel 2010 中常见的操作，选定单元格最简便的方法就是用鼠标单击所需编辑的单元格即可。当选定了某个单元格后，该单元格所对应的行列号或名称将会显示在名称框内。在名称框内的单元格称之为活动单元格，即是当前正在编辑的单元格，一般而言，用鼠标选择单元格是最方便的，但有些时候用键盘选择比用鼠标选择方便，比如，要选择 A 列的最后一个单元格 A65536，用鼠标选择需先拖动垂直滚动条至该单元格可见才能选择，但用键盘在名称框内输入 A65036 后回车即可。

2. 选定整个工作表

要选定整个工作表，单击行标签及列标签交汇处的"全选"按钮（A 列左则的空白框）即可，如图 3.8 所示。

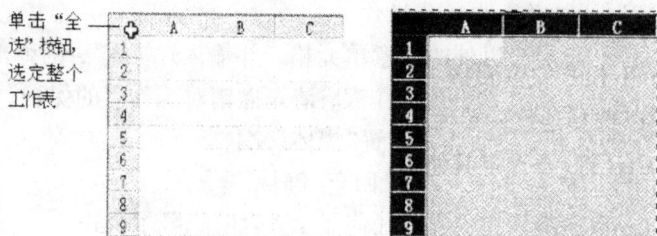

图3.8　选定整个工作表

3.选定整行

选定整行单元格可以通过拖动鼠标来完成，另外还有一种更简单的方法：单击行首的行标签，如图3.9所示。

4.选定整列

选定整列单元格可以通过拖动鼠标来完成，另外也可以单击列首的列标签，如图3.10所示。

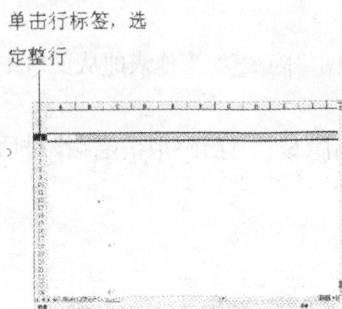

图3.9　选定整行

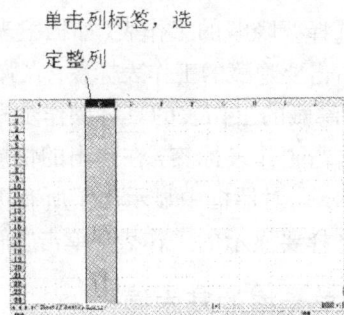

图3.10　选定整列

5.选定多个相邻的单元格

如果用户想选定连续的单元格，可通过单击起始单元格，按住鼠标左键不放，然后再将鼠标拖至需连续选定单元格的终点即可，这时所选区域反白显示。

在 Excel 中，也可通过键盘选择一个范围区域，常用的方法有两种：

（1）名称框输入法。

在名称框中输入要选择范围单元格的左上角与右下角的坐标，比如要实现图3.11中的选择效果，该选择范围左上角的坐标为A1，右下角的坐标为D12，那么在名称框中输入A1：D12，然后按回车即可。

（2）Shift 键帮助法。

方法一：定位某行（列）号标号或单元格后，再按住 Shift 键，然后单击后（下）面的行（列）标号或单元格，即可同时选中二者之间的所有行（列）或单元格区域。

方法二：定位某行（列）号标号或单元格后，再按住 Shift 键，然后按键盘上的方向键，即可扩展选择连续的多个行（列）或单元格区域。

6. 选定多个不相邻的单元格

用户不但可以选择连续的单元格，还可选择间断的单元格。方法是：先选定一个单元格，然后按下 Ctrl 键，再选定其他单元格即可，如图 3.12 所示。

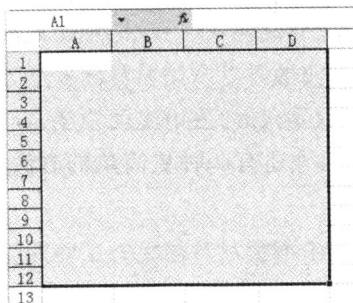

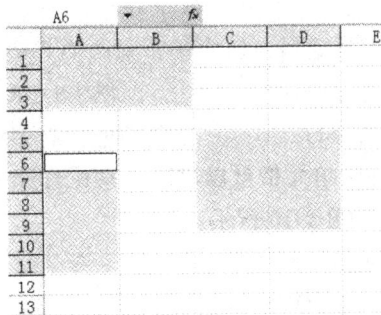

图 3.11　选定多个相邻的单元格　　　　　　　图 3.12　选定不相邻的单元格

选定多个不相邻的单元格也可通过键盘选择，比如要实现图 3.12 中的选择效果，在名称框内输入 A1：B3，C5：D9，A6：A11，然后按回车即可。其中的逗号把几个相邻区域并联起来，而如果在名称框内输入：A1：C884：D11，回车确认后选择区域为"B4 至 C8"，这里的空格是取相邻区域的交集。

二、单元格数据输入与编辑

用户输入的内容都出现在单元格内，当用户选定某个单元格后，即可在该单元格内输入内容。在 Excel 2010 中，用户可以输入文本、数字、日期和时间和逻辑值等。可以通过自己打字输入，也可以根据设置自动输入。

1. 数字

在 Excel 2010 中，数值型数据使用得最多，它由数字 0～9、正号、负号、小数点、顿号、分数号"/"、百分号"%"、指数符号"E"或"e"、货币符号"￥"或"$"、千位分隔号"，"等组成。输入数值型数据时，Excel 自动将其沿单元格右边对齐。

需要注意的是，如果输入的是分数（如 1/5），应先输入"0"和一个空格，然后输入"1/5"。否则 Excel 会把该数据当作日期格式处理，存储为"1 月 5 日"；此外负数的输入有两种方式，一是直接输入负号和数，如输入"－5"；二是输入括号和数，如输入"(5)"，最终两者效果相同；输入百分数时，先输入数字，再输入百分号即可。

当用户输入的数值过多而超出单元格宽时，会产生两种结果：当单元格格式为默认的常规格式时会自动采用科学记数法来显示；若列宽已被规定，输入的数据无法完整显示时，则显示为"####"，用户可以通过调整列宽使之完整显示。

2. 文本

文本型数据是由字母、汉字和其他字符开头的数据，如表格中的标题、名称等。默认情况下，文本型数据沿单元格左边对齐。在 Excel 中，每个单元格最多可包含 32000 个字符。

如果数据全部由数字组成，如，电话号码、邮编、学号等，输入时应在数据前输入单引号"'"（如"'610032"），Excel 就会将其看作文本型数据，并沿单元格左边对齐。若输入由"0"

开头的学号,直接输入时 Excel 会将其视为数值型数据而省略掉"0"并且右对齐,只有加上单引号才能作为文本型数据左对齐并保留下"0"。

当用户输入的文字过多,超过了单元格宽度,会产生两种结果:

(1)如果右边相邻的单元格中没有数据,则超出部分会显示在右边相邻单元格中。

(2)如果右边相邻的单元格已有数据,则超出部分不显示,但超出部分内容依然存在,只要扩大列宽就可以看到全部内容。

3. 日期时间

在 Excel 2010 中,日期的形式有多种,例如 2013 年 11 月 25 日的表现形式有:

· 2013 年 11 月 26 日

· 2013/11/26

· 2013 – 11 – 26

· 26 – NOV – 13

默认情况下,日期和时间项在单元格中右对齐。如果输入的是 Excel 不能识别的日期或时间格式,输入的内容将被视为文字,并在单元格中左对齐。

在 Excel 2010 中,时间分 12 小时制和 24 小时制,如果要基于 12 小时制输入时间,首先在时间后输入一个空格,然后输入 AM 或 PM(也可 A 或 P),用来表示上午或下午。否则,Excel 将以 24 小时制计算时间。例如,如果输入 12∶00 而不是 12∶00 PM,将被视为12∶00 AM。如果要输入当天的日期,按 Ctrl + ;(分号)键;如果要输入当前的时间,按 Ctrl + Shift + ;或 Ctrl + :(冒号)键。时间和日期还可以相加、相减,并可以包含到其他运算中。如果要在公式中使用日期或时间,可用带引号的文本形式输入日期或时间值。例如, = "2010/11/25" – "2010/10/5"。

4. 逻辑

Excel 2010 中的逻辑值只有两个:False(逻辑假)和 True(逻辑真)。默认情况下,逻辑值在单元格中居中对齐,另外,Excel 2010 公式中的关系表达式的值也为逻辑值。

5. 自动填充

Excel 2010 为用户提供了强大的自动填充数据功能,通过这一功能,用户可以非常方便地填充数据。自动填充数据是指在一个单元格内输入数据后,与其相邻的单元格可以自动地输入一定规则的数据。它们可以是相同的数据,也可以是一组序列(等差或等比)。自动填充数据的方法有两种:利用填充命令和利用鼠标拖动。

(1)通过填充命令填充数据。具体操作步骤如下:

① 选定含有数值的单元格。

② 指向"开始"选项卡—"编辑"功能区中的"填充",打开级联子菜单。

③ 从中选择相应的命令。

(2)通过鼠标拖动填充数据。具体操作步骤如下:

用户可以通过拖动的方法来输入相同的数值(在只选定一个单元格的情况下),如果选定了多个单元格并且各单元格的值存在等差或等比的规则,则可以输入一组等差或等比数据。

① 在单元格中输入数值,如"8"。

② 将鼠标放到单元格右下角的实心方块上,鼠标变成实心十字形状。

③ 拖动鼠标,即可在选定范围内的单元格内输入相同的数值。

6. 自定义序列

系统可以根据工作表中已存在的数据，自动建立序列。

以创建等差序列为例，具体操作步骤如下：

① 选定工作表中单元格的初始数据，如"12"。

② 指向"开始"选项卡—"编辑"功能区中的"填充"，打开级联子菜单，选择"系列"，弹出"序列"对话框，如图 3.13 所示。

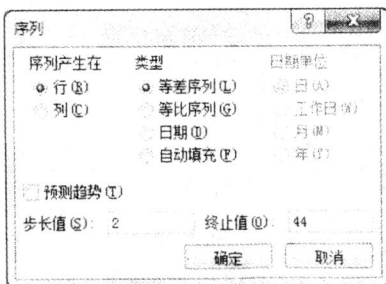

图 3.13　序列

③ 图 3.13 中指定序列产生在"列"，类型为"等差序列"，在"步长值"中输入等差序列的差值"3"，输入终止值"44"，单击"确定"，则在列中成为自定义的序列。

也可以在相邻的单元格中分别输入等差序列的前两个数据，选中两个单元格，手动拖填充柄，按两数的差值自动生成等差序列。

应用上述方法可创建等比、日期等序列。

三、编辑行、列、单元格

以单元格为对象常用的操作为插入、删除、移动以及调整单元格大小等操作。

1. 插入单元格、行或列

插入单元格、行或列的操作步骤如下：

① 选定单元格，选定的单元格的数量即是插入单元格的数量，例如选择 7 个，则会插入 7 个单元格。

② 单击菜单"开始"选项卡中"单元格"功能区的"插入"下拉按钮，在弹出的下拉列表中选择"单元格""行""列"或"工作表"。

如果选择了"单元格"命令，则打开"插入"对话框（图 3.14）。选择"活动单元格右移"或"活动单元格下移"复选框。单击"确定"按钮，即可插入单元格。

如果选择了"行"或"列"命令，则会直接插入一行或一列。

另外，还有一种插入行或列的方法：

① 右击选定的单元格、整行或整列。

② 在弹出的快捷菜单中单击"插入"，可插入行/列/单元格。

2. 删除单元格、行或列

删除单元格、行或列的方法如下：

① 右击选定的要删除的单元格、行或列。

② 在弹出的快捷菜单中单击"删除"命令，出现"删除"对话框（图 3.14）。

③ 选定相应的复选框，单击"确定"按钮。

3. 移动单元格

移动单元格就是将一个单元格或若干

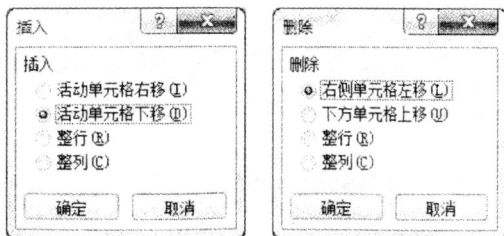

图 3.14　"插入""删除"单元格对话框

个单元格中的数据或图表从一个位置移至另一个位置，移动单元格的操作方法如下：

① 选择所要移动的单元格。

② 将鼠标放置到该单元格的边框位置，当鼠标变成十字箭头形时，按下左键并拖动，即可移动单元格。

也可应用剪切、粘贴移动单元格。

4. 行高和列宽调整

系统默认的行高和列宽有时并不能满足需要，这时用户可以调整行高和列宽。

（1）应用鼠标拖动调整行高或列宽。

修改行高最简单的方法就是用鼠标拖动，具体操作步骤如下：

① 将鼠标放到两个行或列标号之间，鼠标变成双向箭头形状。

② 按下该形状的鼠标并拖动，即可调整行高或列宽。

（2）精确设置行高或列宽。

① 选定整行或列。

② 单击"开始"选项卡中"单元格"功能区"格式"下拉按钮，在下拉列表中单击"行高"或"列宽"。

③ 在弹出的对话框中输入数值，单击"确定"即可。

5. 拆分、合并单元格

（1）合并后居中相邻单元格。

① 选择两个或更多要合并的相邻单元格。

只有左上角单元格中的数据将保留在合并的单元格中。所选区域中所有其他单元格中的数据都将删除。

② 如图 3.15 所示，在"开始"选项卡上的"对齐方式"组中，单击"合并后居中"。

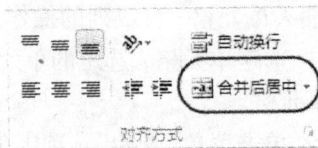

图 3.15　合并及居中

这些单元格将在一个行或列中合并，并且单元格内容将在合并单元格中居中显示。要合并单元格而不居中显示内容，请单击"合并后居中"旁边的箭头，然后单击"跨越合并"或"合并单元格"。

若要更改合并单元格中的文本对齐方式，请选中该单元格，然后在"开始"选项卡上的"对齐方式"组中，单击任一对齐方式按钮。

（2）拆分合并的单元格。

① 选择合并的单元格。

选择合并的单元格时，"合并后居中"按钮在"开始"选项卡上"对齐"组中也显示为选中状态。

② 单击"合并后居中"，拆分合并的单元格，合并单元格的内容将出现在拆分单元格区域左上角的单元格中。

3.2　表格格式化

3.2.1　自定义单元格的格式

在 Excel 2010 中，对工作表中的不同单元格数据，可以根据需要设置不同的格式，如设置单元格数据类型、文本的对齐方式、字体以及单元格的边框和底纹等。右键单击要设置格式的单元格，再选择快捷菜单中的"设置单元格格式"命令，即可出现"单元格格式"对话框（图 3.16）。也可通过"开始"选项卡"单元格"组中的"格式"列表项打开"设置单元格格式"对话框。

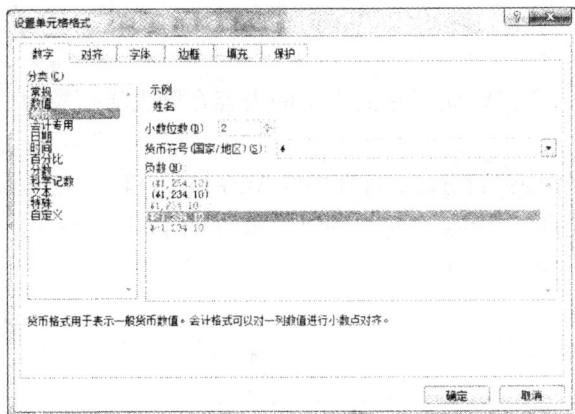

图 3.16　"数字"选项卡

单元格格式对话框包含六张选项卡，分别介绍如下：

1. "数字"选项卡

Excel 2010 提供了多种数字格式，在对数字格式化时，可以设置不同小数位数、百分号、货币符号等来表示同一个数，这时屏幕上的单元格表现的是格式化后的数字，编辑栏中表现的是系统实际存储的数据。如果要取消数字的格式，可以单击"开始"选项卡"编辑"组中的"清除"下拉命令项清除格式。

在 Excel 2010 中，可以使用数字格式更改数字（包括日期和时间）的外观，而不更改数字本身。所应用的数字格式并不会影响单元格中的实际数值，而 Excel 是使用该实际值进行计算的。

选定需要格式化数字所在的单元格或单元格区域后，单击右键，然后单击"设置单元格格式"。在"单元格格式"对话框的"数字"选项卡上，"分类"框中可以看到 12 种内置格式。其中：

"常规"数字格式是默认的数字格式。对于大多数情况，在设置为"常规"格式的单元格中所输入的内容可以正常显示。但是，如果单元格的宽度不足以显示整个数字，则"常规"格式将对该数字进行取整，并对较大数字使用科学记数法。

"会计专用""日期""时间""分数""科学记数"和"文本""特殊"等格式的选项则显示在"分类"列表框的右边。

如果内置数字格式不能按需要显示数据，则可使用"自定义"创建自定义数字格式。自定义数字格式使用格式代码来描述数字、日期、时间或文本的显示方式。

2. "对齐"选项卡

系统在默认的情况下，输入单元格的数据是按照文字左对齐、数字右对齐、逻辑值居中对齐的方式来进行的。可以通过有效的设置对齐方法，来使版面更加美观。

在"单元格格式"对话框的"对齐"选项卡上（图3.17），可设定所需对齐方式。

"水平对齐"的格式有：常规（系统默认的对齐方式）、左（缩进）、居中、靠右、填充、两端对齐、跨列居中、分散对齐。

"垂直对齐"的格式有：靠上、居中、靠下、两端对齐、分散对齐。

"方向"列表框中，可以将选定的单元格内容完成从 −90° 到 +90° 的旋转，这样就可将表格内容由水平显示转换为各个角度的显示。

"自动换行"复选框，选中，则当单元格中的内容宽度大于列宽时，会自动换行（不是分段）。

提示：若要在单元格内强行分段，可直接按 Alt + Enter 键。

"合并单元格"复选框，当需要将选中的单元格（一个以上）合并时，选中它；当需要将选中的合并单元格拆分时，取消选中。

3."字体"选项卡

Excel 2010 在默认的情况下，输入的字体为"宋体"，字形为"常规"，字号为"12（磅）"。可以根据需要通过工具栏中的工具按钮很方便地重新设置字体、字形和字号，还可以添加下画线以及改变字的颜色。也可以通过菜单方法进行设置。如果需要取消字体的格式，可以单击"开始"选项卡"编辑"组中的"清除"下拉命令项选择清除格式。

在"字体"选项卡（图3.18）上，可以更改与字体有关的设置。有关设置方法与 Word 中的相似，不再赘述。

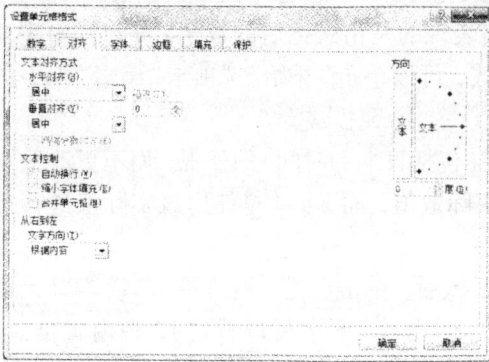

图3.17　"对齐"选项卡　　　　　　　**图3.18　"字体"选项卡**

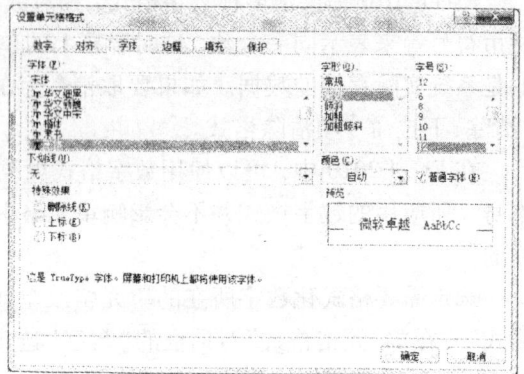

4."边框"选项卡

工作表中显示的网格线是为输入、编辑方便而预设置的（相当于 Word 表格中的虚框），是不打印的。

若需要打印网格线，除可以在"页面设置"对话框的"工作表"选项卡上设定外，还可以在"边框"选项卡上设置。

此外，若需要为了强调工作表的一部分或某一特殊表格部分，可在"边框"选项卡（图3.19）设置设定特殊的网格线。

该选项卡上设置对象，是被选定单元格的边框。

在该选项卡上，设置单元格边框时，注意：

（1）除了边框线外，还可以为单元格添加对角线（用于斜线表头等）。

（2）不一定添加四周边框线，可以仅仅为单元格的某一边添加边框线。

5．"填充"选项卡

"填充"选项卡，用于设置单元的背景颜色和底纹，如图 3.20 所示。

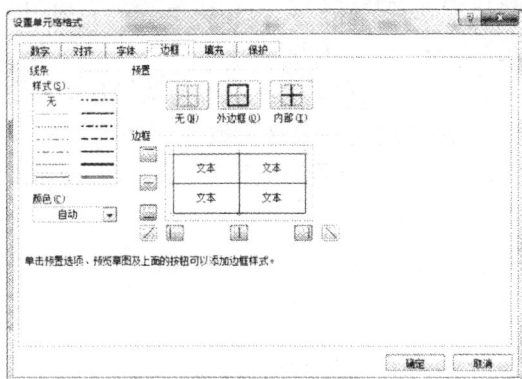

图 3.19 "单元格格式"边框选项卡　　　　**图 3.20 "单元格格式"填充选项卡**

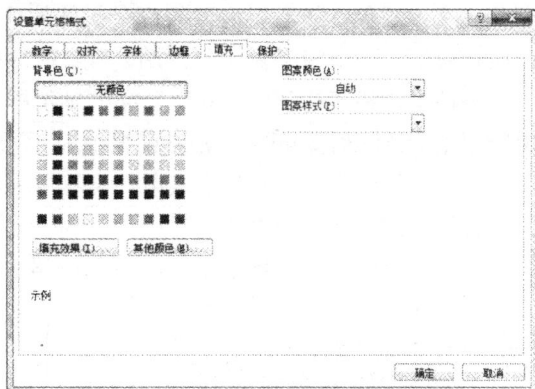

6．格式化的其他方法

（1）用"数字"组工具按钮格式化数字。

选中包含数字的单元格，例如 12343.67 后，单击"格式"工具栏上的"货币样式""百分比样式""千位分隔样式""增加小数位数""减少小数位数""时间""日期"等按钮，可设置数字格式。

（2）利用"字体"组工具格式化文字。

选定需要进行格式化的单元格后，单击"字体"组工具栏上加粗、倾斜、下画线等按钮，或在字体、字号框中选定所需的字体、字号。

（3）用"对齐方式"组工具栏按钮设置对齐方式。

选定需要格式化的单元格后，单击"对齐方式"组工具栏上的左对齐、居中对齐、右对齐、合并及居中、减少缩进量、增加缩进量等按钮即可。

（4）用"字体"组边框工具按钮设置边框，应用"填充"按钮设置填充颜色与底纹。

选择所要添加边框的各个单元格或所有单元格区域，单击"字体"组工具栏上的边框或填充颜色按钮左边的下拉钮，然后在下拉菜单上，选定所需的格线或背景填充色。

（5）复制格式。

当格式化表格时，往往有些操作是重复的，这时可以使用 Excel 2010 提供的复制格式的方法来提高格式化的效率。

（6）用"格式刷" 复制格式。

选中需要复制的源单元格后，单击"剪贴板""格式刷"按钮（这时所选择单元格出现闪动的虚线框），然后用带有格式刷的光标，选择目标单元格即可。

（7）用复制、粘贴的方法复制格式。

选中需要复制格式的源单元格后，单击"开始"选项卡中的"剪贴板"组"复制"按钮；选中目标单元格后，单击"剪贴板"组"选择性粘贴"，然后在"选择性粘贴"对话框上设定需复制的项目。

3.2.2　条件格式

条件格式是指当指定条件为真时，Excel 2010 自动应用于单元格的格式，例如，单元格底纹或字体颜色。如果想为某些符合条件的单元格应用某种特殊格式，使用条件格式功能可以比较容易实现。如果再结合使用公式，条件格式就会变得更加有用。

条件格式易于达到以下效果：突出显示所关注的单元格或单元格区域；强调异常值；使用数据条、颜色刻度和图标集来直观地显示数据。条件格式基于条件更改单元格区域的外观。如果条件为 True，则基于该条件设置单元格区域的格式；如果条件为 False，则不基于该条件设置单元格区域的格式。

无论是手动还是按条件设置的单元格格式，都可以按格式进行排序和筛选，其中包括单元格颜色和字体颜色等。

1. 应用内置条件格式

（1）突出显示单元格规则。

突出显示单元格规则仅对包含文本、数字或日期/时间值的单元格设置条件格式，查找单元格区域中的特定单元格时基于比较运算符设置这些特定单元格的格式。

操作方法：选择区域、表或数据透视表中的一个或多个单元格；在"开始"选项卡的"样式"组中，单击"条件格式"旁边的箭头，然后单击"突出显示单元格规则"；选择所需的命令，如"介于""文本包含""发生日期"、重复值、唯一值等；选择或输入要使用的值，然后选择格式。

（2）项目选取规则。

项目选取规则仅对排名靠前或靠后的值设置格式，可以根据指定的截止值查找单元格区域中的最高值、最低值，查找高于或低于平均值或标准偏差的值。

操作方法：选择区域、表或数据透视表中的一个或多个单元格；在"开始"选项卡的"样式"组中，单击"条件格式"旁边的箭头，然后单击"项目选取规则"；选择所需的命令，如"10个最大的项"或"10%最小的值"；输入要使用的值，然后选择格式。

（3）数据条。

使用数据条设置所有单元格的格式，数据条可帮助查看某个单元格相对于其他单元格的值。数据条的长度代表单元格中的值。数据条越长，表示值越高，数据条越短，表示值越低。在观察大量数据中的较高值和较低值时，数据条尤其有用。

操作方法：选择区域、表或数据透视表中的一个或多个单元格；在"开始"选项卡的"样式"组中，单击"条件格式"旁边的箭头，单击"数据条"，然后选择数据条图标。

可以使用"将格式规则应用于"选项按钮来更改数据透视表的值区域中字段的范围设置方法。

（4）色阶。

色阶通过三色刻度使用三种颜色的渐变来帮助比较单元格区域，颜色的深浅表示值的高、中、低，色阶作为一种直观的指示，可以帮助了解数据分布和数据变化。

操作方法：选择区域、表或数据透视表中的一个或多个单元格；在"开始"选项卡上的"样式"组中，单击"条件格式"旁边的箭头，然后单击"色阶"；选择三色刻度。

最上面的颜色代表较高值，中间的颜色代表中间值，最下面的颜色代表较低值。

（5）图标集。

使用图标集可以对数据进行注释，并可以按阈值将数据分为三到五个类别，每个图标代表一个值的范围。例如，在三向箭头图标集中，绿色的上箭头代表较高值，黄色的横向箭头代表中间值，红色的下箭头代表较低值。

操作方法：选择区域、表或数据透视表中的一个或多个单元格；"开始"选项卡的"样式"组中，单击"条件格式"旁边的箭头，单击"图标集"，然后选择图标集。

2. 应用"管理规则"定义、编辑条件格式

如果需要更复杂的条件格式，则应用"管理规则"可应用多个条件格式，或创建逻辑公式来指定格式设置条件，也可编辑规则、删除规则。

操作方法：

① 在"开始"选项卡上的"样式"组中，单击"条件格式"旁边的箭头，然后单击"管理规则"；显示"条件格式规则管理器"对话框（图 3.21）。

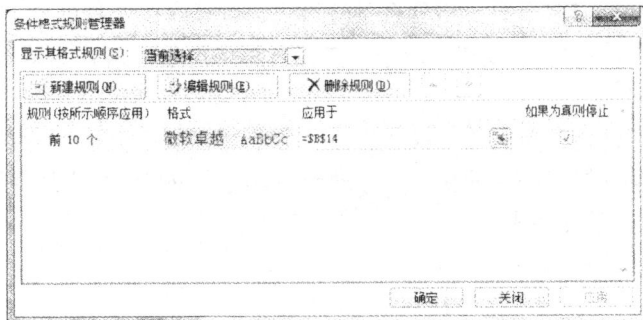

图 3.21 "条件格式规则管理器"对话框

② 执行下列操作之一：

要添加条件格式，单击"新建规则"，显示"新建格式规则"对话框，可增加条件格式规则。

要更改条件格式，可执行下列操作：确保在"显示其格式规则"列表框中选择了相应的工作表、表或数据透视表，选择已创建的条件格式规则，在"应用于"框中单击选择项目更改应用范围，选择规则后单击"编辑规则"，将显示"编辑格式规则"对话框。

③ 在"选择规则类型"下选择规则类型。下面以图 3.22 所示"使用公式确定要设置格式的单元格"为例。

单击"使用公式确定要设置格式的单元格"，在"编辑规则说明"下的"为符合此公式的值设置格式"列表框中，输入一个公式，公式必须以等号（ = ）开头且必须返回逻辑值 TRUE（1）或 FALSE（0）。

例如，对区域 A1∶A5 应用一个带多个条件
的条件格式，如果区域中所有单元格的平均值大
于单元格 F1 中的值，且区域中任何单元格的最
小值大于或等于 G1 中的值，则将这些单元格设
置为绿色。单元格 F1 和 G1 位于应用条件格式
的单元格区域之外。输入的公式如下：

$= AND(AVERAGE(\$A\$1∶\$A\$5) > \$F\$1, MIN(\$A\$1∶\$A\$5) > = \$G\$1)$

④ 单击"格式"以显示"设置单元格格式"对
话框(按上例，则设置为绿色)。选择当单元格值
符合条件时要应用的数字、字体、边框或填充格
式，然后单击"确定"。

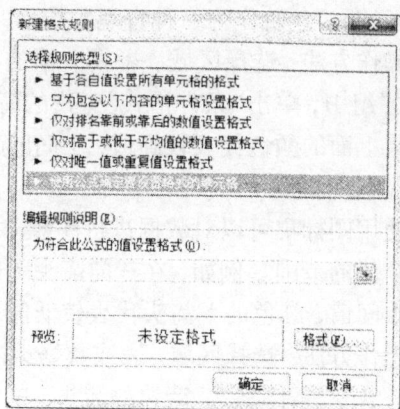

图 3.22　"新建格式规则"对话框

可以选择多个格式。选择的格式将在"预览"框中显示出来。

若要在公式中输入单元格引用，只需直接在工作表上选中单元格即可，在工作表上选中
单元格之后将插入绝对单元格引用。如果希望 Excel 调整所选区域中每个单元格的引用，则
使用相对单元格引用。

3. 查找有条件格式的单元格

如果工作表的一个或多个单元格具有条件格式，则可以快速找到它们以便复制、更改或
删除条件格式。可以使用"定位条件"命令只查找具有特定条件格式的单元格，或查找所有具
有条件格式的单元格。

查找所有具有条件格式单元格的操作方法：

单击任何没有条件格式的单元格；在"开始"选项卡上的"编辑"组中单击"查找和选择"
边的箭头，然后单击"条件格式"。

4. 清除条件格式

① 在工作表上。

在"开始"选项卡上的"样式"组中单击"条件格式"旁边的箭头，然后单击"清除规则"；
单击"整张工作表"。

② 在单元格区域、表或数据透视表中。

选择要清除条件格式的单元格区域、表或数据透视表；在"开始"选项卡上的"样式"组
中，单击"条件格式"旁边的箭头，然后单击"清除规则"；根据选择的内容单击"所选单元
格"、"当前表"或"此数据透视表"。

3.2.3　套用表格格式、单元格样式、取消格式

Excel 2010 的套用表格格式功能可以根据预设的格式，将制作的报表格式化，产生美观
的报表，从而节省使用者将报表格式化的许多时间，同时使表格符合数据库表单的要求。

1. 套用表格格式

套用格式是指内置的表格方案，在方案中已经对表格中的各个组成部分定义了特定的格
式。套用表格格式的方法如下：

① 选择要格式化的单元格区域。

② 单击"开始"选项卡"样式"工具组中的"套用表格格式"下拉按钮，弹出下拉列表。

③ 单击选择一种所需要的套用格式。如果不需要套用格式中的某些格式，可定义样式。

④ 确定应用范围，单击"确定"完成套用表格格式。

2. 单元格样式

Excel 2010 中含有多种内置的单元格样式，以帮助用户快速格式化表格。单元格样式的作用范围仅限于被选中的单元格区域，对于未被选中的单元格则不会被应用单元格样式。

在 Excel 2010 中使用单元格样式的步骤如下：

打开 Excel 2010 工作表，选中准备应用单元格样式的单元格；在"开始"功能区的"样式"分组中单击"单元格样式"按钮，在打开的单元格样式列表中选择合适的样式即可。

3. 取消格式

套用表格格式、单元格样式都是 Excel 2010 预先设计的内置格式，若要清除内置格式与自定义格式，操作方法如下：

① 选择格式化的单元格区域。

② 单击"开始"选项卡"编辑"工具组中的"清除"下拉按钮，弹出下拉列表，选择"清除格式"。

3.2.4　单元格批注

给 Excel 2010 文档添加批注就是指为 Excel 文档内容添加一些注释，当鼠标指针停留在带批注的 Excel 单元格上时，可以查看其中的每条批注，也可以同时查看所有的批注，还可以打印批注。

1. 添加批注

右击需要添加批注的单元格，在弹出的快捷菜单中单击"插入批注"，在弹出的批注框中键入需要批注的文本(图 3.23)。键入文本后，单击批注框外部的工作表区域结束批注的创建与编辑。

2. 编辑批注

如果需要修改、编辑批注，可右击需要编辑批注的单元格，在弹出的快捷菜单中单击"编辑批注"，在弹出的批注框中编辑批注。

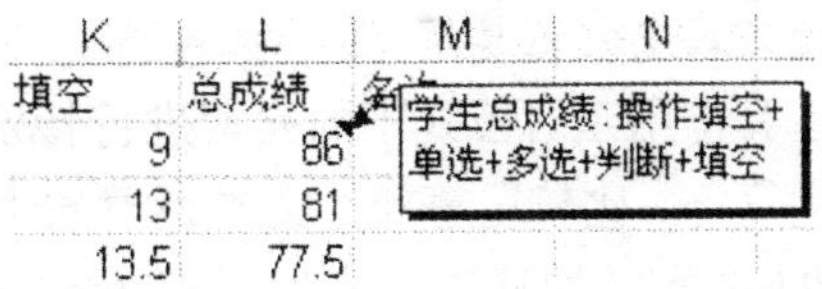

3. 设置批注格式

如果要设置批注文本的字体或颜色，在编辑批注状态下应用"格式"工具设置文本字体或颜色。

图 3.23　单元格批注

4. 显示/隐藏批注

如果需要显示/隐藏批注，可右击需要显示/隐藏批注的单元格，在弹出的快捷菜单中单击"显示/隐藏批注"，则显示批注。若在弹出的右键快捷菜单中单击"隐藏批注"则批注被隐藏。

5. 删除批注

如果需要删除批注，可右击需要删除批注的单元格，在弹出的快捷菜单中单击"删除批注"即可。

3.3 数据处理

3.3.1 公式

1. 公式输入与编辑

Excel 2010 工作表的核心是公式与函数。公式是用户为了减少输入或方便计算而设置的计算式子，它可以对工作表中的数据进行加、减、乘、除等运算。公式可以由值、单元格引用、名称、函数或运算符组成，它可以引用同一个工作表中的其他单元格，同一个工作簿不同工作表中的单元格，或者其他工作簿的工作表中的单元格。使用公式有助于分析工作表中的数据。当改变了工作表内与公式有关的数据，Excel 2010 会自动更新计算结果。输入公式的操作类似于输入文本。不同之处在于，输入公式时要以等号(=)或(+)开头。对公式中包含的单元格或单元格区域的引用，可以直接用鼠标拖动进行选定，或单击要引用的单元格输入引用单元格标志或名称，如" = E4 + F4 + G4 – H4"表示将 E4、F4、G4 三个单元格求和后减去 H4，把结果放入当前单元格中。在公式编辑框(✕ ✔ *fx* =E4+F4+G4-H4)中输入和编辑公式十分方便。

输入公式的步骤如下：

① 选定要输入公式的单元格。

② 在单元格中或公式编辑框中输入" = "。

③ 输入设置的公式，按 Enter 键。

如果公式中含有函数，当输入函数时则可按照以下步骤操作：

① 直接输入公式函数名称格式文本，或在"函数"下拉列表框中选中函数名称，即出现公式选项板，选择所用到的函数名，如"SUM"。

② 输入要引用的单元格或单元格区域，并设置函数及其参数。

③ 单击"确定"按钮。

2. 公式中的运算符

运算符用于对公式中的元素进行特定类型的运算。Excel 2010 包含 4 种类型的运算符：算术运算符、比较运算符、文本运算符和引用运算符。算术运算符可以完成基本的数学运算，包括" + "(加号)、" – "(减号)、" * "(乘号)、"/"(除号)、"%"(百分号)和"^"(乘幂)，还可以连接数字并产生数字结果。比较运算符也称关系运算符，可以比较两个数值并产生逻辑值 True 或 False，包括" = "(等号)、" > "(大于号)、" < "(小于号)、" > = "(大于等于号)、" < = "(小于等于号)和" < > "：(不等于号)。文本运算符"&"(连字符)将两个文本值连接起来产生一个连续的文本值，引用运算符有"："(冒号)、","(逗号)和空格。其中冒号为区域运算符，逗号为联合运算符，可以将多个引用合并为一个引用，空格为交叉运算符，产生对同时属于两个引用的单元格区域的引用。运算符应用可参考表 3.1。

表 3.1　公式中常用的运算符

运算符	说　明	示　例
=、<、>、>=、<=、<>	比较运算符可以比较两个数值，并产生逻辑真或假	A1=B1、A1>=B1、A1<>B1
&（文本串联符）	将两个文本串起来产生一个连续的文本。若数值型数据用于本运算符，将按文本型数据对待	"Nor"&"th"等于"North"、12&34 等于"1234"
:（冒号）	区域运算符，对两个引用之间，包括两个引用在内的所有单元格进行引用	B5:B15，表示 B5 到 B15 之间的一个矩形单元格区域
,（逗号）	联合操作符将多个引用合并为一个引用	SUM(B5:B15, D5:D15)
+（加号）、-（减号）	加、减（负号）	3+3、3-1、-1
*（星号）、/（斜杠）	乘、除	3*3、3/3
%（百分号）	百分比	20%
^（脱字符）	乘方	3^2（与 3*3 相同）

3. 自动求和

Excel 2010 求 Σ 操作步骤如下：

① 定要自动求和的区域。

② 单击"开始"选项卡"编辑"工具组中的"求和" Σ 按钮，则在当前单元格中自动插入求和函数（或在"公式"选项卡"函数库"工具组中应用"自动求和"），也可通过下拉列表选择其他求和功能，操作如图 3.24 所示。

如果当前单元格正上方的单元格中没有数字，那么自动求和将用类似的方法在当前单元格所在行的左侧搜索并进行求和。

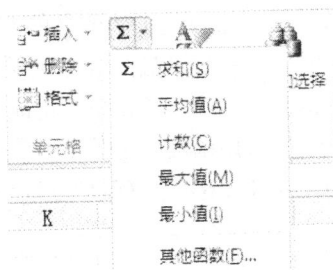

图 3.24　对单元格中的数字求和

3.3.2　单元格引用

1. 单元格地址

每个单元格在工作表中都有一个固定的地址，这个地址一般通过指定其坐标来实现。如在一个工作表中，C5 指定的单元格就是第"5"行与第"C"列交叉位置上的那个单元格，这是相对地址。指定一个单元格的绝对位置只需在行、列号前加上符号"$"，例如："$C$5"。由于一个工作簿文件可以有多个工作表，为了区分不同的工作表中的单元格，要在地址前面增加工作表的名称，有时不同工作簿文件中的单元格之间要建立连接公式，前面还需要加上工作簿的名称，例如：［工资表］Sheet1！C5 指定的就是"工资表"工作簿文件中的"Sheet1"工作表中的"C5"单元格。

2. 单元格地址引用

单元格引用是对工作表的一个或一组单元格进行标志，它告诉 Excel 公式使用哪些单元格的值。通过引用，可以在一个公式中使用工作表不同部分的数据，或者在几个公式中使用同一单元格中的数值。同样，可以对工作簿的其他工作表中的单元格进行引用，甚至对其他工作簿或其他应用程序中的数据进行引用。

单元格的引用可分为相对地址引用、绝对地址引用和混和引用，如 C5 是相对引用；C5 是绝对引用；$C5 是相对引用，$C5 中的 C 列是绝对引用，5 行是相对引用，相对引用的值在公式复制过程中的坐标值会根据目标位置自动发生变化。对其他工作簿中的单元格的引用称为外部引用，对其他应用程序中的数据的引用称为远程引用。

3. 单元格区域与名称

可以给工作表中单元格、单元格区域定义一个描述性的、便于记忆的名称，使其更直观地反映单元格或单元格区域中的数据所代表的含义。

在"公式"选项卡"定义的名称"工具组中可以创建管理区域名称。也可以在编辑栏左端的"名称框"中创建、修改区域名称。

3.3.3　函数及应用

1. 函数的分类与常用函数

函数是预定义的内置公式。它有其特定的格式与用法，通常每个函数由一个函数名和相应的参数组成。参数位于函数名的右侧并用括号括起来，它是一个函数用以生成新值或进行运算的信息，大多数参数的数据类型都是确定的，而其具体值由用户提供。

在 Excel 2010 中，函数按其功能可分为财务函数、日期时间函数、数学与三角函数、统计函数、查找与引用函数、数据库函数、文本函数、逻辑函数以及信息函数，这里主要介绍常用函数 SUM、AVERAGE、COUNT、MAX 和 MIN 的功能和用法，如表 3.2 所示。

表 3.2　常用函数表

函数	格式	功能
SUM	= SUM(number1，number2，……)	求出并显示括号或括号所示区域中所有数值或参数的的和
AVERAGE	= AVERAGE(number1，number2，……)	求出并显示括号或括号所示区域中所有数值或参数的算术平均值
COUNT	= COUNT(value1，value2，……)	计算参数表中的数字参数和包含数字的单元格的个数
MAX	= MAX(number1，number2，……)	求出并显示一组参数的最大值，忽略逻辑值及文本字符
MIN	= MIN(number1，number2，……)	求出并显示一组参数的最大值，忽略逻辑值及文本字符

2. 输入函数

在 Excel 2010 中，函数可以直接输入，也可以使用命令输入。

当用户对函数非常熟悉时，可采用直接输入法，首先单击要输入的单元格，再依次输入等号、函数名、具体参数(要带左右括号)，并回车或单击按钮✔以确认即可。

若用户对函数不太熟悉，可利用"粘贴函数"，并按照提示按需选择，其具体步骤如下：

① 定要输入的单元格。

② 单击"开始"选项卡"编辑"工具组中的"求和"Σ旁的下拉按钮，在弹出的下拉列表中选择"其他函数"，弹出用以选择函数的对话框，如图 3.25 所示。或在"公式"选项卡"函数库"工具组中插入函数。

③ 选定所需函数单击"确定"，会出现选择区域的对话框，如图 3.26 所示。

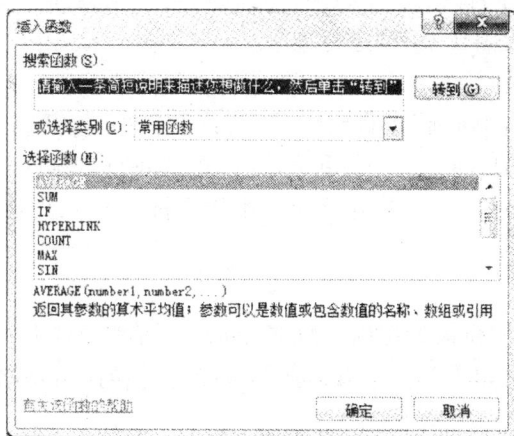

图 3.25　"粘贴函数"对话框

图 3.26　选择函数参数的区域范围

图 3.26 中的函数是平均值函数 AVERAGE，用户可直接在参数框 Number1 中输入数值、单元格或单元格区域。当区域范围较大或有多个区域范围时，用户可利用参数框 Number 右侧的一个带红色箭头的按钮选择区域范围，办法是先单击右侧红色箭头按钮，对话框会自动缩小，此时用鼠标左键在表格工作区拖动数据范围，松开鼠标后该范围在表格中会由动态虚线框(称为点线框)表示，再单击缩小后对话框中的红色箭头按钮，返回参数对话框，所选择的区域会由 Excel 自动用单元格区域引用的形式表示出来。用户在参数框 Number1 中选择了单元格或区域，可再在 Number2 中选择另一个单元格或区域，继续在 Number3、Number4……中选择，Excel 共提供了 30 个用于选择范围的参数框。所需的多个范围选择完毕后，单击确定即可在所需单元格中得到函数运算结果。

在 Excel 2010 中共有几百个函数，每个函数都有用法示意说明，用户也可以利用 Office 助手获得帮助以学习这些函数的用法。

3.3.4　数据管理

在实际工作中常常面临着大量的数据且需要及时、准确地进行处理，这时可借助于数据清单技术、数据排序、数据筛选、分类汇总、数据透视表来处理。

一、数据排序

用户可以根据数据区域中的数值对数据的行列进行排序。排序时，Excel 2010 将按照指定的排序方式重新排列行/列或单元格。排序的方式有：升序(1 到 9，A 到 Z)、降序(9 到 1，Z 到 A)。

Excel 2010 默认状态是按字母顺序对数据清单排序，也可以使用自定义排序顺序。

1. 按升序排序

如果以前在同一工作表上对数据清单进行过排序，那么除非修改排序选项，否则 Excel 将按同样的排序选项进行排序。操作方法为：在要排序数据列中单击任一单元格，单击"数据"选项卡"排序和筛选"工具组中的"升序"按钮。

2. 按降序排序

降序(Z 到 A、标点符号、空格、9 到 0 的次序)即按递减次序排序。如，要按从大到小的顺序排列工资表清单，用户可以按递减次序对"基本工资"列进行排序。

3. 自定义排序

在 Excel 2010 中，单击"数据"选项卡"排序和筛选"工具组中的"排序"按钮，打开"排序"对话框，在对话框中单击"选项"可设置排序的方向(行/列)和方法(字母/笔画)。在自定义排序下，单击"添加条件"可以创建多个排序条件，用户在排序条件中指定排序的关键字、排序依据和次序。

二、数据筛选

用户在对数据进行分析时，常会从全部数据中按需选出部分数据，如从工资表中选出所有"中专部"的员工，或选出"基本工资"在 600 元以下的员工等，应用 Excel 提供的"自动筛选"和"高级筛选"就很方便。

1. 自动筛选

自动筛选是一种快速的筛选方法，用户可通过它快速地选出数据。其具体操作方法如下：

① 单击数据清单中任一单元格或选中整张数据清单。

② 单击"数据"选项卡"排序和筛选"工具组中的"筛选"按钮。

这时可以看到，在数据清单的每个字段名右侧都会出现一个向下的箭头，如图 3.27 所示。

单击要筛选列项的下拉箭头，如"基本工资"，则出现如图 3.27 所示的下拉列表框。在"数字筛选"子项下拉列表框中根据单元格数据类型显示与该类型相关的可选条件项，如，数值类型则显示等于、大于、全部、10 个最大的值、自定义筛选等。

单击相应筛选条件项打开"自定义自动筛选方式"对话框，用户可在此为一个字段设置两个筛选条件，然后按照两个条件的组合进行筛选。两个条件的组合有"与"与"或"两种，前者表示筛选出同时满足两个条件的数据，后者表示筛选出满足任意一个及以上条件的数据。

如果要退出自动筛选状态，则再次单击"数据"选项卡"排序和筛选"工具组中的"筛选"按钮，取消自动筛选且字段名侧的向下箭头也消失。

2. 高级筛选

在实际应用中往往遇到更复杂的筛选条件，这时可以应用高级筛选。

关于高级筛选应用的示例：

操作方法：

① 如图 3.28 所示，在数据工作表下方选择空白区域作为设置条件的区域，并输入筛选条件：在 C18 输入"部门"，在 C19 输入"中专部"，在 D18 输入"职称"，在 D19 输入"中级"，在 E18 中输入"岗位津贴"，在 E19 中输入"＞250"，在 F18 中输入"岗位津贴"，在 F19 中输

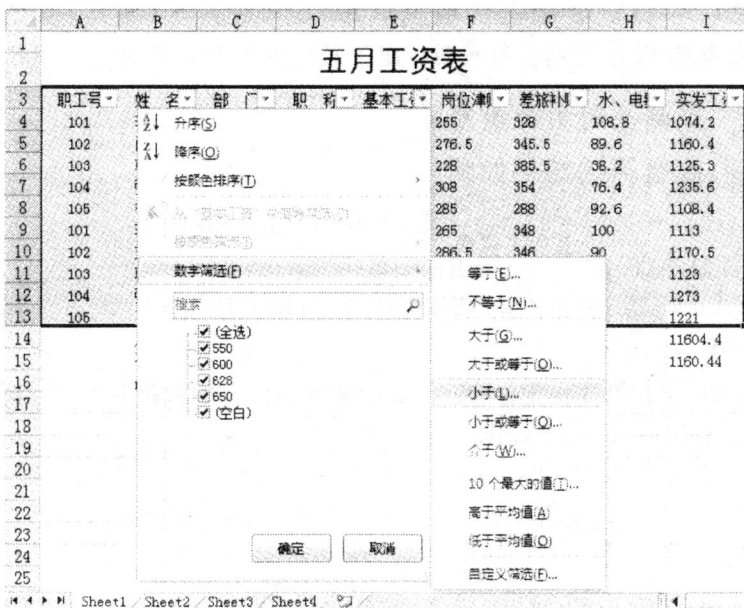

图 3.27　自动筛选

入"＜260"。

②单击数据区域中任一单元格，选择菜单中的"数据"选项卡"排序与筛选"工具组中的"筛选"按钮，弹出如图 3.28 所示"高级筛选"对话框。在对话框"方式"中选择"将筛选结果复制到其他位置"

③在"数据区域"中指定要筛选的数据区域＄A＄3：＄I＄13，再在"条件区域"中指定已输入的条件区域＄C＄18：＄F＄19。高级筛选对话框中还有一复选框为"选择不重复的记录"，选中它，则筛选时去掉重复的记录。

④单击"确定"，高级筛选结果如图 3.28 左图下方所示。

图 3.28　高级筛选

三、分类汇总

分类汇总就是把数据分类别进行统计，便于对数据的分析管理。以下是具体的操作方法。

1. 为数据区域插入汇总

具体操作步骤如下：

① 先选定汇总列，对数据按汇总列字段进行排序，如按部门排序。

② 在要分类汇总的数据清单中，单击任一单元格。

③ 单击"数据"选项卡"分级显示"功能区中的"分类汇总"按钮，打开"分类汇总"对话框，如图 3.29 所示。

④ 在"分类字段"下拉列表框中，单击需要用来分类汇总的数据列（如，部门）。选定的数据列应与步骤① 中进行排序的列相同。

⑤ 在"汇总方式"下拉列表框中，单击所需的用于计算分类汇总的函数（如，求和）。

⑥ 如图 3.29 所示，在"选定汇总项（可多个）"列表框中，选定与需要对其汇总计算的数值列对应的复选框。

⑦ 单击"确定"按钮，即可生成分类汇总，如图 3.30 所示为按部门汇总。

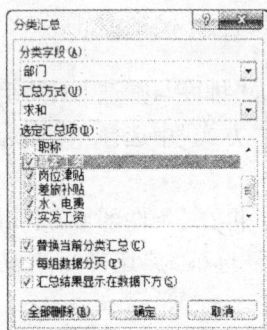

图 3.29 "分类汇总"对话框

图 3.30 分类汇总

2. 删除插入的分类汇总

当在数据清单中清除分类汇总时，Excel 同时也将清除分级显示和插入分类汇总时产生的所有自动分页符。具体操作步骤如下：

① 在含有分类汇总的数据清单中，单击任一单元格。

② 单击"数据"选项卡"分级显示"功能区中的"分类汇总"按钮，打开"分类汇总"对话框，如图 3.29 所示。

③ 单击"全部删除"按钮。

四、数据透视表

数据透视表是一种可以对大量数据快速汇总和建立交叉列表的交互式表格。它能够对行和列进行转换以查看源数据的不同汇总结果，并显示不同页面以筛选数据，还可以根据需要显示区域中的明细数据。数据透视表是一种动态工作表，它提供了一种以不同角度观看数据清单的简便方法。

1. 数据透视表的组成

数据透视表一般由以下几个部分组成:

页字段: 是数据透视表中指定为页方向的源数据清单或表单中的字段。单击页字段的不同项, 在数据透视表中会显示与该项相关的汇总数据。源数据清单或表单中的每个字段或列条目或数值都将成为页字段列表中的一项。

数据字段: 是指含有数据的源数据清单或表单中的字段, 它通常汇总数值型数据, 数据透视表中的数据字段值来源于数据清单中同数据透视表行、列、数据字段相关记录的统计。

数据项: 是数据透视表中的分类, 它代表源数据中同一字段或列中的单独条目。数据项以行标或列标的形式出现, 或出现在页字段的下拉列表框中。

行字段: 数据透视表中指定为行方向的源数据清单或表单中的字段。

列字段: 数据透视表中指定为列方向的源数据清单或表单中的字段。

数据区域: 是数据透视表中含有汇总数据的区域。数据区中的单元格用来显示行和列字。

段中数据项的汇总数据, 数据区每个单元格中的数值代表源记录或行的一个汇总。

2. 创建数据透视表、图

以成绩表为例, 成绩表的数据作为源数据, 要求计算各院系各班的平均总成绩。

打开"成绩表"单击"插入"选项卡"数据透视表", 打开"创建数据透视表"对话框(图 3.31), 在对话框中选择"要分析的数据"和"放置数据透视表的位置"。

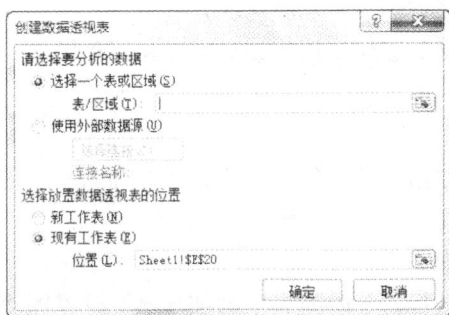

图 3.31　"创建数据透视表"对话框　　　　图 3.32　确定数据表显示位置

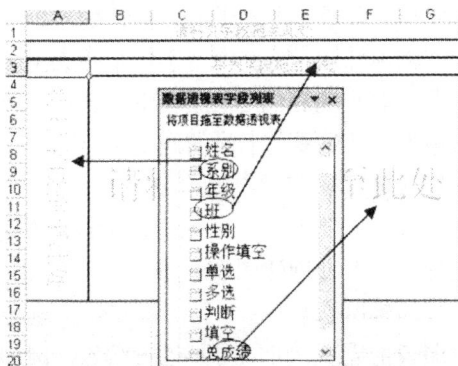

单击"确定"按钮后如图 3.32 所示, 分别将"院系、班、总成绩"拖到对应区域, 将总成绩拖到"数据区域"时会自动显示为"求和项", 右键单击后在快捷菜单中选择"设置字段", 再在汇总方式中选择"平均值", 再对数据区域单元格的格式设置两个小数位, 完成创建数据透视表。

用户可以应用"数据透视表"工具对数据透视表参数修改和设置格式, 使数据透视表变得更加适用、美观。

五、数据图表

图表是 Excel 2010 比较常用的对象之一。与工作表相比, 图表具有十分突出的优势, 它使用户看起来更清晰、更直观，图表是以图形的方式来显示工作表中的数据。

与 Word 图表相同，Excel 图表的类型有多种，分别为柱形图、条形图、折线图、饼图、XY 散点图、面积图、圆环图、雷达图、曲面图、气泡图、股价图、圆柱图、圆锥图和棱锥图等类型。Excel 2010 的默认图表类型为柱形图。

1. 图表的组成元素

图表的基本组成如下：

图表区：整个图表及其包含的元素。

绘图区：在二维图表中，以坐标轴为界并包含全部数据系列的区域。在三维图表中，绘图区以坐标轴为界并包含数据系列、分类名称、刻度线和坐标轴标题。

图表标题：一般情况下，一个图表应该有一个文本标题，它可以自动与坐标轴对齐或在图表顶端居中。

数据分类：图表上的一组相关数据点，取自工作表的一行或一列。图表中的每个数据系列以不同的颜色和图案加以区别，在同一图表上可以绘制一个以上的数据系列。

数据标记：图表中的条形面积圆点扇形或其他类似符号，来自于工作表单元格的单一数据点或数值。图表中所有相关的数据标记构成了数据系列。

数据标志：根据不同的图表类型，数据标志可以表示数值、数据系列名称、百分比等。

坐标轴：为图表提供计量和比较的参考线，一般包括 X 轴、Y 轴。

刻度线：坐标轴上的短度量线，用于区分图表上的数据分类数值或数据系列。

网格线：图表中从坐标轴刻度线延伸开来并贯穿整个绘图区的可选线条系列。

图例：是图例项和图例项标示的方框，用于标示图表中的数据系列。

图例项标示：图例中用于标示图表上相应数据系列的图案和颜色的方框。

背景墙及基底：三维图表中包含在三维图形周围的区域。用于显示维度和边角尺寸。

数据表：在图表下面的网格中显示每个数据系列的值。

2. 创建图表

如果用户要创建一个图表，选定要创建图表的数据区域，在"插入"选项卡"图表"功能区中选择图表类型创建图表。

3. 编辑图表

图表生成后，可以对其进行编辑，例如制作图表标题、向图表中添加文本、设置图表选项、删除数据系列、移动和复制图表等。

4. 转换图表类型

要改变图表的类型，在图表的任意位置单击激活图表，右击"图表"，在弹出的快捷菜单中单击"更改图表类型"，打开"更改图表类型"对话框，选择其他合适的图表类型后，单击"确定"按钮。

5. 删除图表

选中要删除的图表，按 Delete 键删除图表。或右击要删除的图表，在弹出的快捷菜单中单击"剪切"。

3.4　页面设置与打印

3.4.1　打印区域页面设置

在制作完一张工作表后，根据需要可将它打印出来。在打印之前，首先要设置页面区域和做好分页工作。

1.设置页面区域

用户在打印前，首先要对打印的区域进行设置，否则，系统会把整个工作表作为打印区域。设置页面区域，可以使用户控制只将工作表的某一部分或整个工作表、工作簿打印出来，设置页面区域的常用方法如下：

首先选定工作表或选择需要打印的工作表区域，选择"文件"选项卡"打印"中的"设置"（图3.33），在打开的"设置"下拉列表中选择打印区域，可选择的打印区域有：打印活动工作表、打印整个工作簿、打印选定区域。在弹出菜单中选取"设置打印区域"项，Excel 就会把选定的区域作为打印的区域。

或先选定需要打印的工作表区域，单击"页面布局"选项卡"页面设置"中的"打印区域""设置打印区域"。

2.分页

一个 Excel 工作表可能很大，而能够用来打印的纸张面积有限，对于超过一页信息的工作表，系统能够自动设置分页

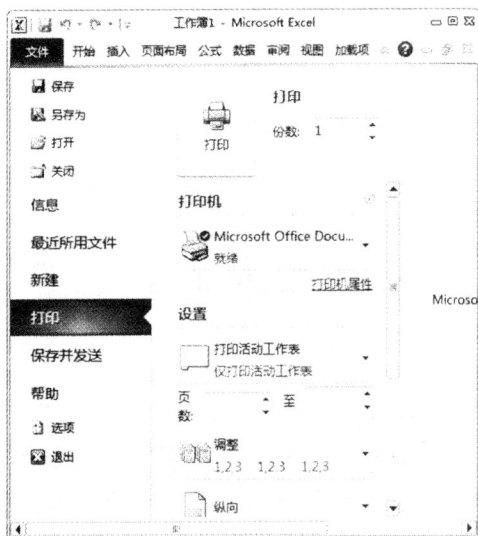

图 3.33　打印与页面设置

符，在分页符处将文件分页。而用户有时需要对工作表中的某些内容进行强制分页，因此，用户需要在打印工作表之前，先对工作表进行分页。对工作表进行人工分页，一般就是在工作表中插入分页符，插入的分页符包括垂直的人工分页符和水平的人工分页符。

插入分页符的方法：先选定要开始新页的单元格，然后选择"页面布局"选项卡"页面设置"工具组"分隔符"中的"插入分页符"，以进行人工分页。

在插入分页符时，应注意开始新页的那个单元格的选定。如果是进行垂直分页，选定的单元格应属于列；如果是进行水平分页，选定的单元格应属于一行。当要删除一个人工分页符时，应选定人工分页符下面的第一行单元格（垂直分页符）或右边的第一列单元格（水平分页符），然后选择"页面布局"选项卡"页面设置"工具组"分隔符"中的"删除分页符"，单击此命令就可删除这个人工分页符。如果要删除全部人工分页符，则应选中整个工作表，然后在"分隔符"中单击"重设所有分页符"。

3.4.2　页面设置

工作表在打印之前，要进行页面的设置。选择"文件"选项卡"打印"中的"页面设置"（图3.33），就可激活"页面设置"对话框（图3.34），在该对话框中可以对页面、页边距、页眉/页脚和工作表进行设置。也可以在图3.35"页面设置"功能区中对页边距、纸张方向和大小、打印区域进行设置。

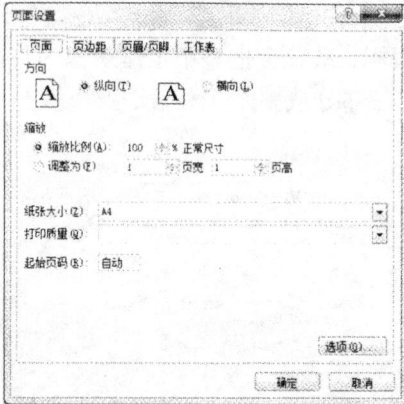

图3.34　"页面设置"对话框　　　　　　图3.35　"页面设置"功能区

1. "页面设置"对话框中的选项

选择"页面设置"对话框中的"页面"选项卡。在对话框中，用户可以将"方向"调整为纵向或横向；调整打印的"缩放比例"，可选择10%至400%尺寸的效果打印，100%为正常尺寸；设置"纸张大小"，从下拉列表中可以选择用户需要的打印纸的类型；"打印质量"列表中有高、中、低和草稿四个选项供选择。如果用户只打印某一页码之后的部分，可以在"起始页码"中设定。

2. 页边距的设置

打开"页边距"选项卡，分别在"上""下""左""右"编辑框中设置页边距。在"页眉""页脚"编辑框中设置页眉、页脚的位置；在"居中方式"中，可选"水平居中"和"垂直居中"两种方式。

3. 页眉/页脚的设置

打开"页眉/页脚"选项卡，如图3.36所示。在"页眉/页脚"选项卡中单击"页眉"下拉列表可选定一些系统定义的页眉，同样，在"页脚"下拉列表中可以选定一些系统定义的页脚。单击"自定义页眉"或"自定义页脚"就可以进入下一个对话框，进行用户自定义的页眉、页脚编辑。

单击"自定义页眉"或"自定义页脚"按钮后，系统会弹出一个如图3.37所示的对话框。在这个对话框中，用户可以在"左""中""右"框中输入自己期望的页眉、页脚。另外，在上方还有七个不同的按钮，可以对页眉、页脚进行字体的编辑。按钮 表示在光标所在位置插入页码；按钮 表示在光标处插入总页码；按钮 可在光标所在位置插入日期；按钮 可在光标所在位置插入时间；按钮⊒表示在光标所在位置插入 Excel 工作簿的名称。

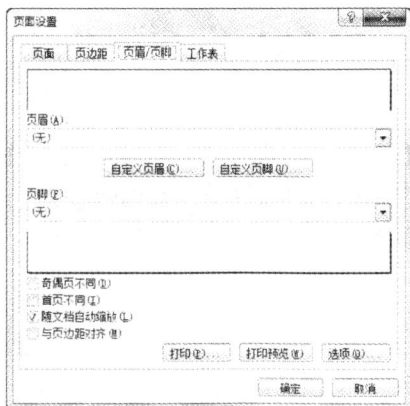

图 3.36　页眉页脚设置对话框　　　　　图 3.37　自定义页脚设置对话框

4. 工作表的设置

选择"工作表"选项卡。如果要打印某个区域，则可在"打印区域"文本框中输入要打印的区域。如果打印的内容较长，要打印在两张纸上，而又要求在第二页上具有与第一页相同的行标题和列标题，则在"打印标题"框中的"顶端标题行""左端标题列"指定标题行和标题列的行与列，还可以指定打印顺序等。

3.4.3　打印预览与输出

1. 打印预览

在打印前，一般先进行预览，因为打印预览看到的内容和打印到纸张上的结果是一模一样的，这样就可以防止由于没有设置好报表的外观使打印的报表不合要求而造成浪费。

选择"文件"选项卡"打印"，可根据选定的区域在右侧直观地显示打印预览状态。

2. 打印

预览完后，当设置符合用户要求时，选择"文件"选项卡"打印"中的"打印"按钮，系统按默认设置打印。

用户也可以选择打印机类型，在"页"中设定需要打印的页的页码。在"份数"栏中设置打印的份数。

第二部分　Excel 2010 的应用——演示文稿的制作

实训项目一　2015 年元旦晚会策划案制作

【实训目的】

（1）了解 Excel 2010 的工作界面、菜单、工具。

（2）掌握 Excel 2010 的启动和退出。

（3）掌握 Excel 2010 新建、打开、保存工作簿及工作表。

（4）掌握 Excel 2010 中输入、选择并编辑修改数据。

（5）掌握编辑 Excel 2010 工作簿、工作表和单元格格式的方法。

【实训内容】

创建"2015 年元旦晚会策划案. xlsx"电子表格并保存在当前文件夹中，按照样文输入并编辑文本，设置单元格格式。制作完成后最终结果见 Excel 素材项目——"2015 年元旦晚会策划案. xlsx"。

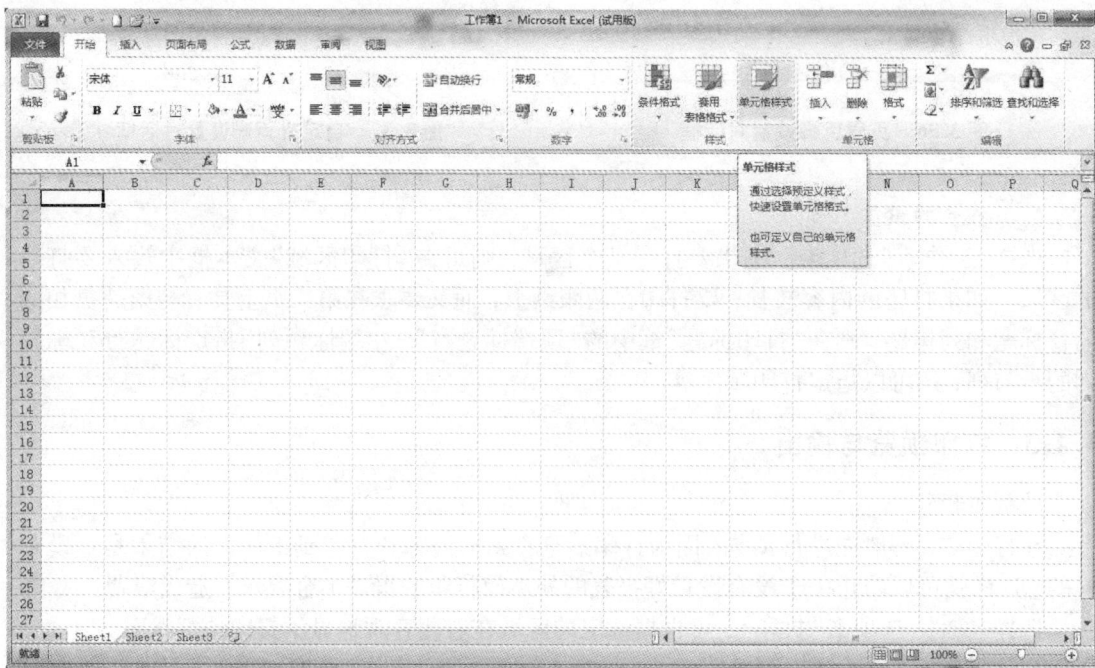

图 3.38　Excel 空白工作簿

【实训步骤】

1. 创建工作簿并保存为"2015 年元旦晚会策划案. xlsx"。

启动 Excel 2010，系统将自动创建一个空白 Excel 工作簿，如图 3.38 所示。单击快速访问工具栏中的"保存"按钮，打开"另存为"对话框，选择演示文稿的保存位置，并命名为"2015 年元旦晚会策划案. xlsx"。

2. 修改 Sheet1 工作表的名称为"2015 年元旦晚会策划案"。

右键单击工作表的表名"Sheet1"，选择"重命名"命令，将"Sheet1"修改为"2015 年元旦晚会策划案"，如图 3.39 所示。

3. 文本输入。

将样文的文本输入"2015 年元旦晚会策划案"工作表中。

图 3.39　"2015 年元旦晚会策划案"工作簿

4. 单元格格式设置（标题"2015 年元旦晚会策划案"设置）。

（1）合并单元格，选定"A1：E1"单元格，单击功能区"合并后居中"按钮（或单击右键"设置单元格格式"→"对齐"→"合并单元格"），如图 3.41 所示。

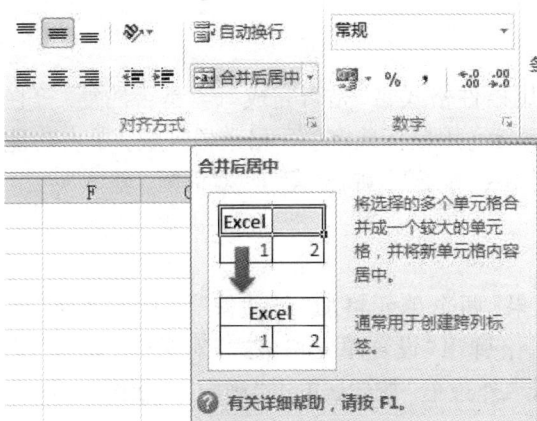

图 3.40　工作表编辑菜单图

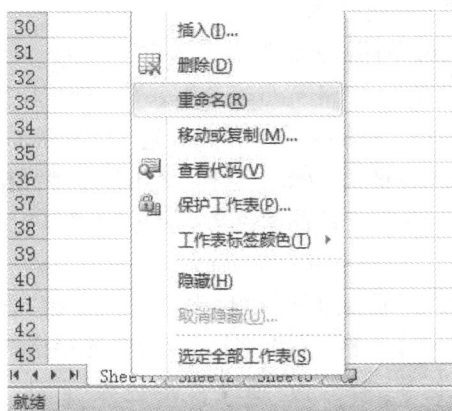

图 3.41　合并后居中按钮

（2）设置单元格背景，右键单击标题"2015年元旦晚会策划案"，选择"设置单元格格式"命令，弹出"设置单元格格式"对话框，选择"填充"标签，选择"红色"色块，单击"确定"，如图3.42所示。

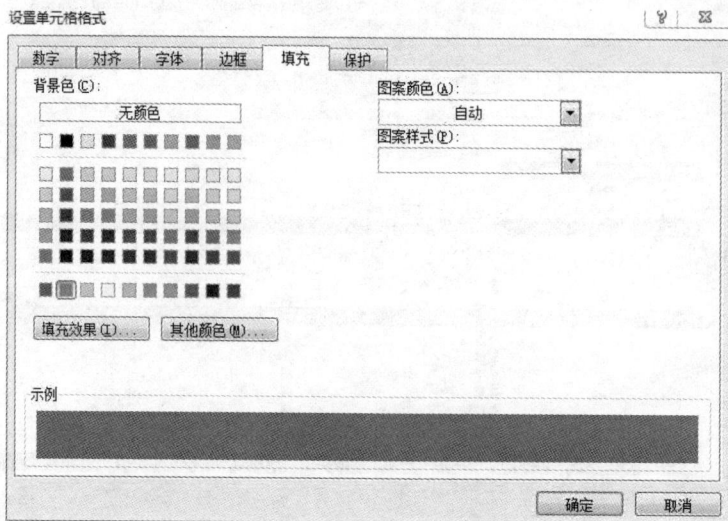

图3.42　单元格填充颜色对话框图

（3）设置行高，右键单击标题"2015年元旦晚会策划案"，选择"行高"命令，弹出"设置行高"对话框，输入行高为35。

（4）其他单元格设置方法，与标题"2015年元旦晚会策划案"设置类似，不再赘述。

5. 数字小数位数设置。

设置"京剧服装"的价格，"E33"单元格保留两位小数，右击"E33"单元格，选择"设置单元格格式"命令，弹出"设置单元格格式"对话框，选择"数字"标签，在"分类"栏目中单击"数值"，选择"小数位数"为"2"，如图3.43所示。其他小数位数设置与"京剧服装"的价格类似，不再赘述。

6. 条件格式设置。

在"2015年元旦晚会策划案"工作表中，利用条件格式将"是否完成"、"是否回复"等栏目中单元格数值为"否"的设置为黄色背景突出显示，用鼠标选定单元格数据区域，单击功能区"条件格式"按钮，选择"突出显示单元格规则"→"等于"，弹出"等于"对话框，输入"否"，选择"黄填充色深黄色文本"，如图3.44所示。

7. 边框设置。

将"服装道具"栏目中，"合计"和"合计结果"两个单元格加"外边框"，选定"D46"和"E46"单元格，右键选择"设置单元格格式"命令，弹出"设置单元格格式"对话框，选择"边框"标签，样式为"细线"，颜色为"自动"，单击"外边框"按钮，单击"确定"，如图3.45所示。其他边框设置与此类似，不再赘述。

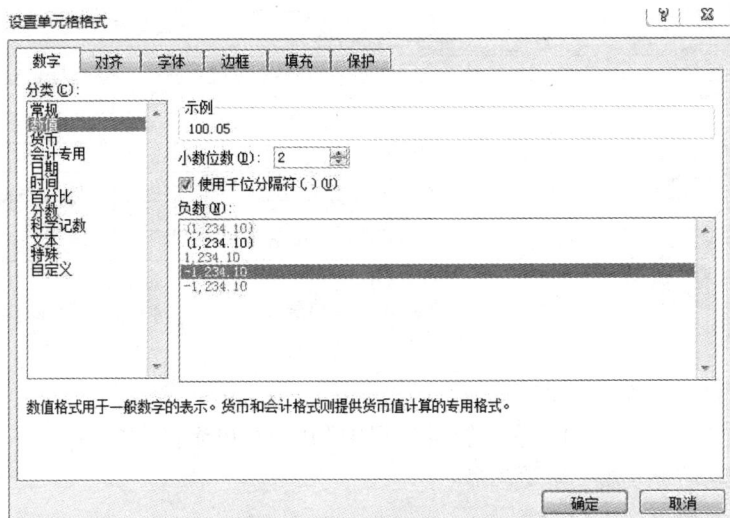

图 4.43　数值格式对话框

图 3.44　"等于"对话框

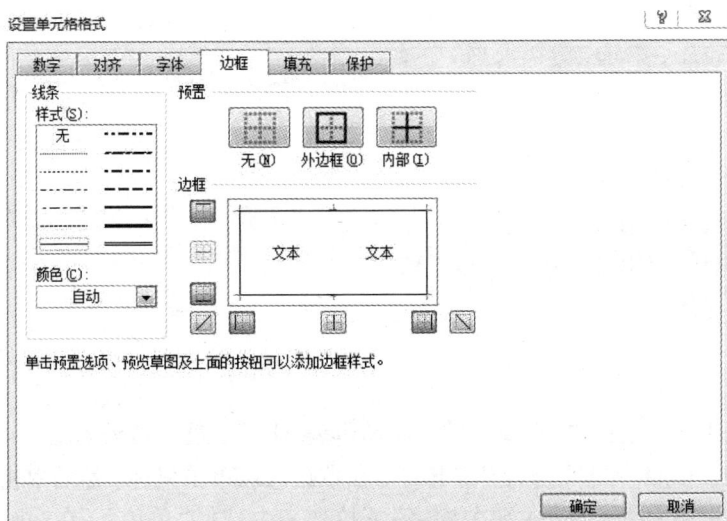

图 4.45　"边框"选项卡

【实训练习】

在"我的文档"文件夹中新建 Excel 文档"成绩表.xls"，并保存，如图 3.46 所示。

	A	B	C	D	E	F
1			成绩表			
2	学号	高等数学	计算机组装与维护	大学英语	思想与政治	C#程序设计
3	0801001	88.0	79.5	98.0	89.0	95.0
4	0801002	90.0	40.0	95.0	83.0	93.0
5	0801003	92.0	89.5	96.0	86.0	92.0
6	0801004	95.0	85.0	50.0	85.0	94.0
7	0801005	96.0	84.0	94.0	84.0	96.0
8	0801006	87.0	82.3	85.0	87.0	91.0

图 3.46　成绩表

要求：

(1)将工作表命名为"成绩表"。

(2)标题设置为"宋体""14 号""加粗""居中"并合并单元格。

(3)使用自动填充功能，填写学号。

(4)将所有成绩保留 1 位小数。

(5)将不及格成绩设置为"浅红填充色深红色文本"，将超过 90 分的成绩设置为"黄填充色深黄色文本"。

(6)给成绩表添加内外边框线，样式为"细线"，颜色为"自动"(黑色)。

实训项目二　电脑产品销售表的制作

【实训目的】

(1)公式与函数。

(2)数据的排序、筛选、分类汇总。

【实训内容】

(1)公式与函数的应用。

(2)自动筛选的应用。

(3)分类汇总的应用。

(4)数据排序的应用。

【实训步骤】

1.打开 Excel 素材项目二"七星电脑产品销售表.xlsx"，最终结果如图 3.47 所示。

2.数据排序，按照"单价"进行升序排序，在数据区域单击鼠标，然后单击功能区"排序"按钮，弹出"排序"对话框，在"主要关键字"下拉列表中选择"单价"，在"排序"下拉列表中选择"升序"，如图 3.47 所示。

3.函数的应用。

(1)使用公式计算销售金额。双击 G3 单元格，输入公式" = F3 * E3"，然后使用自动填充功能，计算其他销售金额。

(2)使用 Average 函数计算平均单价。单击选中 E20 单元格，单击"插入函数"工具按钮，

图 3.47　产品销售表

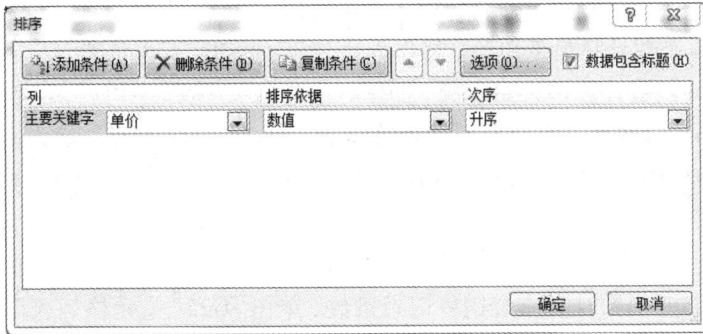

图 3.48　"排序"对话框

弹出"插入函数"对话框（图 3.49），选择"函数类别"下拉列表为"全部"，选择"AVERAGE"函数，如图 3.50 所示，弹出 Average 函数参数对话框，在"Number1"文本框选择单元格区域为"E3：E19"，单击确定。

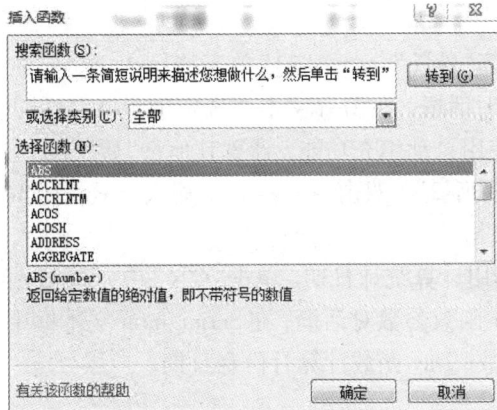

图 3.49　"插入函数"对话框

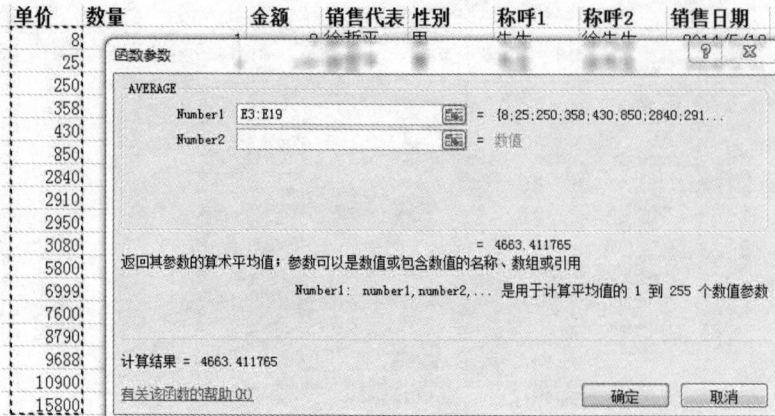

图 3.50　函数参数对话框

（3）使用 Max 函数计算最高单价。操作方法与（1）类似，不再赘述。

（4）使用 Min 函数计算最低单价。操作方法与（1）类似，不再赘述。

（5）使用 Sum 函数计算销售总金额。操作方法与（1）类似，不再赘述。

（6）使用 Sumif 函数计算办公耗材销售总金额。单击"G21"单元格插入函数。在插入函数对话框选定"Sumif"函数，打开 Sumif 函数参数对话框，在"range"文本框选定要进行计算的单元格区域为"B3：B19"，在"criteria"文本框输入条件为"办公耗材"或单击任一"办公耗材"单元格，在"Sum_range"文本框选定实际求和的单元格区域为"G3：G19"，单击确定。

（7）使用 Countif 函数计算宋晓销售记录条数。单击"G22"单元格插入函数，在插入函数对话框选定 Coutif 函数，打开 Countif 函数参数对话框，在 Range 文本框选定要计算的单元格区域为"H3：H19"，在"criteria"文本框输入条件为"宋晓"或单击任一"宋晓"单元格，单击确定。

（8）使用 If 函数计算"称呼 1"。单击"K3"单元格插入函数，在插入函数对话框选定 If 函数，打开 If 函数参数对话框，在 Logical_Test 输入条件"I3 ='男'"，在 Value_If_True 文本框输入"'先生'"，在 Value_If_False 文本框输入"'女士'"，单击确定，然后使用自动填充功能，计算其他行"称呼 1"。

（9）使用 Left 函数计算"姓氏"。单击"J3"单元格插入函数，在插入函数对话框选定 Left 函数，打开 Left 函数参数对话框，在 Text 文本框选定单元格"H3"，在 Num_chars 文本框中输入"1"，单击确定，然后使用自动填充功能，计算其他行"姓氏"。

（10）使用公式计算"称呼 2"，双击单元格 L3，输入公式" = J3&k3"，然后使用自动填充功能，计算其他行"称呼 2"。

（11）使用时间函数套用计算统计日期。单击"G24"单元格插入函数，在插入函数对话框选定 Year 函数，打开 Year 函数参数对话框，在 Serial_num 文本框中输入"Now( )"函数，单击确定。同理使用 Month 函数、Day 函数计算月份和日期。

【实训练习】

打开 Excel 素材实训练习二"成绩表. xlsx"。

要求：

在"成绩表1"工作表中做如下操作：

（1）使用函数计算学生各科成绩的平均分，保留两位小数。

（2）使用函数计算学生各科成绩的最高分。

（3）使用函数计算学生各科成绩的最低分。

（4）使用函数计算学生是否有资格评奖学金，评奖学金的条件是考生的各科成绩必须及格（大于或等于60分）。

（5）使用函数计算参加考试的总人数、男生的人数和女生的人数。

（6）使用函数计算90分以上的人数、及格人数和不及格人数。

（7）使用函数计算男生各科成绩的平均分和女生各科成绩的平均分。

在"成绩表2"工作表中做如下操作：

（1）使用"自动筛选功能"筛选出"高等数学"分数大于等于80分小于等于90分的学生。

在"成绩表3"工作表中做如下操作：

（2）使用"分类汇总功能"计算出男生各科成绩平均分和女生各科成绩平均分。

实训项目三　　电脑产品销售图表的制作

【实训目标】

（1）图表。

（2）数据透视表。

（3）打印设置。

【实训内容】

（1）图表的应用。

（2）数据透视表的应用。

（3）打印设置。

【实训步骤】

1. 打开 Excel 素材项目二"七星电脑产品销售表2. xlsx"，按要求制作图表和数据透视表，最终结果如图3.51、图3.52所示。

2. 制作图表。

（1）打开"销售对比图"工作表，选定"B3：G3"单元格，单击功能区"折线图"按钮，选择"折线图"，产生图表，如图3.53所示。

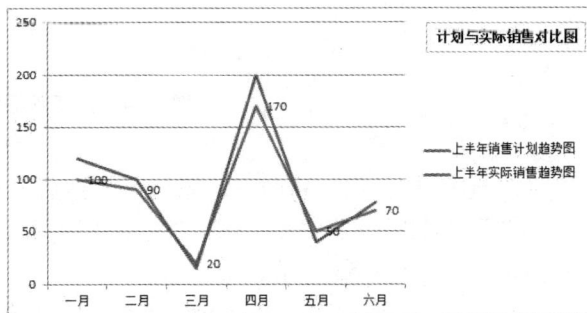

图 3.51　销售对比图

	A	B	C	D	E	F	G	H	I	J	K	L	M	N
1	类别	(全部)	▼											
2														
3	销售金额	品名	▼											
4	销售代表 ▼	X系列笔记本	传真纸	打印机	大明扫描仪	大明投影仪	复印纸	家用电脑	数码产品	四星复印机	网络产品	晒鼓	亿全服务器	总计
5	刘思琪	19376						6999						26375
6	宋晓						2950	8790			1700		15800	29240
7	文琴媛			20300						7600				27900
8	徐哲平		8				100		716			1290		2114
9	张默				3080					22500	500			26080
10	总计	19376	8	20300	3080	2950	100	15789	716	30100	2200	1290	15800	111709

图3.52　销售数据透视表

（2）在产生的图表上，单击鼠标右键，单击"选择数据"命令，弹出"选择数据源"对话框，如图3.54所示。

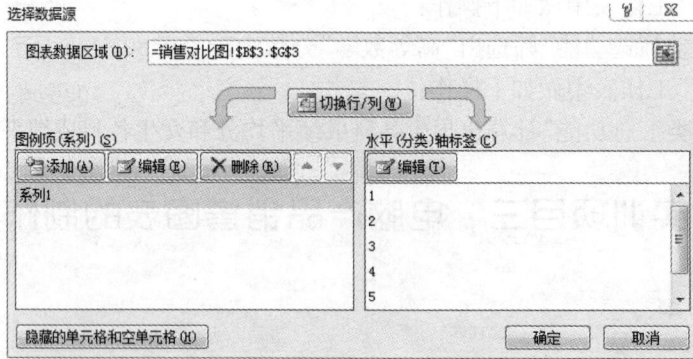

图3.53　图表1

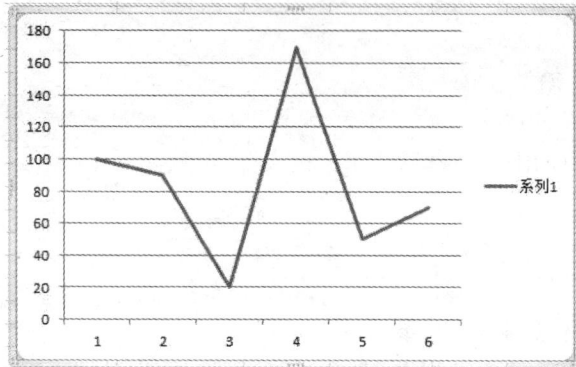

图3.54　选择数据源对话框

（3）选定"图例项（系列）——系列1"，然后单击"编辑"按钮，弹出"编辑数据系列"对话框，在"系列名称"文本框中，输入"上半年销售计划趋势图"，单击"确定"返回"选择数据源"对话框，如图3.55所示。

（4）单击"水平轴标签——编辑"按钮，弹出"轴标签"对话框，单击"轴标签区域"选定区域"B2：G2"，单击"确定"返回"选择数据源"对话框，如图3.56所示。

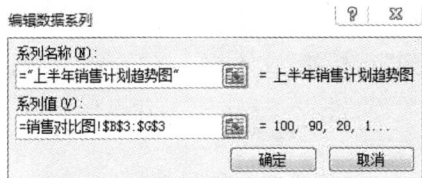

图 3.55 "编辑数据系列"对话框

图 3.56 "轴标签"对话框

（5）单击"图例项（系列）——添加"按钮，弹出"编辑数据系列"对话框，在系列名称文本框输入"上半年实际销售趋势图"，在"系列值"文本框选定区域"B4：G4"，单击"确定"返回"选择数据源"对话框，结果如图 3.57 所示。

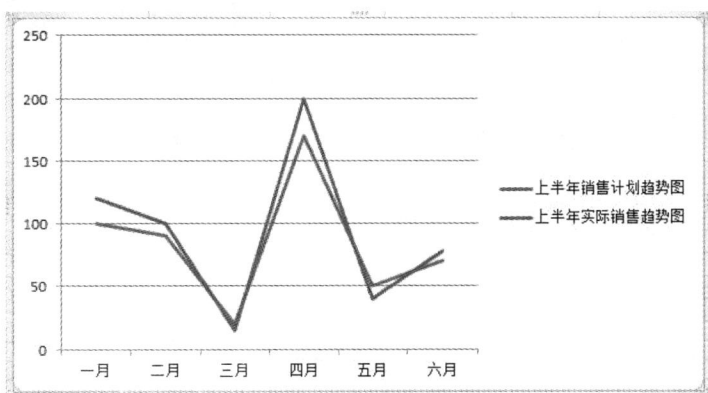

图 3.57 图表结果

3. 制作数据透视表。

（1）在插入功能区单击"数据透视表"按钮，弹出"创建数据透视表"对话框，如图 3.58 所示，选择默认位置"新工作表"，单击"确定"，转到数据透视表编辑界面，如图 3.59 所示。

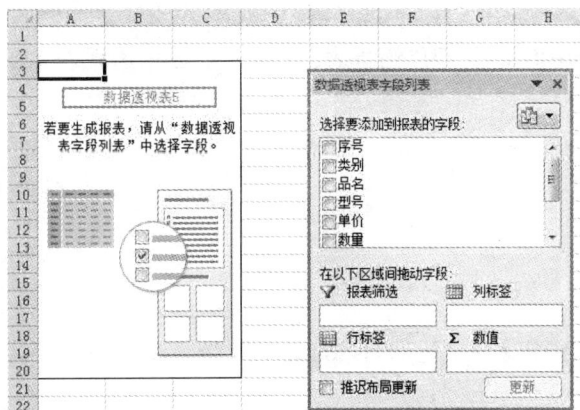

图 3.58 创建数据透视表

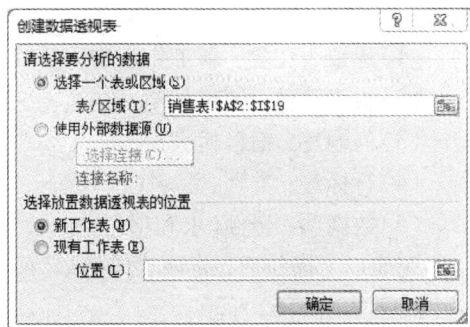

图 3.59 "创建数据透视表"界面

（2）在"数据透视表字段列表"对话框中，将"类别"字段拖到"报表筛选"文本框，将"品名"字段拖到"列标签"文本框，将"销售代表"字段拖到"行标签"文本框，将"金额"字段拖到"数值"文本框，如图3.60所示。

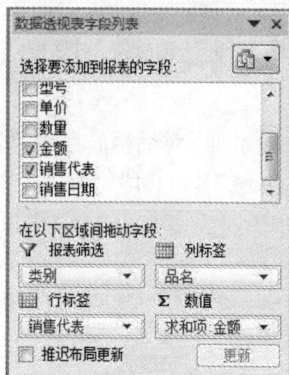

图3.60 "数据透视表字段列表"对话框

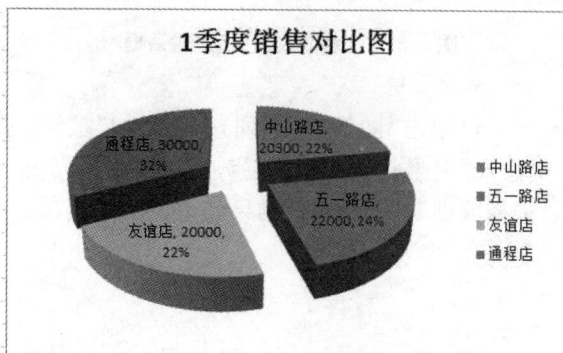

图3.61 销售对比图

（3）数据透视表创建完成，如图3.61所示。

【实训练习】

1. 打开Excel素材实训练习三"Excel_销售汇总表3-4.xls"，在当前表中插入图表，显示第1季度各门店销售额所占比例，要求如下：

（1）图表类型：分离型三维饼图；

（2）水平轴：门店名称

（3）系列名称：1季度销售对比图；

（4）数据标签：类别名称、值、百分比。

完成以上操作后，将该工作簿以"Excel_销售汇总表3-4_jg.xls"为文件名保存，结果如图3.61所示。

2. 打开素材实训练习四"Excel_销售表3-2.xls"，为"销售表"建立一个数据透视表，要求如下：

（1）透视表位置：新工作表中；

（2）报表筛选：销售日期；

（3）列标签：销售代表；

（4）行标签：类别、品名；

（5）数据项：金额（求和项）。

完成以上操作后，将该工作簿以"Excel_销售表3-2_jg.xls"为文件名保存。

结果如图3.62所示：

销售日期	(全部)						
求和项:金额		销售代表					
类别	品名	刘思琪	宋晓	文楚暖	徐哲平	张默	总计
办公耗材	传真纸				78		78
	打印纸				108		108
	复印纸			216	200		416
	光面彩色激光相纸				213		213
	墨盒				980		980
	碳粉				680	246	926
	投影胶片				56		56
	硒鼓				5920	358	6278
办公耗材 汇总				216	8235	604	9055
办公设备	大明扫描仪		1400			19720	21120
	大明投影仪		5900		6760	3980	16640
	冬普传真机			3780	6956		10736
	四星复印机			15200	27600	56600	99400
	优特电脑考勤机			6600	9000		15600
办公设备 汇总			7300	25580	50316	80300	163496
畅想系列	T系列笔记本	59994	53994		27996	107990	249974
	X系列笔记本	61102	29400			72247	162749
	打印机		45690	70594		12294	128578
	多功能一体机		3240	7900		11930	23070
	家用电脑	13998	28480			10980	53458
	商用电脑	110240	23800		43092	258172	435304
	数码产品		960	350	20152		21462
	网络产品		8450			4998	13448
	移动存储		146	1380	220	1080	2826
	亿全服务器	74320	46600			151200	272120
畅想系列 汇总		319654	240760	80224	91460	630891	1362989
总计		319654	248060	106020	150011	711795	1535540

图 3.62　数据透视表

第四章　演示文稿制作——PowerPoint 2010 应用

引言

PowerPoint 2010 是 Microsoft Office 2010 的组件之一，主要用于制作、播放幻灯片。应用该软件可以方便地在幻灯片中输入和编辑文本、表格、组织结构图、剪贴画、艺术字、图片对象和公式对象等。为了加强演示效果，还可以在幻灯片中插入声音对象或视频剪辑等。使用 PowerPoint 2010 可以轻松制作出内容丰富、图文并茂、层次分明、形象生动的演示文稿，其广泛应用于交流观点、宣传展示、信息传递、教学演示等领域，且具有易学易操作、功能强大等诸多优点，深受广大用户的欢迎。

第一部分　PowerPoint 2010 基础知识

4.1　PowerPoint 2010 安装、启动与退出

4.1.1　PowerPoint 2010 安装

PowerPoint 2010 的安装步骤：安装 Office 2010 就附带安装了 PowerPoint 2010，执行安装程序之后，用户必须阅读安装许可条款并同意之后，才可进入下一步安装，进入安装后 Office 2010 会自动安装处理直到安装结束。

4.1.2　PowerPoint 2010 的启动与退出

（1）启动 PowerPoint 2010 的方法和启动 Word 2010、Excel 2010 方法类似。单击"开始"按钮，弹出开始菜单；执行"所有程序"→"Microsoft Office"→"Microsoft Office PowerPoint 2010"即可启动 PowerPoint 2010。

（2）退出 PowerPoint 2010 的方法，单击 PowerPoint 2010 窗口右上角的关闭按钮，也可直接按 Alt + F4 组合键。

在退出 PowerPoint 2010 之前，所编辑的文档如果没有保存，系统会弹出提示保存的对话框，询问用户是否保存文档。用户如果单击"是"按钮，保存对文档的修改并退出 PowerPoint 2010；如果单击"否"按钮，不保存对文档的修改并退出 PowerPoint 2010；还可以单击"取消"按钮，则返回 PowerPoint 2010，继续编辑文档。

PowerPoint 2010 中已经保存过的文档再保存将不会出现保存提示，而直接在已经保存的文档上覆盖保存，如果不想覆盖原有 PowerPoint 文档请使用"文件"→"另存为"命令换名保存，PowerPoint 2010 直接保存扩展名为"PPTX"，和早期版本不兼容，考虑到兼容性，应该在

文件类型内选择早期版本。

4.2 PowerPoint 2010 窗口界面与视图

图4.1所示是典型的 PowerPoint 2010 中文版用户界面，界面和以往版本相比又有了新的变化，主要由以下几部分组成：

① 标题栏：显示正在编辑的演示文稿的文件名以及所使用的软件名。

② "文件"选项卡：基本命令都位于此处，如"新建""打开""关闭""另存为"和"打印"。

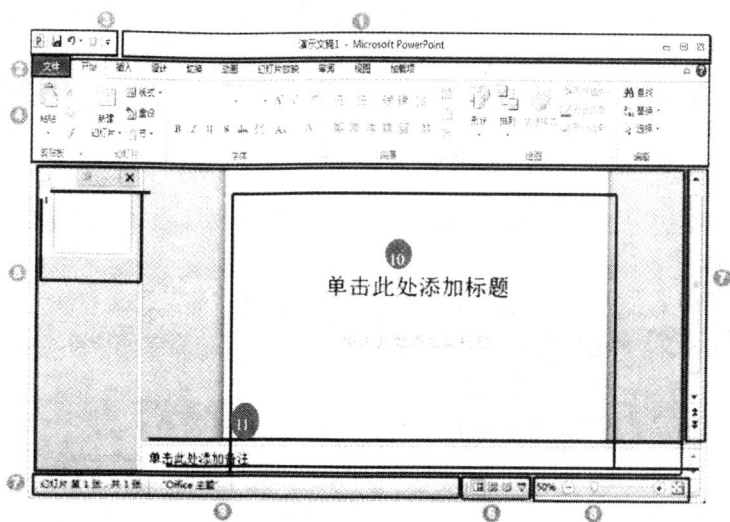

图 4.1 PowerPoint 2010 窗口界面

③ 快速访问工具栏：常用命令位于此处，如"保存"和"撤销"。也可以添加自己的常用命令。

④ 功能区：工作时需要用到的命令位于此处。它与其他软件中的"菜单"或"工具栏"相同。

⑤ 编辑窗口：显示正在编辑的演示文稿。

⑥ 显示按钮：用户可以根据自己的要求更改正在编辑的演示文稿的显示模式。

⑦ 滚动条：用户可以更改正在编辑的演示文稿的显示位置。

⑧ 缩放滑块：用户可以更改正在编辑的文档的缩放设置。

⑨ 状态栏：显示正在编辑的演示文稿的相关信息。

视图即 PowerPoint 文档在计算机屏幕上的显示方式，PowerPoint 2010 主要提供了"普通视图""幻灯片浏览视图""幻灯片放映视图""备注页视图""幻灯片母版""讲义母版""备注母版"等7种视图方式。

"普通视图""幻灯片浏览视图""幻灯片母版"三种视图模式为常用模式，制作演示文稿使用"普通视图"，查看所有幻灯片使用"幻灯片浏览视图"，设计母版使用"幻灯片母版"视图。

PowerPoint 2010 视图的切换非常简单，如图 4.2 所示，用鼠标在"视图"选项卡"演示文稿视图"组中即可轻松实现视图的切换。

图 4.2 PowerPoint 2010"视图"选项卡

4.3 PowerPoint 2010 演示文稿的创建、打开、保存

1. 创建演示文稿

启动 PowerPoint 2010 演示文稿应用程序后，系统将自动新建一个默认文件名为"演示文稿 1"的空白文稿。

PowerPoint 2010 在演示文稿的创建中加入了设计理念，简单、贴心的主题设计可以设计出丰富多彩的演示文稿。用户可以直接选用设计好的演示文稿主题，也可以自己根据颜色、字体和效果设计出别具一格的演示文稿。

在"设计"选项卡"主题"组中选择合适的主题样式，如图 4.3 所示。

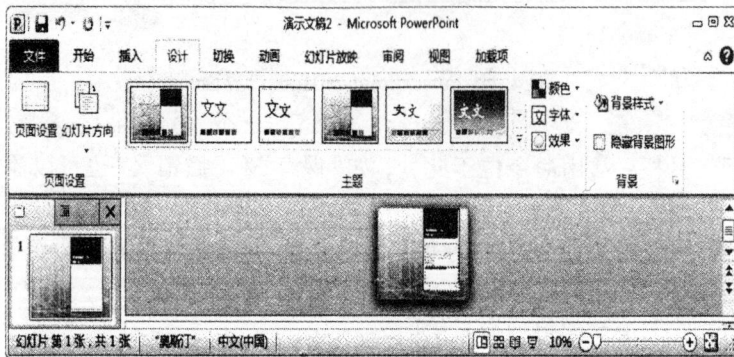

图 4.3 PowerPoint 2010 演示文稿的创建

2. 打开演示文稿

单击"文件"选项卡，选择"打开"命令，弹出"打开"对话框。查找到保存幻灯片的文件夹，选择要打开的文件单击"打开"即可打开已保存的演示文稿，如图 4.4 所示。

3. 保存演示文稿

单击"文件"选项卡，选择"保存"命令，若新建的文档未保存过则弹出"另存为"对话框。查找到保存幻灯片的文件夹，在文件名后的输入框内输入文件名，单击即可保存制作好的演示文稿。

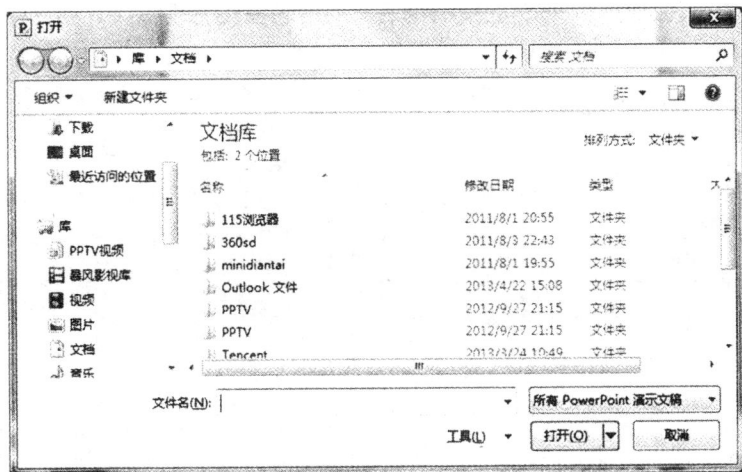

图 4.4　PowerPoint 2010"打开"对话框

【应用探索】

（1）PowerPoint 2010 主要应用在哪些方面？

（2）如何快速打开 PowerPoint 2010？

（3）PowerPoint 2010 的保存和另存为有什么区别？

（4）查阅资料或上网搜集整理归纳：PowerPoint 2010 与早期版本相比有哪些特色？

4.4　制作幻灯片——输入文本、插入图片、插入艺术字、插入多媒体对象

4.4.1　输入文本

PowerPoint 2010 在普通视图和大纲视图下都可以输入文本。在普通视图中便于对单张幻灯片输入文本；而大纲视图则便于对演示文稿整体输入文本。

应用 PowerPoint 2010 提供的版式创建的演示文稿或是非空白版式的空白演示文稿，版面上提供了可以输入的文本框，用户只需单击文本框输入内容，然后做适当修改即可完成。

空白版式的幻灯片版面上没有文本框，用户可参照在 Word 中插入文本框的方法插入。如图 4.5 所示，单击"插入"选项卡"文本"组中的选项"文本框"按钮，在其子菜单中选择"水平"或是"垂直"方式，然后在需要插入文本的位置拖出一个文本框，即可输入文本内容。

4.4.2　插入图片

PowerPoint 2010 可以将位于本地磁盘上、网络驱动器、数码相机或是扫描仪、甚至是 Internet 上的图形图像插入到演示文稿中。在"插入"选项卡"图像"组中，单击"图片"按钮，弹出"插入图片"对话框，查找到存放图片的文件夹，选择合适的图片插入。

单击"插入"后即可在幻灯片编辑区插入选择的图片。

单击刚插入的图片，在图片四周会出现八个尺寸控制点，可对当前图片进行编辑，也可

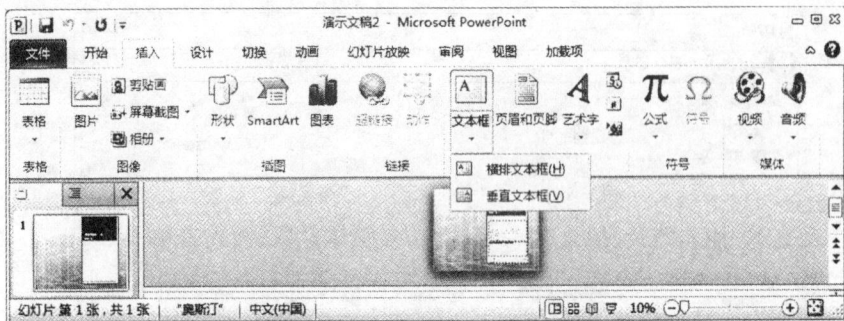

图 4.5　空白版式下插入文本框操作

以在"格式"选项卡"调整""图片样式""排列""大小"组中,对图片进行详细编辑。

4.4.3　插入艺术字

在 Word 2010 中有一种特殊的图片,即艺术字。艺术字的插入不仅操作简单而且丰富了页面的效果,PowerPoint 2010 中延续了艺术字的使用。如图 4.6 所示,在"插入"选项卡"文本"组中单击"艺术字"按钮即可弹出"艺术字库"下拉列表。

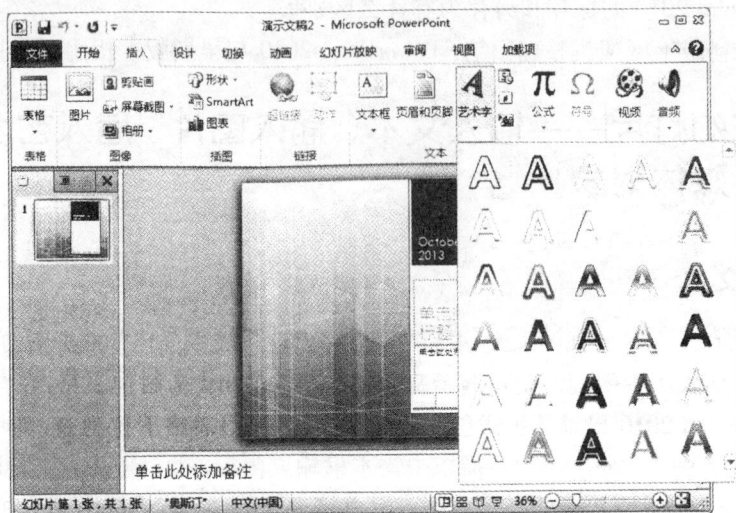

图 4.6　艺术字库下拉列表

在"艺术字库"下拉列表中选取其中一种艺术字型,即可在幻灯片中出现艺术字的输入提示框,如图 4.7 所示。

在艺术字的输入提示框中输入文字(如,企业介绍),即可形成特殊的艺术字效果。在"格式"选项卡"形状样式""艺术字样式""排列""大小"组中,可对艺术字再次进行多项编辑。

技能练习:练习插入图片和创建艺术字。

图 4.7　艺术字的输入提示框

4.4.4　插入多媒体对象

PowerPoint 2010 可以在幻灯片放映时播放音乐、声音和影片，产生声情并茂的效果。所支持的声音文件格式为 WAV、MID、RMI、AIF、MP3 等。所支持的影片格式为 AVI、CDA、MLV、MPG、MOV 及 DAT 等格式的影片文件。

以在幻灯片中插入声音为例。在"插入"选项卡"媒体剪辑"组中，单击"声音"按钮下方的三角形按钮，弹出声音下拉列表。选择"文件中的声音"选项，弹出"插入声音"对话框，查找音乐文件夹，选择音乐文件。

单击确定后即可插入到当前位置，如图4.8 所示。应用"格式"选项卡可以对插入的音频再次编辑。

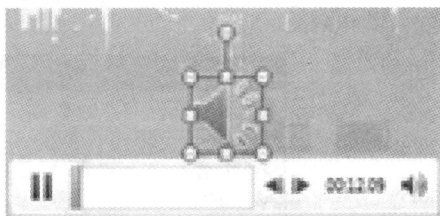

图 4.8　音频插入完成效果

4.4.5　插入表格

PowerPoint 2010 具有表格制作功能，不必依靠 Word 来制作表格，在"插入"选项卡"表格"组中，单击"表格"按钮下方的三角形按钮，弹出表格下拉列表，可以根据需要用鼠标选择列、行，选择时编辑区会出现表格模拟图，如图4.9 所示。

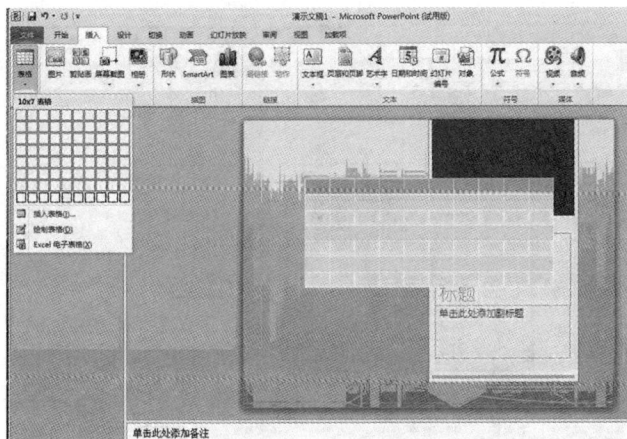

图 4.9　插入表格

如果制作的表格行列较多，则需选择"插入表格"选项，在弹出的"插入表格"对话框中输入列数和行数，即可在幻灯片中插入一张表格。

应用"设计"选项卡"表格样式选项""表格样式""绘图边框"组可再次对表格进行编辑。

4.4.6 插入图表

PowerPoint 2010 提供了"柱形图""折线图""饼图"等 11 种标准图表类型，在"插入"选项卡"插图"组中单击"图表"按钮，弹出"插入图表"对话框，如图 4.10 所示。

选择一种图表类型后，单击"确定"，PowerPoint 2010 自动插入图表并弹出显示数据表的电子表格文档，如图 4.11 所示。

表格数据编辑完成后可关闭数据表程序，系统返回幻灯片编辑窗口，并在幻灯片编辑区显现图表效果。同时插入到幻灯片中的图表，可以在"图表工具"栏中对设计、布局、格式再次进行编辑和调整。

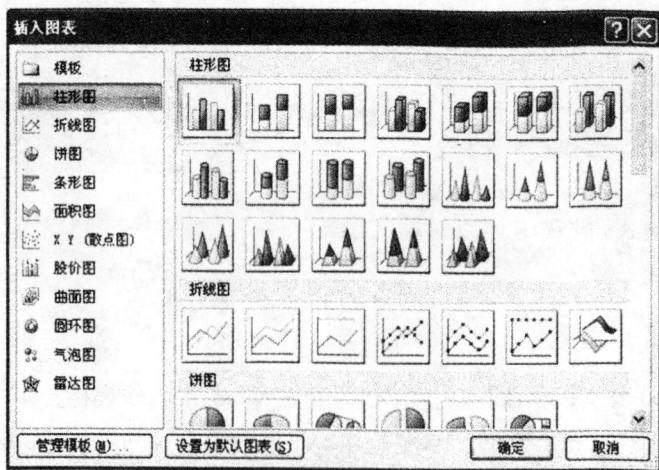

图 4.10 "插入图表"对话框

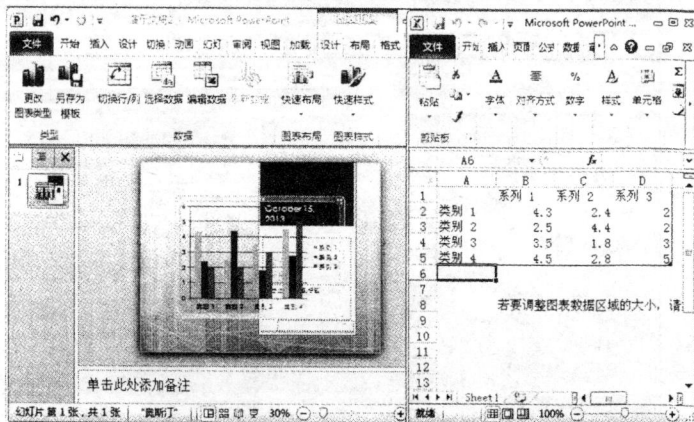

图 4.11 列表格编辑和幻灯片编辑窗口

技能练习：练习创建表格和图表。

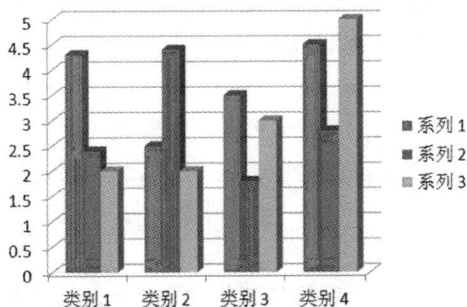

图 4.12 图表效果

4.5 设置幻灯片背景

PowerPoint 2010 应用程序提供了丰富的背景设置，通过对幻灯片颜色和填充效果的更改，可以获得不同的背景效果，如果用户对背景的设置不满意，还可以直接使用或者使用第三方图形处理软件制作的图片作为幻灯片的背景。

1. PowerPoint 2010 预设背景

在"设计"选项卡"背景"组中，单击"背景样式"按钮，可以直接选择 PowerPoint 2010 内置的 12 种背景。

2. 填充背景

在"设计"选项卡"背景"组中，单击"背景样式"按钮，在弹出的"背景样式"下拉菜单中选择"设置背景格式"，选中"渐变填充"。在"设置背景格式——渐变填充"对话框中，可以选择 PowerPoint 2010 搭配好的预设颜色，也可以自定义颜色渐变填充。

也可以右击幻灯片，在弹出的快捷菜单中单击"设置背景格式"打开"设置背景格式"。

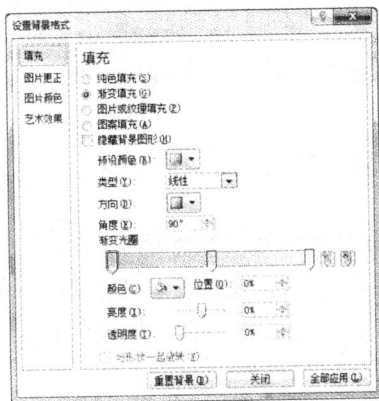

图 4.13 "渐变"填充背景

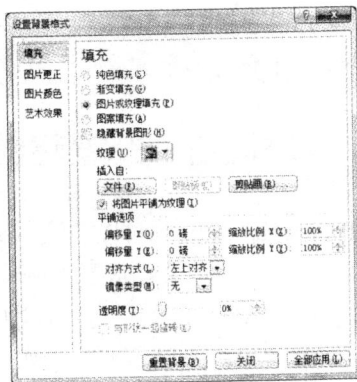

图 4.14 "图片或纹理"填充背景

3. 纹理背景

在"设计"选项卡"背景"组中，单击"背景样式"按钮，在弹出的"背景样式"下拉菜单中选项"设置背景格式"，选择"图片和纹理填充"。在"设置背景格式——图片和纹理填充"对话框中，可以选择 PowerPoint 2010 内置纹理。

4. 图片背景

在"设计"选项卡"背景"组中，单击"背景样式"按钮，在弹出的"背景样式"下拉菜单中选项"设置背景格式"，选择"图片和纹理填充"。在"设置背景格式—图片和纹理填充"对话框中，单击"插入自"下面的"文件"按钮，定位到图片文件夹选择图片并确定，即可将图片作为背景。

PowerPoint 2010 为了进一步美化幻灯片背景，特别加上了三种背景编辑美化方式，即"图片更正""图片颜色""艺术效果"，可以对背景进一步加工达到更精美的效果。

4.6　主题

在 PowerPoint 2010 中内置了大量主题。主题是主题颜色、主题字体和主题效果三者的组合。主题可以作为一套独立的选择方案应用于文件中，可以简化专业设计师水准的演示文稿的创建过程。不仅可以在 PowerPoint 中使用主题颜色、字体和效果，而且还可以在 Excel、Word 和 Outlook 中使用它们，使设计的演示文稿、文档、工作表和电子邮件具有统一的风格。

若要从 Microsoft Office.com 下载其他主题，则在主题库中单击"MicrosoftOffice.com 上的其他主题"链接。

如果要自定义演示文稿，则可以更改主题颜色、主题字体或主题效果。

配色方案是指对演示文稿的背景、文本和线条、阴影、标题文本、填充、强调、强调文字/超链接、强调文字/已访问的超链接等所用颜色的一个整体设计方案。

PowerPoint 2010 为了简化操作，精心设计了 40 种主题配色方案供用户选择。在"设计"选项卡"主题"组中，单击"颜色"下拉按钮，在弹出的"配色方案"列表中选择或自定义。

PowerPoint 2010 还内置了效果。在"设计"选项卡"主题"组中，单击"字体"下拉按钮，弹出"字体"列表供用户选择。

PowerPoint 2010 内置了字体。在"设计"选项卡"主题"组中，单击"效果"下拉按钮，弹出内置"效果"列表供用户选择。

技能练习：创建演示文稿，练习应用背景样式、主题、主题字体/颜色/效果等。

4.7　创建按钮、设置超链接

在 PowerPoint 2010 中可以在演示文稿中创建超链接，实现与演示文稿中的某张幻灯片、另一份演示文稿、其他文档或是 Internet 地址之间的跳转，也可以添加交互式的动作，如在幻灯片放映中单击鼠标或是移动鼠标响应一定的动作或是声音，还可以添加动作按钮，实现"播放""结束""上一张""下一张"等。

1. 创建按钮

在"插入"选项卡"插图"组中，单击"形状"按钮下方的三角形按钮，弹出"形状"下拉列表，移动滚动条到"动作按钮"列。PowerPoint 2010 提供了一组动作按钮，可以将动作按钮添加到演示文稿中，这些按钮都是 PowerPoint 2010 预定义好的，如图 4.16 所示。

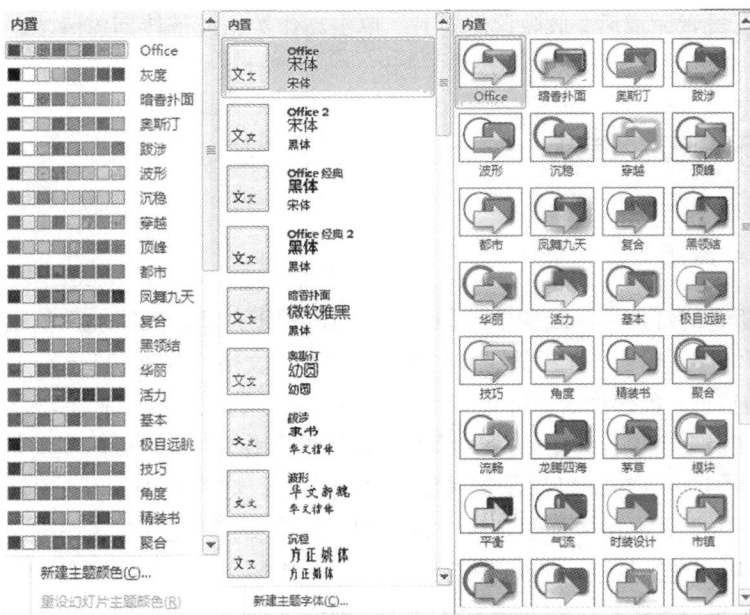

图 4.15 主题内置的颜色、字体、效果方案

    选择一个动作按钮，拖动鼠标在幻灯片编辑区即可绘制一个动作按钮，绘制完成弹出"动作设置"对话框，"动作设置"对话框包括"单击鼠标"和"鼠标移过"两个选项卡设置，如图4.17所示。

图 4.16 动作按钮

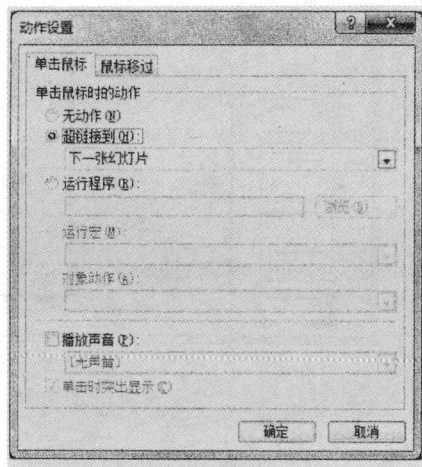

图 4-17 "动作设置"对话框

2.超链接

    通过"动作设置"对话框，可以为创建的动作按钮添加超链接，链接到演示文稿中的某张幻灯片、某个文件、电子邮件及站点等。

    PowerPoint 2010 中不仅动作按钮可以进行超链接，对文字、图片、剪贴画等对象也可以设置链接动作。设置完成后，放映该幻灯片，单击动作按钮或链接即可激活与之相连的超链接对象。

4.8 应用母版、模板

4.8.1 幻灯片母版

幻灯片母版是幻灯片层次结构中的顶层幻灯片，用于存储有关演示文稿的主题和幻灯片版式（版式：幻灯片上标题和副标题文本、列表、图片、表格、图表、自选图形和视频等元素的排列方式）的信息，包括背景、颜色、字体、效果、占位符大小和位置。

每个演示文稿至少包含一个幻灯片母版。修改和使用幻灯片母版的主要优点是可以对演示文稿中的每张幻灯片（包括以后添加到演示文稿中的幻灯片）进行统一的样式更改。使用幻灯片母版时，由于无须在多张幻灯片上键入相同的信息，因此节省了时间。如果演示文稿非常长，其中包含大量幻灯片，则应用幻灯片母版特别方便。

由于幻灯片母版影响整个演示文稿的外观，因此在创建和编辑幻灯片母版或相应版式时，要在"幻灯片母版"视图下操作。

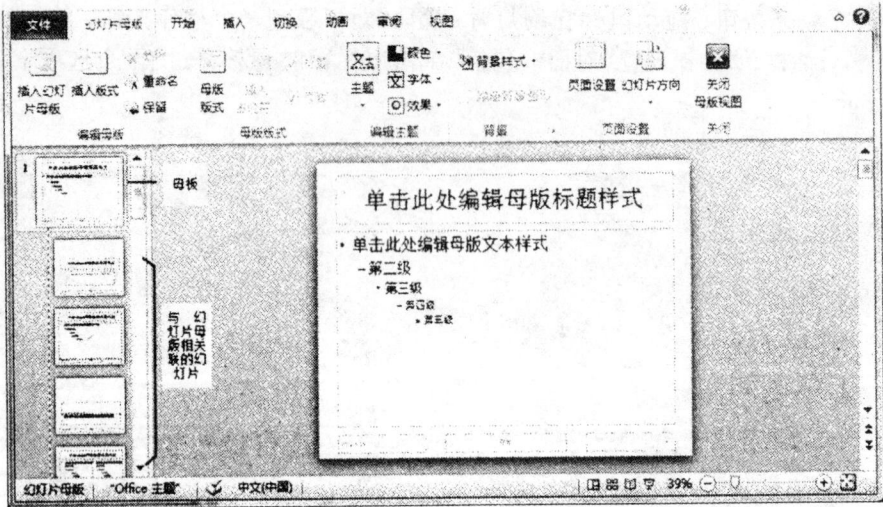

图 4.18 "幻灯片母版"视图

在修改幻灯片母版下的一个或多个版式时，实质上是在修改该幻灯片母版。每个幻灯片版式的设置方式都不同，然而，与给定幻灯片母版相关联的所有版式将包含相同主题（配色方案、字体和效果）。

最好在开始构建各张幻灯片之前创建幻灯片母版，而不要在构建了幻灯片之后再创建母版。如果先创建了幻灯片母版，则添加到演示文稿中的所有幻灯片都会基于该幻灯片母版和相关联的版式。开始更改时，请务必在幻灯片母版上进行。

如果在构建了各张幻灯片之后再创建幻灯片母版，则幻灯片上的某些项目可能不符合幻灯片母版的设计风格。可以使用背景和文本格式设置功能在各张幻灯片上覆盖幻灯片母版的某些自定义内容，但其他内容(例如页脚和徽标)则只能在"幻灯片母版"视图中修改。

创建幻灯片母版的方法：

① 打开一个空演示文稿，然后在"视图"选项卡上的"母版视图"组中，单击"幻灯片母版"。

② 当打开"幻灯片母版"视图时，会显示一个具有默认相关版式的空幻灯片母版。

在幻灯片缩略图窗格中，幻灯片母版是那张较大的幻灯片图像，并且相关版式位于幻灯片母版下方。

③ 若要创建版式，可选择内置版式或自定义现有版式。

④ 若要添加或修改版式中的占位符，可以在版式中添加一个或多个内容占位符或更改占位符。

⑤ 若要删除默认幻灯片母版附带的任何内置幻灯片版式，则在幻灯片缩略图窗格中，右键单击要删除的每个幻灯片版式，然后单击快捷菜单上的"删除版式"。

⑥ 应用基于设计或主题(主题：主题颜色、主题字体和主题效果三者的组合。主题可以作为一套独立的选择方案应用于文件中)的颜色、字体、效果和背景。

⑦ 设置演示文稿中所有幻灯片的页面方向，在"幻灯片母版"选项卡上的"页面设置"组中单击"幻灯片方向"，然后单击"纵向"或"横向"。

⑧在"文件"选项卡上，单击"另存为"，在"文件名"框中键入文件名，在"保存类型"列表中单击"PowerPoint 模板"，然后单击"保存"。

⑨在"幻灯片母版"选项卡上的"关闭"组中，单击"关闭母版视图"。

技能练习：创建演示文稿，练习创建母版，并在母版中创建按钮，插入一个图形对象，在对象创建超链接到网易站点。

4.8.2　模板

PowerPoint 模板是设计的一张幻灯片或一组幻灯片的图案或蓝图。模板可以包含版式(幻灯片上标题和副标题文本、列表、图片、表格、图表、形状和视频等元素的排列方式)、主题颜色、主题字体、主题效果和背景样式，甚至还可以包含内容。

可以创建自定义模板，还可以获取多种不同类型的 PowerPoint 内置免费模板，也可以在 Office.com 和其他合作伙伴网站上获取可以应用于演示文稿的数百种免费模板。

若要应用模板，请执行以下操作：

① 在"文件"选项卡上，单击"新建"。

② 在"可用的模板和主题"下，执行下列操作之一：

若要重复使用最近用过的模板，则单击"最近打开的模板"。

若要使用先前安装到本地驱动器上的模板，则单击"我的模板"，再单击所需的模板，然后单击"确定"。

在"Office.com 模板"下单击模板类别，选择一个模板，然后单击"下载"将该模板从 Office.com 下载到本地驱动器。

4.9　幻灯片动画效果、幻灯片过渡效果

4.9.1　动画效果

选择要设置动画效果的对象，然后在"动画"选项卡"动画"组中单击"动画"组"其他"按钮，即可展开 PowerPoint 2010 动画样式列表，选择需要的动画样式应用到指定的对象，如图4.19 所示。

图 4.19　动画样式

PowerPoint 2010 提供了四类动画方案：

进入动画：对象的入场动画方案；

强调动画：给对象进行强调作用的动画方案；

退出动画：对象退出场景的动画方案；

动作路径：给对象一个固定的行走路线的动画方案。

给指定对象添加动画效果即可在编辑区预览对象动态效果，也可以单击"效果选项"对该

动画方案进行更具体的设置。

如果对当前动画方案不满意，可以在动画样式列表中选择"无"来取消动画效果设置，也可以在"高级动画"组中应用动画设置工具继续添加动画方案。

如图 4.20 所示，在"计时"组中，可以给对象动画出现的时间进行设置，如果在一张幻灯片中出现多个动画方案，可以对动画出现的顺序进行编排。

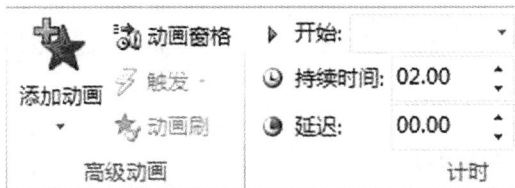

图 4.20　高级动画与计时

4.9.2　幻灯片过渡效果

在 PowerPoint 2010 幻灯片播放过程中，为了配合动画效果，使片与片之间的切换变得平滑、和谐、自然，可以设置幻灯片过渡效果。

如图 4.21 所示，在"切换"选项卡"切换到此幻灯片"组中，单击"切换到此幻灯片"组"其他"按钮，即可展开 PowerPoint 2010 幻灯片切换方案列表，在列表中可以选择一种切换方案应用到当前幻灯片，也可设置过渡效果为"无"，若单击"全部应用"则应用到演示文稿的所有幻灯片中。

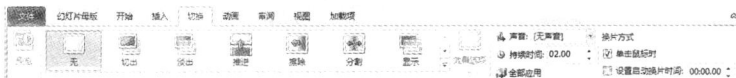

图 4.21　幻灯片切换窗口

PowerPoint 2010 提供了三类切换方案：

细微型：幻灯片切换细小、简单；

华丽型：幻灯片切换复杂、生动；

动态内容：主要针对幻灯片中的内容进行切换。

同自定义动画方案一样，幻灯片切换方案也可以对当前效果设置参数选项，在"计时"组内还可以设置声音、持续时间和换片方式。

4.10　设置幻灯片放映

完成了演示文稿对象的创建、动画效果、幻灯片切换等设置，就可以放映幻灯片了。

如图 4.22 所示，在"幻灯片放映"选项卡"设置"组中，单击"设置幻灯片放映"即可对准备放映的演示文稿进行放映设置。

如图 4.23 所示，在"设置放映方式"对话框中，可以对"放映类型""放映选项""放映幻灯片""换片方式""多监视器"等进行详细设置。

图 4.22　幻灯片切换窗口

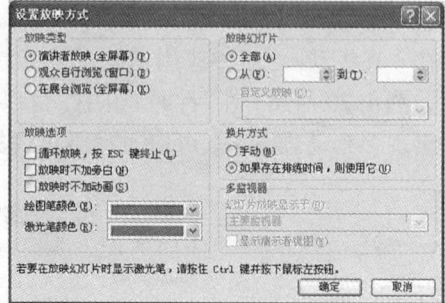

图 4.23　设置放映方式

PowerPoint 2010 演示文稿放映提供了"从头开始""从当前幻灯片开始""广播幻灯片""自定义放映"四种放映方式。

开始放映后通过以下三种方法，可以结束幻灯片放映：

方法一：设置幻灯片切换间隔时间，可以让幻灯片自动放映完毕，并自动结束。

方法二：循环放映时，按 Esc 键退出。

方法三：在放映过程中，右击鼠标，在弹出的快捷菜单中单击"结束放映"命令。

技能练习：创建演示文稿，在多张幻灯片中分别创建图形、艺术字、文本框对象，并对这些对象设置动画效果，对幻灯片设置切换效果，播放演示文稿观察效果。

4.11　演示文稿的保存及发送、打印

4.11.1　保存并发送

演示文稿的保存并发送包括使用电子邮件发送、保存到 Web、保存到 SharePoint、广播幻灯片、发布幻灯片，还可以创建 PDF 文档、打包、创建视频、创建讲义等。

4.11.2　演示文稿打包

所谓打包，是指将演示文稿及其所用的字体、链接文件、PowerPoint 播放器等集合到一起，便于用户在其他计算机上正常播放。PowerPoint 2010 提供的演示文稿打包工具不仅使用方便，而且非常可靠。用户若是将 PowerPoint 播放器和演示文稿一起打包，还可以在没有安装 PowerPoint 2010 的计算机上播放。

如图 4.24 所示，单击"文件"，在下拉列表中选择"保存并发送"，在扩展列表中选择"将演示文稿打包成 CD"，单击"打包成 CD"弹出"打包成 CD"对话框（图 4.25）。

如果计算机安装有刻录机，单击"复制到 CD"按钮，可以将打包文件记录到光盘上。如果要保存到本地计算机，单击"复制到文件夹"按钮，弹出"复制到文件夹"对话框，如图 4.25 所示。

图 4.24　将演示文稿打包成 CD

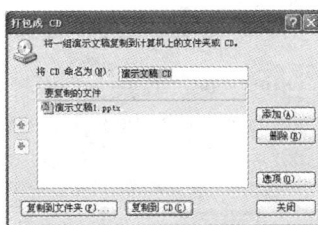

图 4.25　"打包成 CD"对话框

4.11.3　演示文稿打印

单击"文件"，在下拉列表中选择"打印"，在扩展列表显示"打印机设置"以及"幻灯片打印设置"，可根据需要打印全部内容或部分内容，如图 4.26 所示。

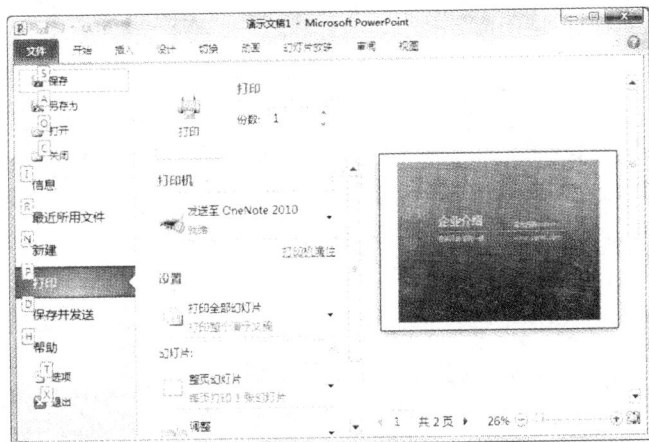

图 4.26　打印设置

第二部分　PowerPoint 2010 的应用——演示文稿的制作

实训项目一　（创业策划书的制作）创建、编辑演示文稿

【实训目的】

1. 掌握 PowerPoint 2010 演示文稿的创建；
2. 掌握幻灯片对象的创建、编辑；
3. 掌握在演示文稿中插入和编辑图片、自选图形、艺术字、组织结构图、超链接和图表等。
4. 掌握母板、样式的运用以及如何进行动画设置。

【实训内容及步骤】

1. 到"Office. com"下载一个模板创建演示文稿创业策划书. PPTX。

2. 在"创业策划书. PPTX"中参照下图创建幻灯片、创建编辑幻灯片对象,也可自行设计。

图 5 – 28　参考样式

(1)在幻灯片的首页插入版式为"标题幻灯片"的新幻灯片,可参考如下设置:

大标题中写入"创业策划书",大标题用 36 磅、深蓝、方正姚体,或应用"沉稳"主题字体;大标题所在矩形框可设置"星与旗帜"中的"波形"等形状。

应用填充效果设置形状样式。

(2)副标题中写入"负责人×××"(×××为你的姓名、职务);副标题的左边插入任意的剪贴画。大小为:高 3. 23 cm,宽 2 cm,以"旋转"方式出现。

(3)在第二张幻灯片中插入艺术字"目录",艺术字样式为"渐变填充 – 强调文字颜色 1"。

(4)将应用设计模板改为其他你喜欢的模板,并将第 2 张幻灯片换成纹理为"白色大理石"的背景,并忽略"母版的背景图形"。

(5)在第 2 张幻灯片中插入超链接,链接到相应的各小节。

(6)在每张幻灯片中插入可变日期,幻灯片编号为黑色、12 磅,并在标题幻灯片中不显示。

3. 保存幻灯片。

实训项目二　　演示文稿优化设计

【实训目的】

1. 掌握 PowerPoint 2010 演示文稿的设计;

2. 掌握幻灯片对象布局;

3. 掌握引用外部动画与声音的技巧;

4. 掌握如何将 PowerPoint 2010 演示文稿转换成 PDF 格式。

【实训内容及步骤】

1. 分析内容，规划栏目。

根据素材中关于策划书的情况介绍文字确定演示文稿栏目，即关于该策划书需要几个标题，并选择合适的模板。

2. 根据确定的栏目创建幻灯片对象。

（1）创建幻灯片对象时可根据主体需求选择素材，包括动画、声音等。在第三张幻灯片中插入背景音乐"清晨. Mp3"。

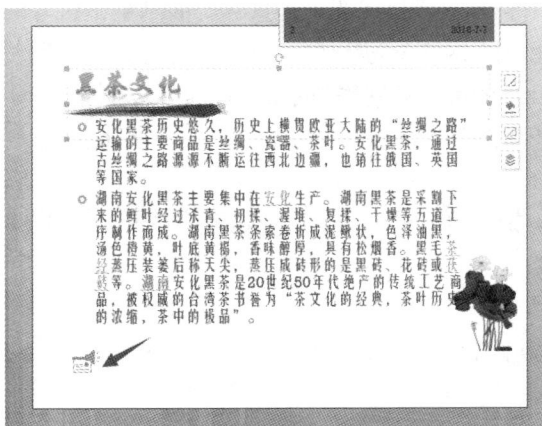

（2）自定义艺术字、形状、效果等。将第三张幻灯片中的标题"黑茶文化"改为"填充 – 绿色，强调文字颜色，金属棱台，映像"艺术字。

3. 设置对象动画、幻灯片切换效果。

（1）将第四章幻灯片中的标题"典型案例 – 白沙溪"的退出动画效果设置为"挥鞭式"；

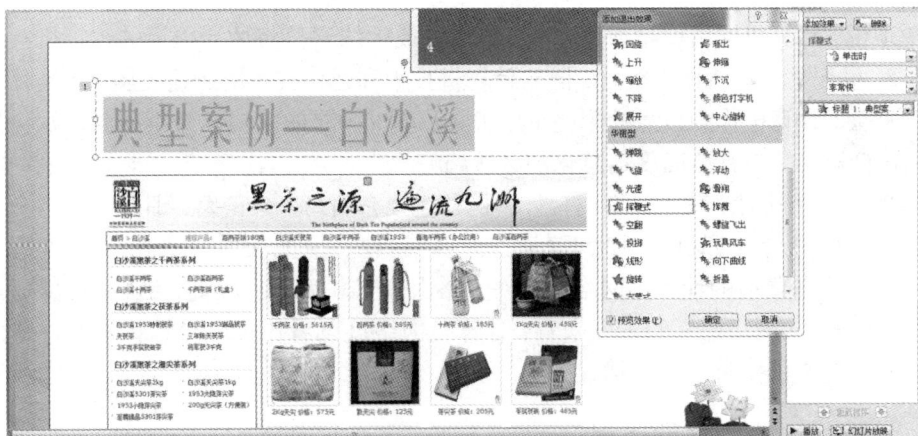

（2）将幻灯片的切换效果设置为"漩涡"，切换时间设置为 2 s，并应用于所有幻灯片。

4. 播放并调试演示文稿。

5. 将调整好的演示文档保存为 PDF 文档。

第五章　计算机网络概述

引言

21 世纪是信息时代，计算机网络成为了信息社会的基础，它为信息传播与交流、资源共享提供了很大的帮助。目前，网络学习、休闲、娱乐、游戏、网上购物、网上拍卖、网络会议已变为现实，相信随着社会的进步和网络技术的不断更新，计算机网络会愈来愈深刻地影响着科研、教育、经济发展和社会生活的各个方面，成为未来社会赖以生存、发展的重要保障。

第一部分　计算机网络基础知识

5.1　认识计算机网络

5.1.1　计算机网络定义

计算机网络是现代计算机技术和通讯技术相结合的产物。目前，比较公认的计算机网络定义为：将地理位置不同的具有独立功能的多台计算机及其外部设备，通过通信线路连接起来，在网络操作系统、网络管理软件及网络通信协议的管理和协调下，实现资源共享和信息传递的计算机系统。

简单地说，计算机网络就是通过电缆、电话线或无线通信将两台以上的计算机互联起来的集合。21 世纪是计算机网络时代，随着计算机技术和通信技术的迅速发展，人类社会已经进入信息社会，计算机作为信息处理的重要工具，单机操作的时代已经不能满足社会发展的需要，而计算机网络是社会高度信息化的必然趋势。

最简单的计算机网络就是只有两台计算机和连接它们的一条链路，即两个节点和一条链路。因为没有第三台计算机，因此不存在交换的问题。最庞大的计算机网络就是因特网（Internet），它由非常多的计算机网络通过许多路由器互联而成。因此，因特网也称为"网络的网络"。另外，从网络媒介的角度来看，计算机网络可以看作是多台计算机通过特定的设备与软件连接起来的一种新的传播媒介。

5.1.2　计算机网络的发展历程

1. 认识计算机网络发展的四个阶段

① 具有通信功能的单机系统。

20 世纪 60 年代，主要是以单个计算机为中心的面向终端的计算机网络，该系统又称终端 – 计算机网络，是早期计算机网络的主要形式。在该系统中，主机是网络的中心和控制者，终端(键盘和显示器)分布在各处并与主机相连，用户通过本地的终端使用远程的主机。只提供终端和主机之间的通信，子网之间无通信。它的缺点是：如果主机的负荷较重，会导致系统响应时间过长，单机系统的可靠性一般较低，一旦主机发生故障，将导致整个网络系统的瘫痪。

② 具有通信功能的多级系统。

20 世纪 70 年代，多个主机互联，实现计算机和计算机之间的通信。其结构是：终端—低速通信线路—集中器—高速通信线路—前端机—主计算机。由于前端机和集中器在当时一般选用小型机担任，因此，这种结构也称为具有通信功能的多计算机系统。该系统包括：通信子网、用户资源子网。终端用户可以访问本地主机和通信子网中所有主机的软硬件资源。

③ 以共享资源为目的的计算机网络。

20 世纪 80 年代，国际标准化组织(ISO)提出了开放系统互联参考模型 OSI/RM(open system intercontinental model)。该模型定义了软硬件不同的计算机联网所应遵循的框架结构，实现不同厂家生产的计算机之间的互联。OSI/RM 很快得到了国际上的认可，并被许多厂商所接受。局域网络系统日渐成熟。随着计算机网络的普及和应用推广，越来越多的用户都希望将自己的计算机联网。局域网的出现，使计算机网络的发展进入了新的阶段。

④ 以局域网及互联网为支撑环境的分布式计算机系统。

20 世纪 90 年代，局域网日益发展，它继承了远程网的分组交换技术和计算机的 I/O 总线结构技术。但是，远程网技术不能全部适用于局域网。因此局域网作为网络的一个独立分支，具有结构简单、经济、功能强且灵活等特点。自 20 世纪 70 年代开始，随着大规模集成电路技术和计算机技术的飞速发展，硬件价格急剧下降，微机得以广泛应用，广大计算机局域网的开发者和厂商迫切需要一个与 OSI/RM 相对应的分层体系结构，使局域网中大量价格中等的物理设备有效地实现互联，确保由不同厂家生产的计算机及设备的兼容性。电气与电子工程师学会 IEEE 成立 IEEE802 学会，并于 1980 年制定了 IEEE802 局域网通信协议标准。据此，局域网技术得到迅速发展。局域网的发展也促使计算机网络的模式发生了变革，即由早期的以大型机为中心的集中式模式转变为由微机构成的分布式计算机模式。

2. 认识 OSI 参考模型

OSI(open system interconnection)，开放式系统互联参考模型，它把网络协议从逻辑上分为了 7 层，如图 5.1 所示。每一层都有相关、相对应的物理设备，比如常规的路由器是三层交换设备，常规的交换机是二层交换设备。

OSI 参考模型由下至上依次分为：

① 物理层：主要定义物理设备标准，如网线的接口类型、光纤的接口类型、各种传输介质的传输速率等。它的主要作用是传输比特流(就是由 1、0 转化为电流强弱来进行传输，到达目的地后再转化为 1、0，也就是我们常说的数模转换与模数转换)。这一层的数据叫做比特。

② 数据链路层：定义了如何让格式化数据进行传输，以及如何控制对物理介质的访问。这一层通常还提供错误检测和纠正，以确保数据的可靠传输。

图 5.1 OSI 模型逻辑图

③ 网络层：在位于不同地理位置网络中的两个主机系统之间提供连接和路径选择。Internet 的发展使得从世界各站点访问信息的用户数大大增加，而网络层正是管理这种连接的层。

④ 传输层：定义了一些传输数据的协议和端口号（WWW 端口 80 等），如：TCP（传输控制协议，传输效率低，可靠性强，用于传输可靠性要求高，数据量大的数据），UDP（用户数据报协议，与 TCP 特性恰恰相反，用于传输可靠性要求不高、数据量小的数据，如 QQ 聊天数据就是通过这种方式传输的）。主要是将从下层接收的数据进行分段和传输，到达目的地址后再进行重组。通常把这一层数据叫做段。

⑤ 会话层：通过传输层（端口号：传输端口与接收端口）建立数据传输的通路。主要在你的系统之间发起会话或者接受会话请求（设备之间需要互相认识可以是 IP 也可以是 MAC 或者是主机名）。

⑥ 表示层：可确保一个系统的应用层所发送的信息可以被另一个系统的应用层读取。例如，PC 程序与另一台计算机进行通信，其中一台计算机使用扩展二—十进制交换码（EBCDIC），而另一台则使用美国信息交换标准码（ASCⅡ）来表示相同的字符。如有必要，表示层会通过使用一种通格式来实现多种数据格式之间的转换。

⑦ 应用层：是最靠近用户的 OSI 层。这一层为用户的应用程序（例如电子邮件、文件传输和终端仿真）提供网络服务。

建立七层模型的主要目的是为解决异种网络互联时所遇到的兼容性问题。它的最大优点是将服务、接口和协议这三个概念明确地区分开来。服务说明某一层为上一层提供一些什么功能，接口说明上一层如何使用下层的服务，而协议涉及如何实现本层的服务；这样各层之间具有很强的独立性，互联网络中各实体采用什么样的协议是没有限制的，只要向上提供相同的服务并且不改变相邻层的接口就可以了。网络七层的划分也是为了使网络的不同功能模块（不同层次）分担起不同的职责，从而带来如下好处：

① 减轻问题的复杂程度，一旦网络发生故障，可迅速定位故障所处层次，便于查找和纠错；

② 在各层分别定义标准接口，使具备相同对等层的不同网络设备能实现互操作，各层之间相对独立，一种高层协议可在多种低层协议上运行；

③ 能有效刺激网络技术革新，因为每次更新都可以在小范围内进行，不需对整个网络动大手术。

3. 计算机网络发展方向

① 网络的高速化。

现有的局域网以共享媒体为主，网上工作站共享同一频宽。虽然光纤环网（FDDI）相对于传统的局域网速率快了近 10 倍，但始终没有摆脱共享型局域网的束缚。高速交换网络利用网段微化技术并通过在网间建立多个并行连接，可为每个单独网段提供专用频带，增大了网络的吞吐量，提高了传输效率，高速交换网已经推向市场。

② 通信网络的综合服务和宽带化。

ISDN，即综合业务数字网，首先需实现信息传输的数字化，将现有的模拟传输逐步过渡到数字传输。在通信网上能同时传输语音、数据和图形。ATM（asynchronous transfer mode）异步传输模式，是实现 B – ISDN（带宽综合业务数字网）的有效交换与传输方式，它能够适应从低速率到高速率的各种业务，能够传输从音频到视频的宽带信号。同步光纤网（SONET）可作为 B – ISDN 的传输媒体，支持多路层次结构，速率可达 2.4Gb/s。B – ISDN 及 ATM 交换技术和 SONET（同步光纤网）传输技术已进入实用阶段。目前采用光纤作为传输介质的通信网有很多，进一步实现光交换技术，则光交换与光传输结合为一体，将具有更宽的频带。

③ 网络智能化。

当前，网络智能化主要指网络管理方面的智能化。操作、管理和维护一个大型计算机网络是十分复杂的。因此，将人工智能技术和专家系统引入网络管理十分必要。网络智能管理主要是将专家的知识放入数据库，使系统能自动进行故障检测、诊断和排除。网络智能化还表现在网络进行高级通信/信息处理业务上，例如通信介质变换和自动翻译等。

④ 网络标准化。

国际标准化组织 ISO 制定的开放系统互连参考模型（OSI/RM）是国际上公认的开放系统结构，是实现网络互联的基础。OSI 解决了分布计算环境的连接性和协议互操作性。但是开放系统除了 OSI 通信要求外，还包括标准数据交换格式、标准操作系统接口、公共用户接口、图形接口、标准应用程序接口、公共数据模型、存储、标准目录、管理和安全方法等。总之，网络标准化是网络发展的必然趋势。

⑤ 通信的可移动性。

由于笔记型计算机可随身携带，因此可移动的无限网络的需求将日益增加。无线数字网类似于蜂窝电话网，人们随时随地可将计算机接入网内，发送和接收数据。无线数字网的发展前景将十分可观。

⑥ 网络的安全性。

随着网络技术的普及、应用的日益深入，在网上传输的信息将会更多，安全问题不容忽视。来自内部或外部网的安全威胁，可能导致网络的非授权访问、信息泄露、资源耗尽、资源被盗或者破坏等问题，网络信息安全问题已超越其本身而达到国家安全问题的高度。因此，网络的安全性愈来愈受到用户的重视。21 世纪将会有安全性更高、功能更强的安全产品问世。

5.1.3　计算机网络的基本功能

1.数据通信

数据通信是计算机网络最基本的功能。它用来快速传送计算机与终端、计算机与计算机之间的各种信息，包括文字信件、新闻消息、咨询信息、图片资料、报纸版本等。计算机网络可实现将分散在各地区的单位或部门联系起来，进行统一的调配、控制和管理。

2.资源共享

"资源"指的是网络中所有的软件、硬件资源。"共享"指的是网络中的用户都能够部分或全部享受这些资源。例如：某些地区或单位的数据库（如飞机机票、饭店客房等）可供全网使用；某些单位设计的软件可供需要的地方有偿调用或办理一定手续后调用；一些外部设备（如打印机）可面向用户，使不具有这些设备的地方也能使用这些硬件设备。如果不能实现资源共享，各地区都需要有一套完整的软、硬件及数据资源，则将大大增加整个系统的投资。

3.网络分布式处理与负载平衡

网络分布式处理，是把一项复杂的任务划分成许多部分，由网络内各个计算机分别协作,并行完成有关部分,使整个系统的性能大为增强。通常,对于综合性的大型问题可采用合适的算法,将任务分散到网络中不同的计算机上进行协同完成。另一方面,当网络中某台计算机、某个部件或某个程序负担过重时,通过网络操作系统会自动转移部分工作到负载较轻的计算机中去处理。

4. 提高计算机系统的可靠性

在一些用于计算机实时控制和要求高可靠性的场合,通过计算机网络实现备份技术可以提高计算机系统的可靠性。

5.1.4　计算机网络的应用

计算机网络在资源共享和信息交换方面所具有的功能,是其他系统所不能替代的。计算机网络所具有的高可靠性、高性能价格比和易扩充性等优点,使得它在工业、农业、交通运输、邮电通信、文化教育、商业、国防以及科学研究等各个领域、各个行业获得了越来越广泛的应用。我国有关部门也已制订了"金桥""金关"和"金卡"三大工程,以及其他的一些金字号工程,这些工程都是以计算机网络为基础设施,为促使国民经济早日实现信息化的主干工程,也是计算机网络的具体应用。计算机网络的应用范围实在太广泛,本节仅能涉及一些带有普遍意义和典型意义的应用领域。

1. 办公自动化 OA (office automation)

办公自动化系统,按计算机系统结构来看是一个计算机网络,每个办公室相当于一个工作站。它集计算机技术、数据库、局域网、远距离通信技术以及人工智能、声音、图像、文字处理技术等综合应用技术之大成,是一种全新的信息处理方式。办公自动化系统的核心是通信,其所提供的通信手段主要为数据值声音综合服务、可视会议服务和电子邮件服务。

2. 电子数据交换 EDI(electronic data interchange)

电子数据交换,是将贸易、运输、保险、银行、海关等行业信息用一种国际公认的标准格式,通过计算机网络通信,实现各企业之间的数据交换,并完成以贸易为中心的业务全过程。EDI 在发达国家应用已很广泛,我国的"金关"工程就是以 EDI 作为通信平台的。

3. 远程交换(telecommuting)

远程交换是一种在线服务(online serving)系统,原指在工作人员与其办公室之间的计算机通信形式,按通俗的说法即为家庭办公。一个公司内本部与子公司办公室之间也可通过远程交换系统,实现分布式办公系统。远程交换的作用也不仅仅是工作场地的转移,它大大加强了企业的活力与快速反应能力。近年来各大企业的本部,纷纷采用一种称之为"虚拟办公室"(virtual office)的技术,创造出一种全新的商业环境与空间。远程交换技术的发展,对世界的整个经济运作规则产生了巨大的影响。

4. 远程教育(distance education)

远程教育是一种利用在线服务系统,开展学历或非学历教育的全新的教学模式。远程教育几乎可以提供大学中所有的课程,学员们通过远程教育,同样可得到正规大学从学士到博士的所有学位。这种教育方式,对于已从事工作而仍想完成高学位的人士特别有吸引力。远程教育的基础设施是电子大学网络 EUN(electronic university network)。EUN 的主要作用是向学员提供课程软件及主机系统的使用,支持学员完成在线课程,并负责行政管理、协作合同等。这里所指的软件除系统软件之外,包括 CAI 课件,即计算机辅助教学(computer aided instruction)软件。CAI 课件一般采用对话和引导式的方式指导学生学习，发现学生错误还具有回溯功能，从本质上解决了学生学习中的困难。

5.电子银行

电子银行也是一种在线服务系统，是一种由银行提供的基于计算机和计算机网络的新型金融服务系统。电子银行的功能包括金融交易卡服务、自动存取款作业、销售点自动转账服务、电子汇款与清算等，其核心为金融交易卡服务。金融交易卡的诞生，标志了人类交换方式从物物交换、货币交换到信息交换的又一次飞跃。围绕金融交易卡服务，产生了自动存取款服务，自动取款机(CD)及自动存取款机(ATM)也应运生。自动取款机与自动存取款机大多采用联网方式工作，现已由原来的一行联网发展到多行联网，形成覆盖整个城市、地区，甚至全国的网络，全球性国际金融网络也正在建设之中。电子汇款与清算系统可以提供客户转账、银行转账、外币兑换、托收、押汇信用证、行间证券交易、市场查证、借贷通知书、财务报表、资产负债表、资金调拨及清算处理等金融通信服务。由于大型零售商店等消费场所采用了终端收款机(POS)，从而使商场内部的资金即时清算成为现实。销售点的电子资金转账是 POS 与银行计算机系统联网而成的。当前电子银行服务又出现了智能卡(IC)。IC 卡内装有微处理器、存储器及输入输出接口，实际上是一台不带电源的微型电子计算机。由于采用 IC 卡，持卡人的安全性和方便性大大提高了。

6.电子公告板系统 BBS(bulletin boardsystem)

电子公告板是一种发布并交换信息的在线服务系统。BBS 可以使更多的用户通过电话线以简单的终端形式实现互联，从而得到廉价的丰富信息，并为其会员提供进行网上交谈、发布消息、讨论问题、传送文件、学习交流和游戏等机会和空间。

7.证券及期货交易

证券及期货交易由于其获利巨大、风险巨大，且行情变化迅速，投资者对信息的依赖显得格外重要。金融业通过在线服务计算机网络提供证券市场分析、预测、金融管理、投资计划等需要大量计算工作的服务，提供在线股票经纪人服务和在线数据库服务(包括最新股价数据库、历史股价数据库、股指数据库以及有关新闻、文章、股评等)。

5.1.5　计算网络的分类

按照不同的标准，计算机网络可以有不同的分类方法。可以从地理覆盖范围、拓扑结构、传输介质、通信协议等角度对计算机网络进行分类。

1.按地理范围分类

计算机网络常见的分类依据是网络覆盖的地理范围，按照这种分类方法，可将计算机网络分为局域网、广域网和城域网三类。

局域网(Local Area Network)简称 LAN，它是连接近距离计算机的网络，覆盖范围从几米到数公里。例如办公室或实验室的网、同一建筑物内的网及校园网等。

广域网(Wide Area Network)简称 WAN，其覆盖的地理范围从几十公里到几千公里，覆盖一个国家、地区或横跨几个洲，形成国际性的远程网络。例如我国的公用数字数据网(China DDN)、电话交换网(PSDN)等。

城域网(Metropolitan Area Network)简称 MAN，它是介于广域网和局域网之间的一种高速网络，覆盖范围为几十公里，大约是一个城市的规模。

在网络技术不断更新的今天，一种用网络互联设备将各种类型的广域网、城域网和局域网互联起来，形成了称为互联网的网中网。互联网的出现，使计算机网络从局部到全国进而将全世界连成一片，这就是 Internet 网。

Internet 中文名为因特网、国际互联网，它是世界上发展速度最快、应用最广泛和最大的公共计算机信息网络系统，它提供了数万种服务，被世界各国计算机信息界称为未来信息高速公路的雏形。

2. 按拓扑结构分类

拓扑结构就是网络的物理连接形式。如果不考虑实际网络的地理位置，把网络中的计算机看作一个节点，把通信线路看作一根连线，这就抽象出计算机网络的拓扑结构。局域网的拓扑结构主要有星型、总线型、环型和混合型四种。

① 星型拓扑结构。

这种结构以一台设备作为中央节点，其他外围节点都单独连接在中央节点上。各外围节点之间不能直接通信，必须通过中央节点进行通信，如图 5.2 所示。中央节点可以是文件服务器或专门的接线设备，负责接收某个外围节点的信息，再转发给另外一个外围节点。这种结构的优点是结构简单、服务方便、建网容易、故障诊断与隔离比较简便、便于管理。缺点是需要的电缆长、安装费用多；网络运行依赖于中央节点，因而可靠性低；若要增加新的节点，就必须增加中央节点的连接，扩充比较困难。

星型拓扑结构广泛应用于网络中智能集中于中央节点的场合。在目前传统的数据通信中，该拓扑结构仍占支配地位。

② 总线型拓扑结构。

这种结构所有节点都直接连到一条主干电缆上，这条主干电缆就称为总线。该类结构没有关键性节点，任何一个节点都可以通过主干电缆与连接到总线上的所有节点通信，如图 5.3 所示。这种结构的优点是电缆长度短，布线容易；结构简单，可靠性高；增加新节点时，只需在总线的任何点接入，易于扩充。总线结构的缺点是故障检测需要在各个节点进行，故障诊断困难，隔离也困难，尤其是总线故障会引起整个网络的瘫痪。

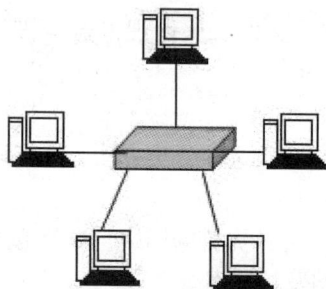

图 5.2　星型拓扑结构　　　　　　图 5.3　总线型拓扑结构

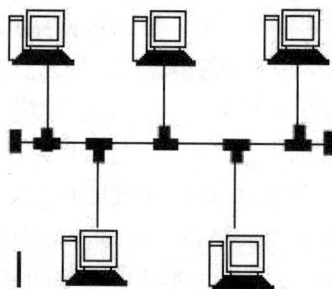

③ 环型拓扑结构。

这种结构各节点形成闭合的环，信息在环中作单向流动，可实现环上任意两节点间的通信，如图 5.4 所示。环形结构的优点是电缆长度短、成本低。该结构的缺点是某一节点出现故障会引起全网故障，且故障诊断涉及每一个节点，故障诊断困难；若要扩充环的配置，就需要关掉部分已接入网中的节点，重新配置困难。

④ 混合结构。

混合结构是将多种拓扑结构的局域网连在一起而形成的，如图 5.5 所示。混合拓扑结构的网络兼并了不同拓扑结构的优点。

一般来说，拓扑结构会影响传输介质的选择和控

图 5.4　环形拓扑结构

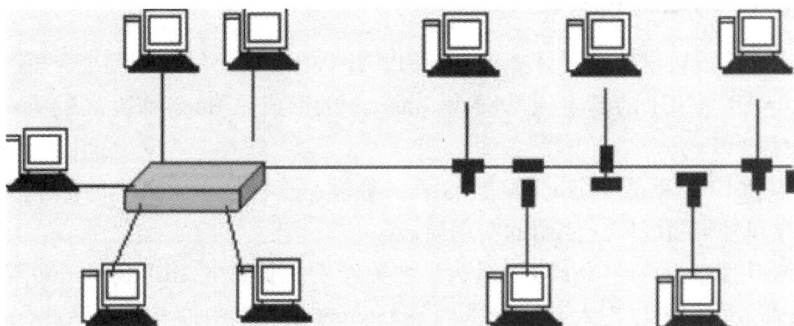

制方法的确定，因而会影响网上结点的运行速度和网络软、硬件接口的复杂程度。网络的拓扑结构和介质访问控制方法是影响网络性能的最重要因素，因此应根据实际情况选择最合适的拓扑结构，选用相应的网络适配器和传输介质，确保组建的网络具有较高的性能。

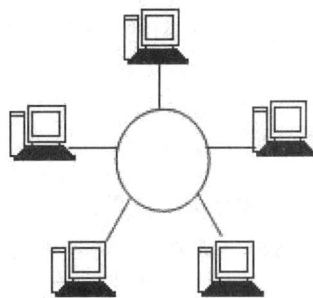

图 5.5　混合结构

3. 按传输介质分类

传输介质就是指用于网络连接的通信线路。目前常用的传输介质有同轴电缆、双绞线、光纤、卫星、微波等有线或无线传输介质，相应地可将网络分为同轴电缆网、双绞线网、光纤网、卫星网和无线网。

4. 按带宽速率分类

带宽速率指的是"网络带宽"和"传输速率"两个概念。传输速率是指每秒钟传送的二进制位数，通常使用的计量单位为 B/s、KB/s、MB/s。按网络带宽可以分为基带网(窄带网)和宽带网；按传输速率可以分为低速网、中速网和高速网。一般来讲，高速网是宽带网，低速网是窄带网。

5. 按通信协议分类

通信协议是指网络中的计算机进行通信所共同遵守的规则或约定。在不同的计算机网络中采用不同的通信协议。在局域网中，以太网采用 CSMA 协议，令牌环网采用令牌环协议，广域网中的报文分组交换网采用 ×.25 协议，Internet 网采用 TCP/IP 协议，采用不同协议的网络可以称为"×××协议网"。

5.2　Internet 技术基础

5.2.1　什么是 Internet

Internet 是国际计算机分组交换网的缩写。在当今计算机界乃至整个世界 Internet 都是最热门的话题，以至有人将它称为"信息高速公路"。

Internet 的定义至少要包含两方面内容：

① 从网络通信技术的角度看，它由网络路由器以及通信线路构成，基于 TCP/IP 网络协议连接各个国家、地区以及各个机构的计算机网络的数据通信网。

② 从信息资源的角度看，它是一个集各个部门、各个领域的各种信息资源于一体，为网上用户所共享的信息资源网，是所有可被访问和利用的共享信息资源的集合。用户使用网络资源，也有义务为网络提供有用的信息。

5.2.2　Internet 的起源和发展

Internet 是在美国较早的军用计算机网 ARPANET 的基础上经过不断变化而形成的。

从 1969 年 ARPANET 的诞生到 1983 年 Internet 的形成是 Internet 发展的第一阶段，也就是研究实验阶段。

从 1983 年到 1994 年是 Internet 发展的第二阶段，核心是 NSFNET 的形成和发展，这是 Internet 在教育和科研领域广泛使用的实用阶段。

1994 年 NSF 宣布不再给 NSFNET 运行、维护经费支持，由 MCI 和 Sprint 等公司运行维护，这样不仅商业用户可以进入 Internet，而且 Internet 的经营也商业化。从此 Internet 的发展进入第三阶段。

Internet 从研究实验阶段发展到用于教育科研的实用阶段，进而发展到商用阶段，反映了 Internet 技术和应用的成熟。

5.2.3　Internet 的主要功能和服务

当今社会是一个信息爆炸的社会，各种信息不仅给人们的生产发展、工作效率和生活质量的提高带来了动力，也给人们带来了创业发展的新机遇。因此，如何获得信息和充分利用信息已是当今人们最关心的事。Internet 之所以能受到世界各国政府和人们的普遍关注与欢迎，入网的用户数以每月 10% ~ 15% 的速率递增，最关键的还在于 Internet 所提供的信息和服务能满足人们快节奏生活和工作实际的需求。

目前，Internet 能为人们提供的功能主要有五大类。

① 电子邮件。

通常，人们与异国他乡的亲人或友人通信联系，或者企业间的业务联系，往往都依赖于信件、电报、电话、传真等通信手段。然而，这些通信手段却或多或少地受着时空条件的限制，难以适应人们快节奏的需求。如今，人们希望能快速传递信息的目的就可以用"电子邮件"来达到。用户只要利用自己的电脑，经电话线与本地的 Internet 联网，通过 E – mail（电子邮件）输入，就可以与世界各地的友人相互交流，或与异地的企业进行业务往来，这样，遥远的地理距离就缩短为几分钟的电子路程。

② 数据检索。

Internet 包罗的信息非常丰富,凡涉及人们生活、工作和学习等各个方面的信息是应有尽有,且还有相当一部分大型数据库是免费提供的。用户可在 Internet 中查找到最新的科学文献和资料;也可在 Internet 中获得休闲、娱乐和家庭技艺等方面的最新动态;也可在 Internet 拷贝到大量免费的软件。

③ 电子公告板。

也称为电子论坛。在 Internet 中设有近万个电子公告板,专门用来发布涉及科学研究、艺术欣赏、文学创作、社会、评论、哲学等各种内容的专题,以吸引同行和对此专题感兴趣的人来参加讨论、交流。凡是对电子公告板上的某一个专题感兴趣的人,可以利用自己的电脑,经与 Internet 的本地网络连接后,通过 E-mail(电子邮件)输入,就能进入论坛,像参加讨论会一样发表自己的见解,参加交流、讨论。

④ 远程登录。

也称为远程连接电脑。用户只要通过 Internet 就可以实时地使用远地某台大型计算机内的资源。目前,在 Internet 上,还备有约 3000 多个最常用的信息检索工具。用户一旦连接成功,就可运用这些检索工具来寻找、利用所需的计算机资源,这可大大方便开展国际间的合作研究。

⑤ 商业应用。

目前,世界经济正趋向于一体化、区域化和跨国经营,而信息技术与远程通信技术又进行了结合,成了连接世界经济贸易的重要纽带和基础,它使各国的经济贸易可以完全摆脱时空、语言、文化的束缚,实现全球化的协作。因此,Internet 所能提供的各种信息和方便,犹如给商业发展注入了一针兴奋剂,大家都看好 Internet 的商业潜力,都想到利用 Internet 来掘金,以至于使近年来在 Internet 上的商业用户量猛增。在 Internet 上,相继出现了 Internet 接驳服务业、软件服务业、咨询服务业、广告服务业、电子出版业、电子零售业等。

在这中间,最具吸引力的是电子零售业,也称电子市场。这是 1994 年 4 月,由硅谷约 20 家大公司发起建立的名为"商业网"(Commerce net)的电子市场。它将 Internet 作为一种新的贸易媒介,从而可以帮助顾客在电子市场中以最快的速度、最有利的价位和条件购买到所需的产品。

5.2.4 Internet 网络协议 TCP/IP

网络协议即网络中(包括互联网)传递、管理信息的一些规范。如同人与人之间相互交流是需要遵循一定的规矩一样,计算机之间的相互通信需要共同遵守一定的规则,这些规则就称为网络协议。

TCP/IP 协议是网络的基础,是 Internet 的语言,可以说没有 TCP/IP 协议就没有互联网的今天。

TCP/IP 是"Transmission Control Protocol/Internet Protocol"的简写,中文译名为传输控制协议/互联网络协议,TCP/IP(传输控制协议/网间协议)是一种网络通信协议,它规范了网络上的所有通信设备,尤其是一个主机与另一个主机之间的数据往来格式以及传送方式。TCP/IP 是 Internet 的基础协议,也是一种电脑数据打包和寻址的标准方法。在数据传送中,可以形象地理解为有两个信封，TCP 和 IP 就像是信封，要传递的信息被划分成若干段，每一段塞入一个 TCP 信封，并在该信封面上记录有分段号的信息，再将 TCP 信封塞入 IP 大信封，发送上网。在接受端，一个 TCP 软件包收集信封，抽出数据，按发送前的顺序还原，并加以校验，若发现差错，TCP 将会要求重发。因此，TCP/IP 在 Internet 中几乎可以无差错地传送数据。对普通用户来说，并不需要了解网络协议的整个结构，仅需了解 IP 的地址格式，即可与世界各地进行网络通信。

每一层负责不同的功能：

① 链路层，有时也称作数据链路层或网络接口层，通常包括操作系统中的设备驱动程序和计算机中对应的网络接口卡。它们一起处理与电缆（或其他任何传输媒介）的物理接口细节。

② 网络层，有时也称作互联网层，处理分组在网络中的活动，例如分组的选路。在 TCP/IP 协议族中，网络层协议包括 IP 协议（网际协议），ICMP 协议（Internet 互联网控制报文协议），以及 IGMP 协议（Internet 组治理协议）。

③ 运输层主要为两台主机上的应用程序提供端到端的通信。在 TCP/IP 协议族中，有两个互不相同的传输协议：TCP（传输控制协议）和 UDP（用户数据报协议）。

TCP 为两台主机提供高可靠性的数据通信。它所做的工作包括把应用程序交给它的数据分成合适的小块交给下面的网络层，确认接收到的分组，设置发送最后确认分组的超时时钟等。由于运输层提供了高可靠性的端到端的通信，因此应用层可以忽略所有这些细节。

而另一方面，UDP 则为应用层提供一种非常简单的服务。它只是把称作数据报的分组从一台主机发送到另一台主机，但并不保证该数据报能到达另一端。任何必需的可靠性必须由应用层来提供。

这两种运输层协议分别在不同的应用程序中有不同的用途，这一点将在后面看到。

④ 应用层负责处理特定的应用程序细节。几乎各种不同的 TCP/IP 实现都会提供下面这些通用的应用程序：

Telnet 远程登录。

FTP 文件传输协议。

SMTP 简单邮件传送协议。

SNMP 简单网络治理协议。

第二部分　计算机网络及 Internet 的简单应用

实训项目一　Win7 环境下组建无线局域网

以 TP – LINK 和 TL – WR842N 为例，介绍如何配置无线路由器，已实现家庭内所有电脑无线拨号即可上网。

1. 硬件准备和安装。

操作步骤：

① 选择无线宽带路由器。

② 为台式机安装无线网卡。

③ 按照如图 5.6 所示进行网络设备连接

2. 设置无线路由器。

操作步骤：

① 打开 IE 浏览器，输入无线路由器默认的管理 IP 地址（一般为 192.168.1.1，在产品附送的《用户手册》中有说明），弹出网页界面，输入密码（初始密码均为自己设置），如图 5.7 所示。

图 5.6　无线局域网结构图

图 5.7　无线路由链接的界面

② 单击"确定"按钮，进入设备的设置界面。弹出设置向导对话框（如果没有弹出请单击页面侧栏设置向导），单击"下一步"按钮。

③ 在图 5.8 所示的窗口中，选择上网类型为"ASDL 虚拟拨号"（如果使用在线的宽带，需要指定 IP 地址。大多数家庭采用的是 ASDL 虚拟拨号（PPPOE）的上网方式，因此，本例选择第一项）。单击"下一步"按钮，在图 5.9 所示对话框中输入上网账号和密码（由网络服务提供商提供，如电信公司），单击"下一步"按钮。

④ 在弹出的对话框中设置基本无线网络参数，如图 5.10 所示，单击下一步按钮。

⑤ 在弹出的对话框（图 5.11）中单击"完成按钮"，完成设置向导操作。

⑥ 启动路由器的 DHCP 服务，执行"DHCP 服务器"命令，进入到 DHCP 设置界面，设置"DHCP 服务器"为启用，设置"地址的开始地址："为 192.168.1.2，设置"地址的结束地址："为 192.168.1.100，设置"地址租期"为 120 分钟，设置"主 DNS 服务器"为 202.103.224.68

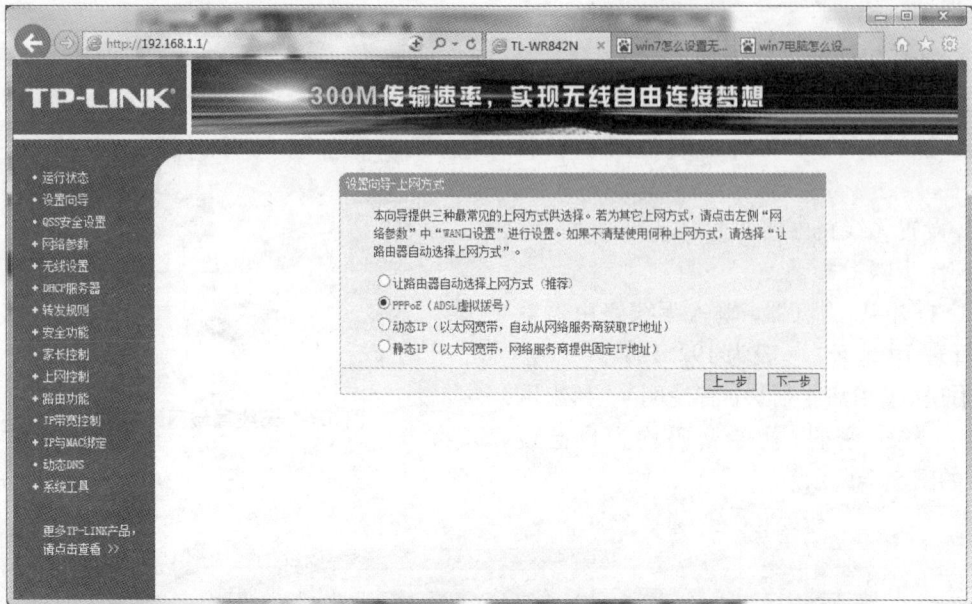

图 5.8 "选择上网类型"的对话框

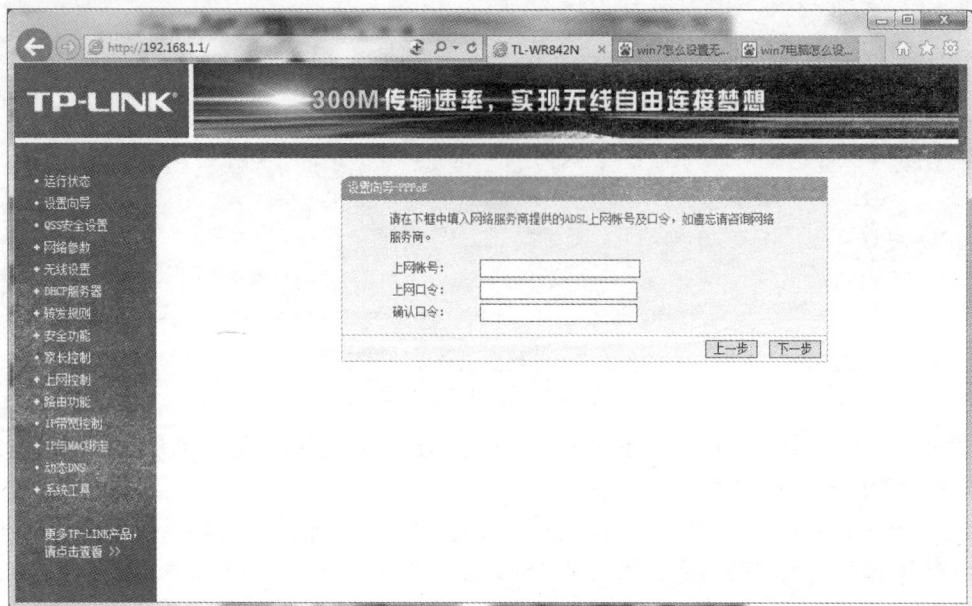

图 5.9 "输入上网账号及口令"的对话框

（各省不一样），其他选项使用默认值，单击"保存"按钮，完成路由器的配置操作，并查看无线路由器状态，如图 5.12 所示。

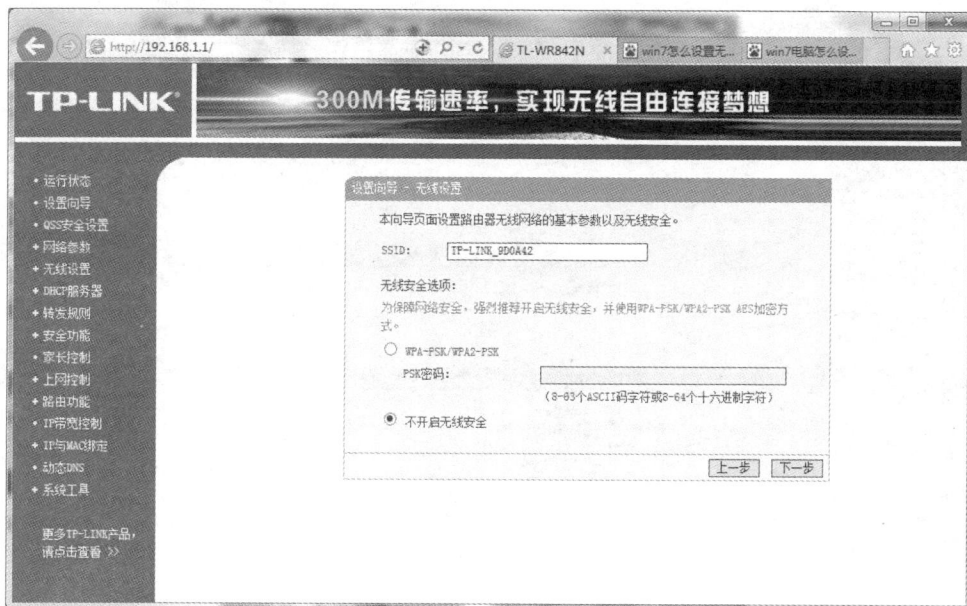

图 5.10 "无线设置"对话框

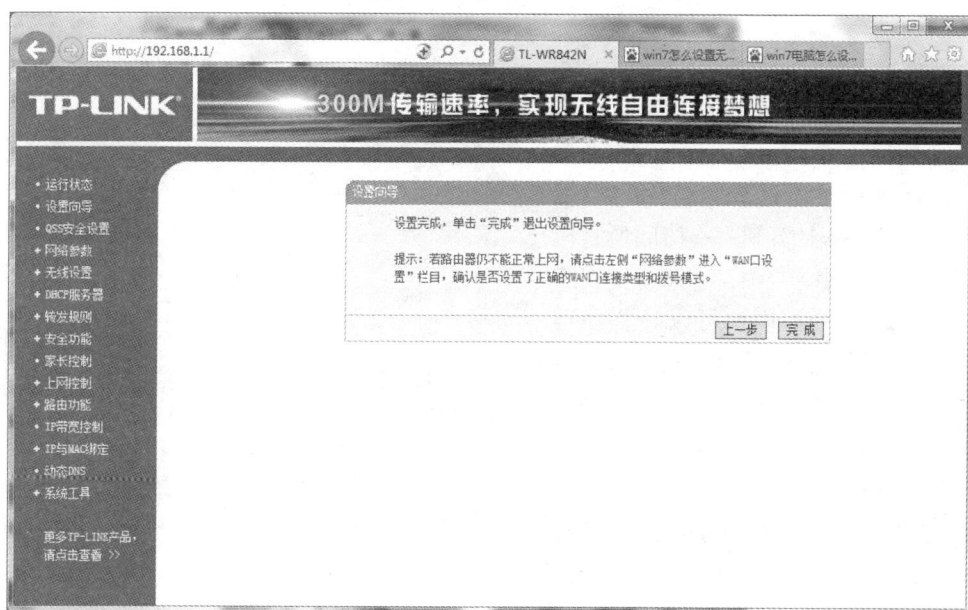

图 5.11 "设置向导"完成对话框

3. 客户端与网络连接测试。

打开台式机或笔记本电脑,设置"Internet 连接协议(TCP/IP)"属性为自动获取 IP 地址(如果路由器已经成功获得相应的 IP 地址及 DNS 服务器等信息,客户端就可以无线上网或进行资源共享)。

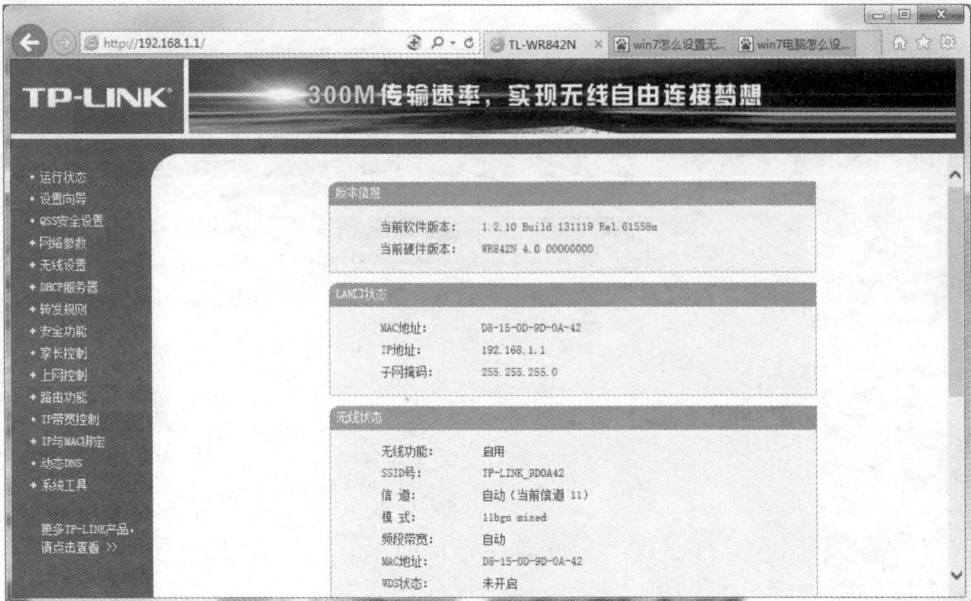

图 5.12　"运行状态"对话框

实训项目二　Win7 中的网络功能简单应用

1．远程登录。

使用 Win7 上的远程桌面，用户可以从其他计算机上访问运行在自己计算机上的 Windows 会话。这意味着用户可以从家里连接到工作计算机，并访问所有应用程序、文件和网络资源，好像就坐在工作计算机前面一样。用户可以让程序运行在工作计算机上，然后当回到家时可以在家庭计算机上看见正在运行该程序的工作计算机的桌面。

具体步骤：

① 设置访问端：在"我的电脑"图标上，单击鼠标右键，选择"属性"，在弹出的窗口中选择"远程"选项，如图 5.13 所示。选择"允许用户远程连接到这台计算机"，单击"选择远程用户"按钮，在弹出的对话框中设置用于远程访问这台计算机的账号。记住，为了安全，这些账号要有复杂的密码。另外，如果不选择用户，默认情况下，管理员账号组的成员有远程访问这台计算机的权利。设置好账户后，单击"确定"按钮，这样被访问端就设置好了。

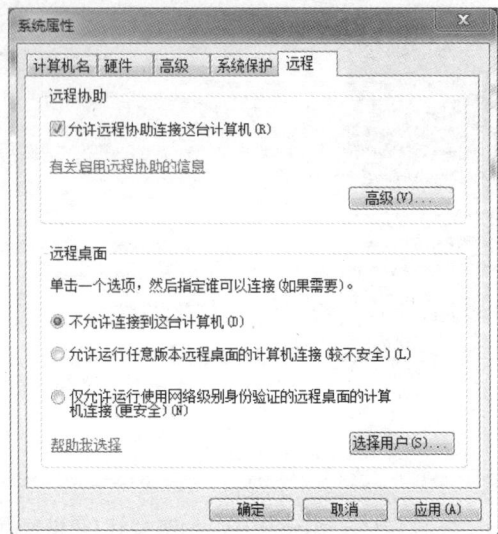

图 5.13　设置访问端

② 访问端的使用：选择"开始"→"所有程序"→"附件"→"远程桌面连接"菜单命令，弹出对话框，如图 5.14 所示。

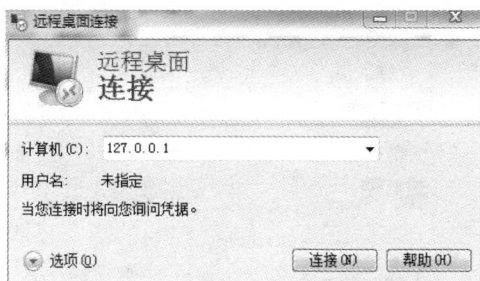

图 5.14　"远程桌面连接"对话框

③ 单击"选项"按钮显示更多的设置信息，如图 5.15 所示

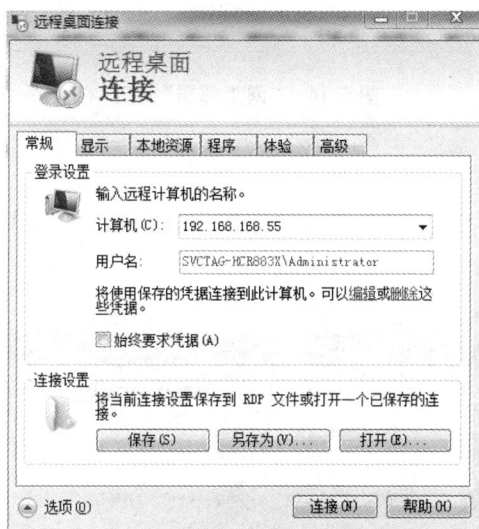

图 5.15　"远程桌面连接"对话框

④ 在"计算机"框中，键入计算机名或 IP 地址，然后键入用户名和密码，单击"连接"就实现了远程登录。

2."网上邻居"的使用。

"网上邻居"是进入所有可用网络资源的一种快捷途径，这就像可以通过"我的电脑"来获得本地机系统中存储的所有资源一样。

① 启动"网络邻居"。

双击桌面上的"网上邻居"图标或者在"开始"菜单中选择"网上邻居"选项，打开"网上邻居"窗口（图 5.16）。

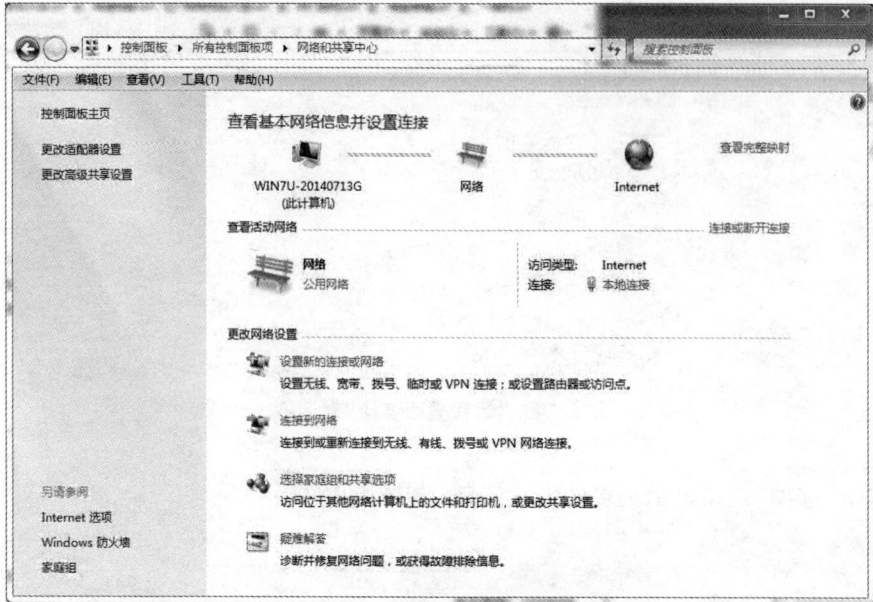

图 5.16　"网上邻居"窗口

② 查看工作组计算机。

单击"查看工作组计算机"，打开本机所在的工作组窗口（图 5.17），可以看到工作组里所有的计算机。

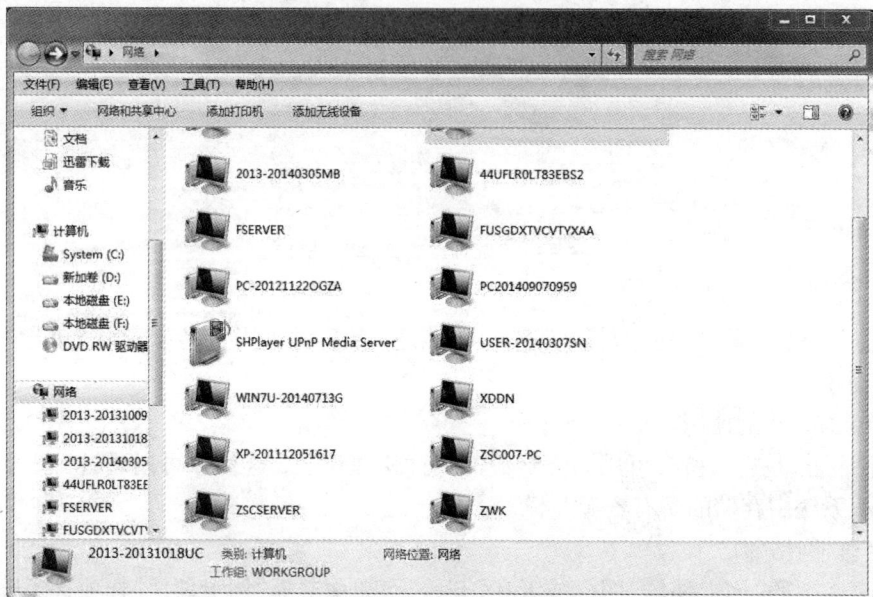

图 5.17　"工作组"计算机窗口

③ 访问工作组中的网络资源，点击需要访问的计算机图标，例如双击图中的"WIN7U –
20140713G"计算机，打开 Users 文件夹，如果用户采用工作组的方式访问该计算机，此时将
会遇到输入用户和密码的对话框，只有用户正确输入被访问计算机认可的用户名和密码后，
才能打开如图 5.18 所示的窗口。

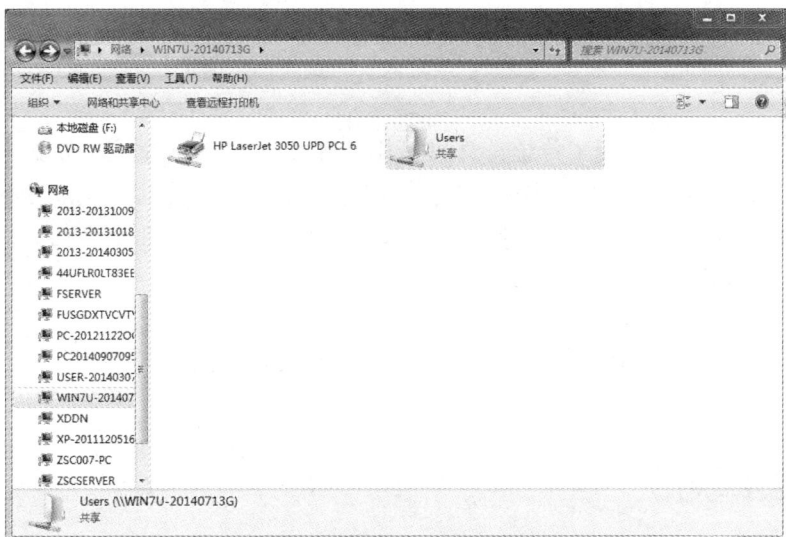

图 5.18　"WIN7U – 20140713G"计算机提供的网络资源

④ 双击要访问的具体资源图标，比如"Users"，打开该资源的窗口（图 5.19），其中的具
体内容以文件夹和文件的形式列出。接下去的操作与资源管理器的使用一样，至于是否能删
除或修改其中的内容，取决于用户在进行网络登录时所使用的用户账号权限。

图 5.19　"Users"资源图标中的具体内容

第六章　多媒体软件应用

引言

多媒体技术的出现，改变了传统计算机只能处理和输入/输出文字、数据的形象。使计算机的操作和应用变得丰富多彩起来。随着多媒体技术的发展，以其为核心的数字图像、MP3、MP4、网络影音、高清影像、电脑游戏、虚拟现实等技术的实现更是给人们的工作、生活和娱乐带来了深刻的影响。

第一部分　多媒体软件知识概述

6.1　多媒体知识

6.1.1　多媒体

多媒体是文字、声音、图形、图像、动画、视频等多种媒体信息的统称。计算机多媒体技术是指使用计算机综合处理多种媒体信息的技术。习惯上人们常把"多媒体"当成"计算机多媒体技术"的同义语。

6.1.2　多媒体计算机

多媒体计算机是指能够对声音、图像、视频等多媒体信息进行综合处理的计算机。其主要功能是指可以把文字、声音、视频、图形、图像、动画和计算机交互式控制结合起来，进行综合的处理。传统计算机硬件系统是由主机、显示器、键盘、鼠标等组成，多媒体计算机则需要在较高配置的硬件基础上添加光盘驱动器、多媒体适配卡（声卡、视频输入采集卡等），并根据需要接入多媒体扩展设备。常见的多媒体设备如表 6.1 和表 6.2 所示。

表 6.1　常见的多媒体输入设备

·扫描仪
扫描仪是一种将照片、图纸、文稿等平面素材扫描输入到计算机中，转换成数字化图像数据的图形输入设备。扫描仪与相应的软件配套，可以进行图文处理、平面设计、光学字符识别（OCR）、工程图纸扫描录入、数字化传真、复印等操作。按照扫描方式的不同，扫描仪可分为平板式、手持式、滚筒式三种。扫描仪的主要性能指标有分辨率、扫描色彩位数、扫描速度、扫描幅面大小等

· 触摸屏

触摸屏是一种指点式输入设备，是在计算机显示屏幕基础上，附加坐标定位装置构成。人们直接用手指触摸安装在显示器前端的触摸屏，系统根据手指触摸的动作和位置定位来接收输入信息。用触摸屏来代替鼠标或键盘，既直观又方便，可以有效地提高人机对话效率。最新问世的多点触控技术，更是代表了未来计算机输入技术的革命。触摸屏按技术原理可分为压力传感式、电阻式、电容式、红外线式和表面声波式五种。

触摸屏的主要性能指标有分辨率、反应时间等

· 数位绘图板（手写板）

数位绘图板（手写板）是一种手绘式输入设备，通常会配备专用的手绘笔。

人们用手绘笔在绘图板的特定区域内绘画或书写，计算机系统会将绘画轨迹记录下来。如果是文字，可以通过汉字识别软件将其转变成为文本文件。按技术原理分类，数位绘图板常见的有电容触控式和电磁感应式两种。数位绘图板主要性能指标有精度（分辨率）、压感级数等

· 麦克风

麦克风学名为传声器，是一种将声音转化为电信号的能量转换设备。在多媒体计算机中，麦克风用于采集声音信息，然后由声卡将反映声音信息的模拟电信号转化为数字声音信号。

目前常用的麦克风按工作原理分有动圈式、电容式、驻极体、硅微传声等类型。

麦克风的主要性能指标有灵敏度、阻抗、电流损耗等

· 数码相机（DC）

数码相机是一种能够进行拍摄并通过内部处理把拍摄到的影像转换为数字图像的特殊照相机。它与普通相机很相似，但区别在于：数码相机在存储器中储存图像数据，普通相机通过胶片曝光来保存图像。数码相机可以直接连接到多媒体计算机、电视机或打印机上，进行图像输出。

数码相机一般按光学系统结构分类，有单反、单电、微单、一体式等几种类型。

数码相机的主要性能指标有照片分辨率、镜头焦距、光线敏感程度等

· 数码摄像机（DV）

数码摄像机是一种能够拍摄动态影像并以数字格式存放的特殊摄像机。与传统的模拟摄像机相比，具有影像清晰度高、色彩纯正、音质好、无损复制、体积小、重量轻等优点。

数码摄像机按存储介质的不同可分为磁带摄像机、DVD光盘摄像机、硬盘摄像机、闪存摄像机等，按清晰度可分为标清摄像机和高清摄像机（HDV）等。

数码摄像机的主要性能指标有清晰度、灵敏度、最低照度等

· 数字摄像头

数字摄像头是一种依靠软件和硬件配合的多媒体设备。它体积小巧，成像原理与数码摄像机类似，但其光电转换器分辨率比数码摄像机差一些，且必须依靠计算机系统来进行数字图像的数据压缩和存储等处理工作，因此价格低廉。

数字摄像头按传感器不同可分为CCD摄像头和CMOS摄像头两种。

数字摄像头的主要性能指标有像素值、分辨率、解析度等

表6.2　常见的多媒体输出设备

·音箱
音箱学名为扬声器,是将电信号转换为声音的能量转换设备。在多媒体计算机中,音箱用于将声卡转换后的模拟电信号进行放大,并转化为动听的声音和音乐。 一般多媒体计算机上使用的是2.1声道(左、右声道+低音声道)音箱组,也有使用5.1声道(左前、右前、左后、右后、中置声道+低音声道)的音箱组。 音箱的主要性能指标有频响范围、灵敏度、功率等

·投影仪
投影仪可以与录像机、摄像机、影碟机、多媒体计算机系统等多种信号输入设备相连,将信号放大投影到大面积的投影屏幕上,获得大幅面、逼真清晰的画面,被广泛用于教学、会议、广告展示等领域。 投影仪按显示技术可分为液晶(LCD)投影仪和数码(DLP)投影仪两种。 投影仪的主要性能指标有分辨率、亮度、灯泡使用寿命等

6.1.3　多媒体核心技术

在多媒体计算机中,主要应用了两种核心技术:一种是模/数、数/模转换技术,另一种是压缩编码技术。

模/数转换是指将多媒体信息转换为数字信息的过程。即首先通过采集设备(如声音使用麦克风、静态图像通过数码相机、动态图像使用摄像机)将现实世界的声音、图像等信息转化为模拟电信号,然后对这个模拟电信号进行数字化转换的过程。这个过程由采样和量化构成。

采样是指将模拟信息的波形按一定频率分成若干时间块;分块结束再将每块的波形按高度不同转化为二进制数值,并最终编码为二进制脉冲信号,即量化。这样就可以实现从模拟电信号到二进制数字信号的转换。模/数转换示意图如图6.1所示。而数/模转换是将二进制数码重新转换为模拟波形信号并在相关设备上重现声音或图像的过程。

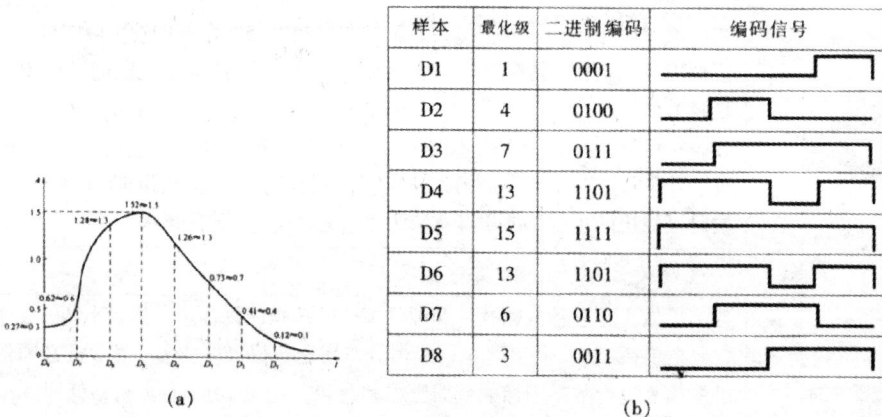

样本	最化级	二进制编码	编码信号
D1	1	0001	
D2	4	0100	
D3	7	0111	
D4	13	1101	
D5	15	1111	
D6	13	1101	
D7	6	0110	
D8	3	0011	

(a)　　　　　　　　　(b)

图6.1　模数转换示意图

压缩编码是将经过模/数转换的原始二进制数码以一定的算法重新组合编码的技术，多媒体信息经过压缩编码后数据量大大减少，以便于保存和分享。

6.1.4　多媒体信息的类型

多媒体信息在计算机中是以文件方式保存的，不同的多媒体信息的获取、播放和处理所使用的软件也各不相同。常见的多媒体信息与文件类型如表 6.3 所示。

表 6.3　多媒体信息的主要类型

媒体类型	文件类型	描述	获取方式	常用软件	常见文件格式
文本	文本文件	指各种文字及符号，包括文字内容、字体、字号、格式及色彩等信息	键盘输入 OCR 扫描	记事本，Word 等	TXT，DOC 等
音频	波形音频文件	波形音频文件是以数字编码方式保存在计算机文件中的音频波形信息，特点是声音质量好，但文件比较大。波形音频可以按一定的格式进行压缩编码转换为压缩音频	麦克风输入，音频软件截取	录音机等	WAV，AU 等
	压缩音频文件	压缩音频文件是将原始的波形音频经过一定算法的压缩编码后生成的音频文件，压缩音频文件的大小一般只有波形音频文件的十分之一左右，是最为常用的音频类型	音频转换与压缩软件	压缩音频文件可以使用 Winamp、千千静听等软件播放，也可以复制到 MP3 播放机中播放	MP3，MA，RM，APE 等
	MIDI 音乐文件	MIDI 音乐文件是音乐与计算机结合的产物。与波形音频文件和压缩音频文件不同，MIDI 不是对实际的声音波形进行数字化采样和编码，而是通过数字方式将电子乐器弹奏音乐的乐谱记录下来，如按了哪一个音阶的键、按键力度多大、按键时间多长等。当需要播放音乐时，根据记录的乐谱指令，通过计算机声卡的音乐合成器生成音乐声波，再经放大后由扬声器播出。与波形音频相比，MIDI 需要的存储空间非常小，仅为波形音频文件的百分之一	电子琴，MIDI 音乐制作软件	CAKEWALK 等	MID，MIDI 等

续表 6.3

媒体类型	文件类型	描述	获取方式	常用软件	常见文件格式
图形	图像文件	图像文件也称位图文件，位图是由像素组成的，所谓像素是指一个个不同颜色的小点，这些不同颜色的点一行行、一列列整齐地排列起来，最终就构成由不同颜色的点组成的画面，称之为图像	扫描仪，数码相机，截图软件，图形处理软件等	浏览图像文件可以使用 ACDSee、豪杰大眼睛等，如进行复杂处理可以使用 PhotoShop	BMP，JPG，PNG，TIF 等
	矢量图形文件	矢量图是以数学的方式对各种形状进行记录，最终显示由不同的形状所组成的画面，称为矢量图形。矢量图形文件中包含结构化的图形信息，可任意放大而不会产生模糊的情况	专用的计算机图形编辑器或绘图程序产生	AutoCAD，Corel-Draw，Illustrator 等	DWG，DXF，CDR，EPS，AI，WMF 等
视频	数字视频文件	数字视频是经过视频采集后的数字化并存储在计算机中的动态影像，根据影像文件的编码方式不同，分为不同格式的文件	数码摄像机，数字摄像头，视频采集卡采集的视频信号，视频录像软件，视频处理软件	数字视频文件可以使用暴风影音完美者解码等软件来播放 用于数字视频编辑的软件 Premiere、After Effects、Avid、Edius 和会声会影等	AVI、WMV、MP4、RMVB、ASF、TS、MKV 等
动画	动画是指一系列连续动作的图形图像，并可以带有同步的音频				
	对象动画文件	动画中的每个对象都有自己的模式、大小、形状和速度等元素，演示脚本控制对象在每一帧动画中的位置和速度	对象动画软件生成	Flash 等	FLA，SWF 等
	帧动画文件	由一系列的快速连续播放的帧画面构成，每一帧代表在某个指定的时间内播放的实际画面，因此可以作为独立单元进行编辑	帧动画软件生成	GIF 动画制作软件	GIF 等

6.2　图像文件的浏览

可用于图形文件浏览的软件非常多，有 Windows XP 操作系统自带的图片查看器，还有

ACDSee、XnView、Picasa、豪杰大眼睛等。ACDSee 是其中使用较为广泛的看图软件。使用 ACDSee 浏览图像文件操作：

（1）安装并启动 ACDSee（本书使用的是 ACDSee Pro 2 版本）。

（2）在 ACDSee 界面窗口左栏的树形文件列表中选择要浏览的图片文件夹，右栏即可显示所有图片的缩略图，如图 6.2 所示。

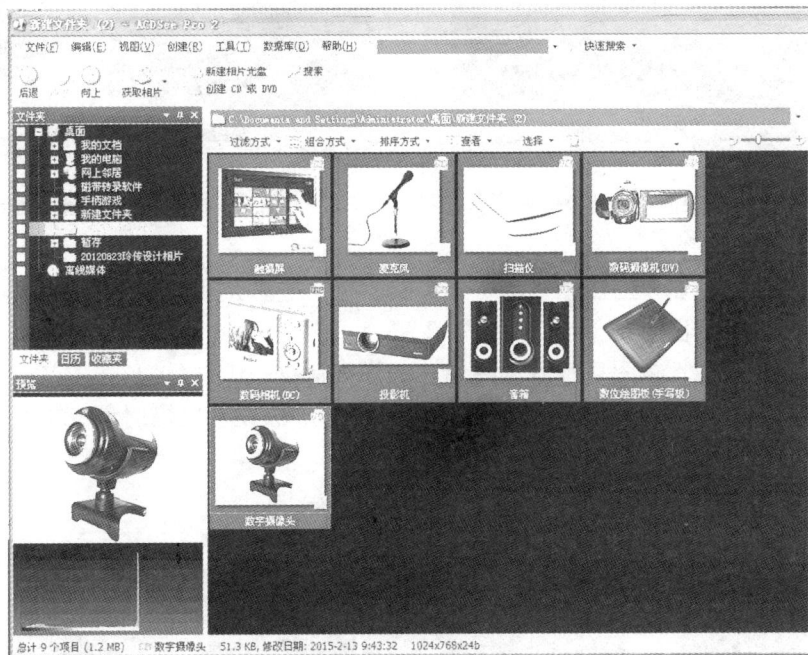

图 6.2　在 ACDSee 中浏览图片文件夹

（3）选择喜欢的图片，可以在预览面板中显示，双击可以放大显示。按 Esc 键可以退出放大显示。

（4）在选择的图片上单击鼠标右键，在弹出的快捷菜单中选择"属性"命令，可以在窗口右侧显示图片的属性；单击属性视图中的"EXIF"选项，可以显示数码照片的拍摄信息，如图 6.3 所示。

（5）在选择的图片上单击鼠标右键，在弹出的快捷菜单中选择"设置壁纸居中"命令，可以将该图片以居中方式设为桌面壁纸，如图 6.4 所示。

ACDSee 是一个功能强大的图像文件浏览软件，不仅可以实现各种格式的图像文件浏览，还可以实现从数码相机和扫描仪获取图像，包括图像文件预览、组织、查找，图像及文件信息查看、设置壁纸等功能，并可以使用它实现去除红眼、剪切图像、锐化、浮雕特效、曝光调整、旋转、镜像、批量处理等编辑功能。

在 ACDSee 中，提供了不同的视图，可以以各种方式浏览图片信息。

（1）文件夹视图。文件夹视图用于选择要浏览的图片文件夹，提供了文件夹浏览、日历浏览（按图片浏览历史查看）和收藏夹查看功能，如图 6.5 所示。

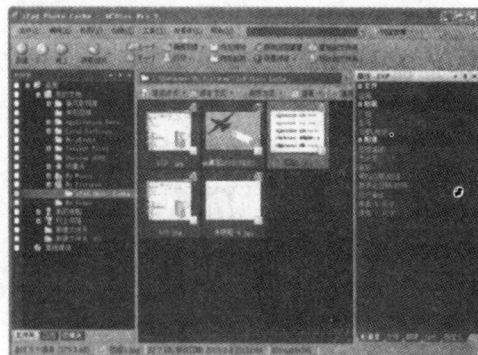

图 6.3 显示数码照片的拍摄信息

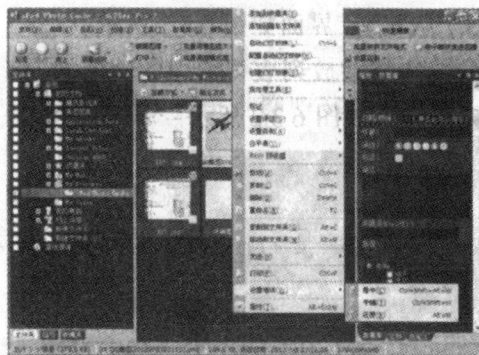

图 6.4 将图片设为桌面壁纸

（2）预览视图。预览视图用于显示所选择的图片，并显示图片的一些基本信息，如光谱特性、拍照信息等，如图 6.6 所示。

（3）属性视图。属性视图显示所选择图片的详细信息，其中 EXIF 选项专门用于显示数码照片的拍照信息，如相机型号、快门速度、光圈值、焦距、拍摄时间、拍照模式等，如图 6.7 所示。

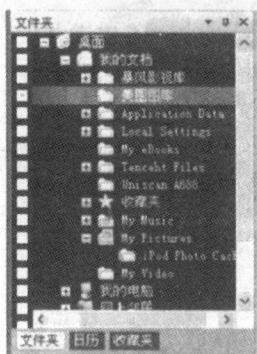

图 6.5 文件夹视图

图 6.6 预览视图

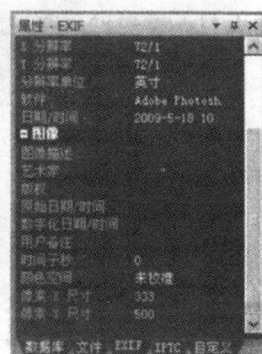

图 6.7 属性 EXIF 视图

6.3 播放音频和视频

播放音频的软件可以使用 Windows 操作系统自带的 Windows Media Player 或者使用 Winamp 和千千静听等。播放视频也可以使用 Windows Media Player。此外，RealPlayer、QuickTime、暴风影音和完美者解码也是较常用的音频和视频播放软件。

6.3.1 使用千千静听播放音频文件

（1）从网络下载（http://ttplayer.qianqian.com）安装并启动千千静听（本书使用的是千千静听 5.7 版本），界面如图 6.8 所示。

（2）选择播放列表视图中的"添加文件（F）…"命令，进入存放音乐的目录，选择多个音频文件，如图6.9所示。

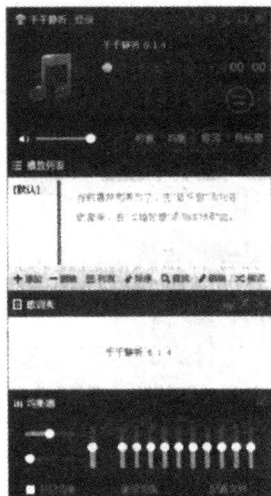

图6.8　千千静听主界面

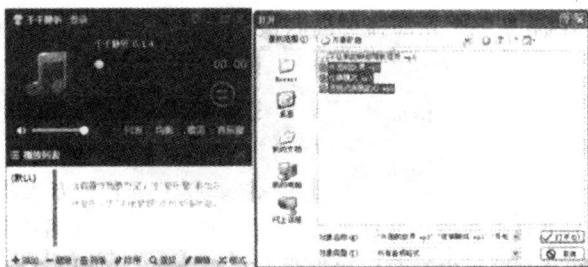

图6.9　选择多个音频文件

（3）单击"打开"按钮，将选择的音频文件添加进播放列表，如图6.10所示。还可以再次添加其他的音频文件至播放列表。

（4）在均衡器视图中单击鼠标右键，在弹出的快捷菜单中选择"可选类别流行音乐"命令，设置播放音效模式为"流行音乐"，如图6.11所示。

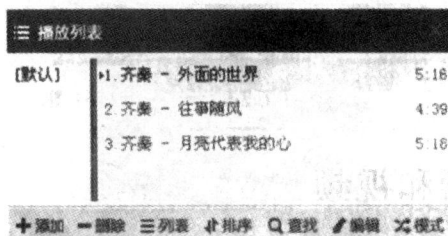

图6.10　添加多个音频文件后的播放列表

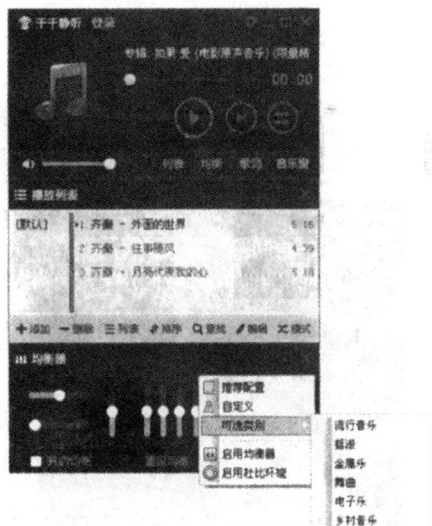

图6.11　设置播放音效模式为"流行音乐"

（5）单击音频播放按钮▣，开始播放音乐。播放时可以单击▣按钮实现暂停、单击▣按钮播放下一曲，单击▣按钮播放上一曲，单击▣按钮停止播放；还可以移动▭滑块调节当前播放位置，在均衡器板界面调节▮滑块调整音量。

千千静听除了可以播放本地音频媒体文件外，还支持网络在线的音频文件播放。网络在线音频可以通过选择播放列表视图中的"添加网上搜索（O）…"命令的方式，搜索想播放的音乐，然后添加至播放列表的方法播放。也可以单击▣按钮在千千静听软件附带的"音乐窗"中选择喜欢的音乐添加至播放列表，如图 6.12 所示。

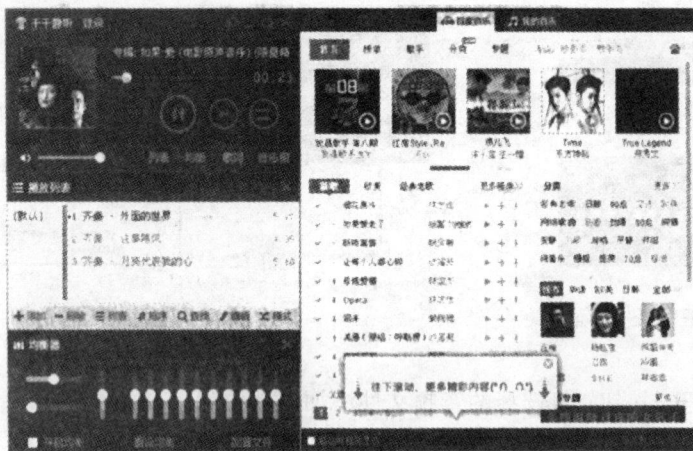

图 6.12　使用"千千音乐窗"播放网络在线音乐

6.3.2　使用暴风影音播放视频文件

（1）从网络下载（ http：//www.baofeng.com ）安装并启动暴风影音（本书使用的是暴风影音 2012 版本），界面如图 6.13 所示。

（2）单击暴风影音主界面中心的▣按钮，选择一个视频文件打开，将其添加进播放列表开始播放，如图 6.14 所示。还可以单击▣按钮再次添加其他的音频和视频文件至播放列表。

图 6.13　暴风影音主界面图

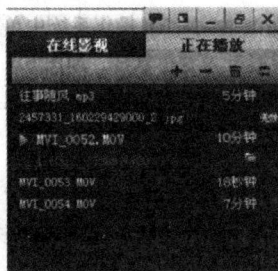

图 6.14　添加视频文件后的播放列表

（3）单击软件标题栏右侧的▬按钮，打开暴风影音主菜单，如图6.15所示。选择"视频调节"或"音频调节"命令，在打开的对话框中进行视频或音频设置。

（4）单击播放按钮▶，开始播放视频。播放时可以单击▐▐按钮实现暂停，单击◄◄ ◄◄按钮播放上一个或下一个视频，单击▬按钮停止播放；还可移动◄◄▬▬▬滑块调节播放音量。

（5）单击左上角的▣按钮，可以实现全屏播放视频，如图6.16所示。按 Esc 键可以退出全屏播放。

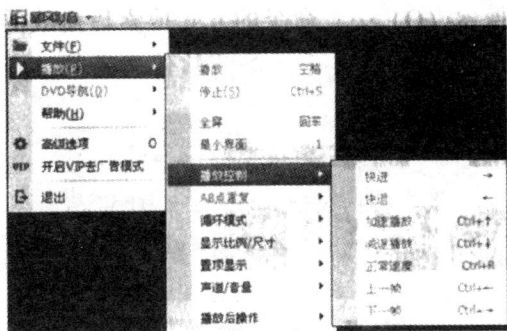

图6.15　打开暴风影音主菜单

图6.16　暴风影音全屏播放效果

暴风影音除了可以播放本地视频媒体文件外，还支持网络在线的视频文件播放。网络视频可以在暴风影音软件附带的"暴风盒子"中选择喜欢的视频添加至播放列表播放。

目前，网络视频播放软件使用较多的是 PPS（http：//www. pps. tv）、PPTV（http：//www. pptv. com）等软件，以及央视网络电视台最新推出的 CBOX（http：//cbox. cav. cn）。

6.4　获取多媒体素材

多媒体素材的获取需要相应的多媒体外设，如获取声音需要麦克风，获取图像需要数码相机或扫描仪，获取视频图像需要数码摄像机或视频采集卡。一些背景素材则可以从素材光盘或网络中获取。

6.4.1　获取音频文件

（1）安装麦克风。将麦克风插头插入计算机的 Mic 输入插口。

现在的计算机，一般都有集成声卡，因此在计算机的背板和前面都装有音频输入和输出接口，一般有 ln（接信号输入线）、Out（接信号输出线）、Mic（接麦克风）等插口。音箱和耳机是接在 Out 插口上的，麦克风需要接在 Mic 插口上。

（2）在 Windows XP 操作系统中单击"开始"按钮，选择"所有程序—附件—娱乐—录音机"命令，打开录音机软件，如图6.17所示。

（3）单击录音机软件中的录音按钮▬，开始录音。对麦克风讲话，可以发现录音机波形窗口的声音波形发生变化，如图6.18所示。

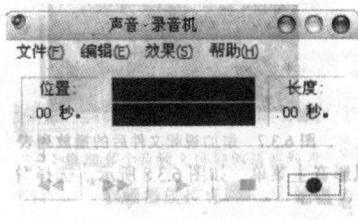

图 6.17　打开录音机

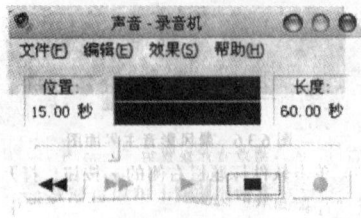

图 6.18　录音时声音波形发生变化

(4)单击停止按钮 ▨ ，停止录音。单击播放按钮 ▸ ，可以回放刚才录制的声音。

(5)选择录音机软件中的"文件保存"命令，以 WAV 格式保存录制的音频文件。

6.4.2　扫描照片

(1)连接扫描仪，安装扫描仪驱动程序，将图片放置在扫描仪扫描板上，如图6.19所示。

(2)启动 ACDSee，单击"获取相片"按钮，选择"从扫描仪"命令，如图6.20所示。

图 6.19　将准备扫描的图片放在扫描仪的扫描板上

图 6.20　选择"从扫描仪"获取相片

(3)在打开的"获取相片向导"对话框单击"下一步"按钮；选择源设备为扫描仪，如图6.21所示。选择结束后单击"下一步"按钮进入"文件格式选项"界面。

注意：不同的扫描仪在列表中有不同的型号，要注意区分。

(4)设置文件输出格式为 JPG，如图6.22所示。然后单击"下一步"按钮进入"输出选项"界面。

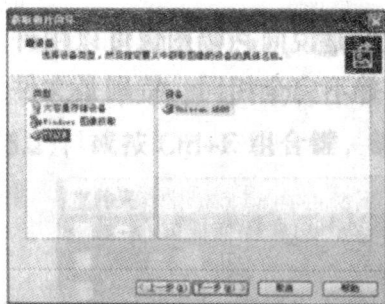

图 6.21　选择扫描设备

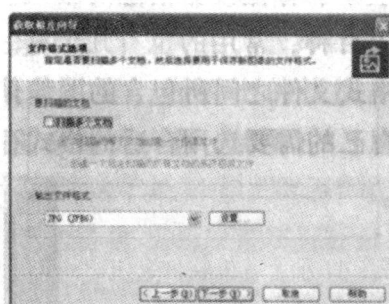

图 6.22　选择"文件输出格式"为 JPG(JPEG)

（5）在文件输出选项中设定文件名和目标文件夹，如图6.23所示。

（6）进入扫描仪设置界面，准备扫描图像，如图6.24所示。

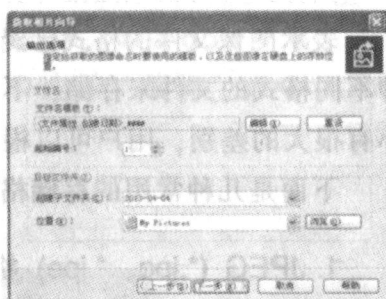

图 6.23 设定文件名和目标文件夹

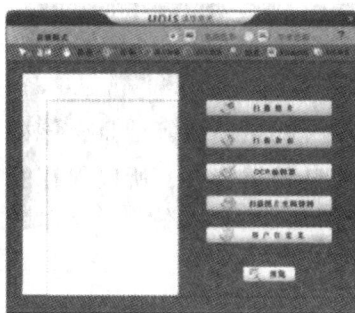

图 6.24 扫描仪界面

（7）单击"预览"按钮，以低分辨率查看整体扫描效果，如图6.25所示。

（8）在预览图像上按下鼠标左键不放拖动鼠标，选择要扫描的区域，如图6.26所示。

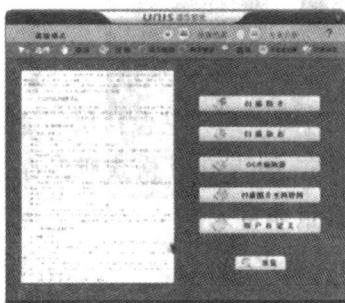

图 6.25 扫描预览

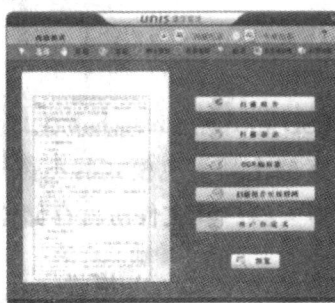

图 6.26 选择扫描区域

（9）设定扫描分辨率为1200 ×1200 像素/英寸(dpi)，扫描类型为"真灰色"，其他按默认设置，如图6.27所示。然后单击"扫描"按钮，开始扫描。

（10）扫描结束后，可以在获取相片向导界面中看到扫描的图片缩略图。

（11）然后单击"下一步"按钮，在"正在完成获取相片向导"界面中单击"完成"按钮，可以在 ACDSee 中浏览已扫描完的图像，如图6.28所示。

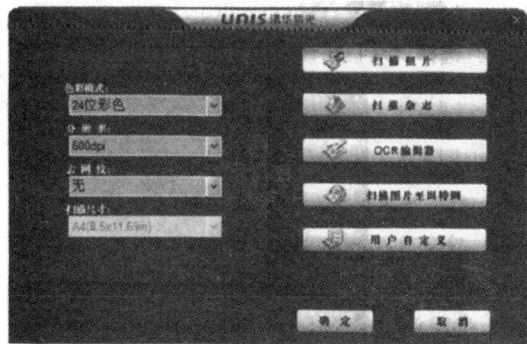

图 6.27 设置扫描参数

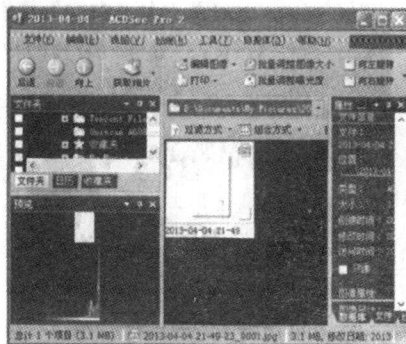

图 6.28 浏览扫描获取的图片

6.5 多媒体文件的编辑

6.5.1 图像文件的格式

图像文件的格式是指计算机表示、存储图像信息的格式。

表示图像文件的格式已经有上百种，常用的也有几十种，也就是说同一幅图像可以用不同格式的文件来存储，不同格式文件之间所包含的图像信息并不完全相同，特别是文件大小有很大的差别，用户可以根据自己的需要选用合适的格式存储。

下面是几种常用的存储格式。

1. JPEG（ * . jpg; * . jpe）格式

JPEG 格式的图像文件是一种带压缩的文件格式，是目前各种图像文件格式中压缩率最高的，它主要用于图像的预览和制作 HTML 网页，该格式比较适合色彩丰富的图片，如数码相机拍摄的照片一般采用. jpg 格式。但是，JPEG 格式的图像文件在压缩过程中会产生一定程度的失真，因此，在制作印刷品时，最好不选用这种格式。

2. PSD（ * . psd）格式

PSD 格式是 PhotoShop 生成的图像格式，它包括层、通道以及颜色模式等信息，该格式是唯一支持全部颜色模式的图像格式。因为 PSD 格式所保存的信息种类较多，所以保存的信息相对多一些，其文件所占存储器容量非常大。

3. BMP（ * . bmp）格式

BMP 格式是 Windows 操作系统中"画图"系统所保存的标准文件格式，称为位图文件，这种图像文件格式采用的是无损压缩方式，因此图像完全不失真，但是文件比较大。

4. GIF（ * . gif）格式

GIF 格式支持动画效果、透明颜色效果，还支持交错效果（图像在下载时可以从模糊逐渐到清晰）。该格式广泛用于 HTML 网页文档中。其缺点是：由于该格式采用的是索引颜色模式，只能显示 256 种颜色，图像质量有所下降。

5. TIFF（ * . tif）格式

TIFF 格式是一种通用的图像格式，几乎所有的扫描仪和多数图像处理软件都支持这种格式。

6. PDF（ * . pdf）格式

PDF 格式是网络下载经常使用的文件格式，它是由 Adobe 公司推出的专为网上出版而制定的，它以 PostScript Level 2 语言为基础编写而成，因此，它的功能可以覆盖矢量式图像和点阵式图像，并且支持超链接。

6.5.2 图像的简单处理

当采集到图像素材后，原始的数码照片或扫描图片不一定尽善尽美，要通过进一步的加工才能符合需要，这就需要使用图形编辑软件对图像进行处理。其中 PhotoShop 功能强大、使用广泛。但一些简单的图像处理 ACDSee 完全可以胜任，并且简单易用，也能生成独特的创意效果。

（1）启动 ACDSee，进入要处理的图像文件夹，选择要处理的图像，如图 6.29 所示。

（2）在选择的图片上单击鼠标右键，在弹出的快捷菜单中选择"编辑"命令（图 6.30），或按 Ctrl + E 组合键，进入图像编辑状态，如图 6.31 所示。

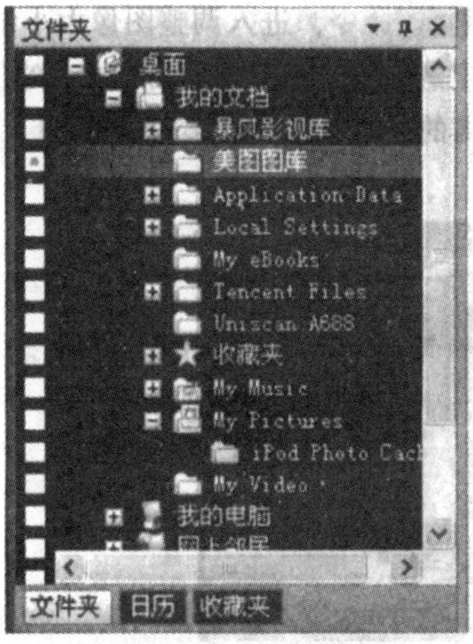

图 6.29　选择要处理的图

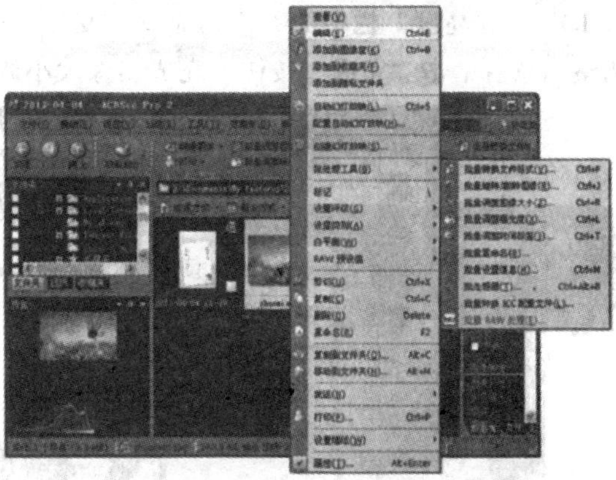

图 6.30　选择"编辑"命令

（3）裁剪图像。选择"编辑面板"主菜单下的"裁剪"命令，进入图像裁剪状态，如图 6.32 所示。移动裁剪加亮窗口并调整其边界，使其加亮显示裁剪所要选择的图像区域，如图 6.33 所示。然后单击"完成"按钮，完成裁剪，裁剪后的图像如图 6.34 所示。

图 6.31　图像编辑状态

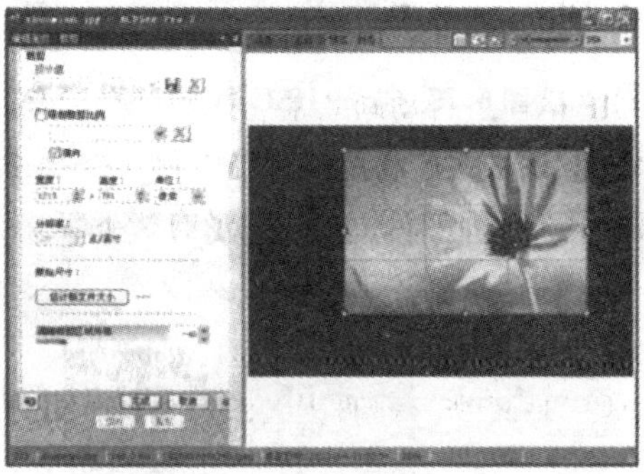

图 6.32　图像裁剪状态

（4）调整图像的亮度和颜色。选择"编辑面板"主菜单下的▇▇命令，进入图像颜色编辑状态。选择左上角的 HSL 编辑选项，如图 6.35 所示调整色调、饱和度和亮度等值，观察图像效果的变化。其中色调可以调整图像颜色的配比，饱和度可以调整图像颜色的鲜艳程度，亮度可以调整图像的明暗。调整满意后单击"完成"按钮，完成亮度和颜色调整。

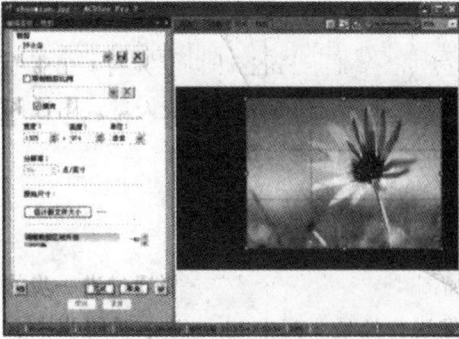

图 6.33　裁剪所要选择的图像区域

图 6.34　裁剪完成后的图像

　　(5)变换图像大小。选择"编辑面板"主菜单下的▨▨命令，进入调整图像大小编辑状态，如图 6.35 所示。选择"保持纵横比"复选框，并设定选项为"原始"，然后在"宽度"栏内输入1024，"高度"栏中的数值相应发生变化，视图内的图像大小发生变化，如图 6.36 所示。调整满意后单击"完成"按钮，完成图像大小调整。

图 6.35　选择 HSL 编辑选项

图 6.36　调整图像大小编辑状态

图 6.37　调整图像大小后的视图

图 6.38　效果编辑状态

　　(6)生成浮雕效果。选择"编辑面板"主菜单下的▨▨命令，进入效果编辑状态，如图 6.38

所示。在"选择类别"下拉列表项中选择"艺术效果"选项，然后选择效果集中的"浮雕"命令，如图6.39所示，实现浮雕艺术效果，如图6.40所示。调整"仰角"、"深浅"、"方位"等参数，调整满意后连续两次单击"完成"按钮，完成图像"浮雕"效果的调整。

（7）添加文字。选择"编辑面板"主菜单下的
的命令，进入添加文本编辑状态，如图6.14所示。在标有"文本"的列表框内输入文字"图像简单处理"，设置字体为"黑体"，大小为69，并单击文字加粗按钮，选择"阴影"和"倾斜"复选框，其余按默认设置。然后拖动图像视图中的文字至图像下方，如图6.42所示。调整满意后单击"完成"按钮，完成文字添加。

图 6.42　选择"艺术效果"中的"浮雕"效果

图 6.40　"浮雕"效果

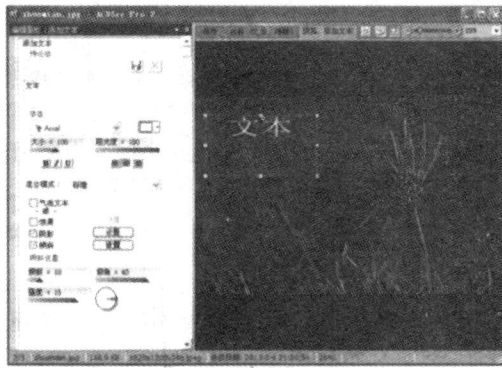

图 6.41　添加文本编辑状态

（8）选择"编辑面板"主菜单下的 命令，在弹出的"保存更改"对话框中单击"另存为"按钮，在打开的"图像另存为"对话框中输入新文件名，然后单击"保存"按钮，完成图像处理。在 ACDSee 中可以浏览刚处理好的图像，如图6.43所示。

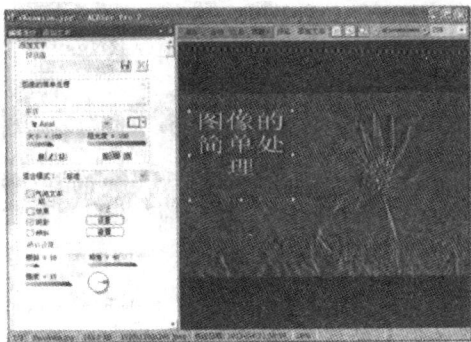

图 6.42　设置文字添加选项

图 6.43　结束图像处理后在
ACDSee 中可以浏览刚处理好的图像

第七章　大学城空间操作指南

第一部分　常用功能操作说明

7.1　如何登录"世界大学城"

在浏览器地址栏中输入 www.worlduc.com 进入"世界大学城"云平台。输入账号、密码，如图7.1所示。

图7.1　世界大学城首页

备注：浏览器 IE8.0(版本)以上。

7.2　如何在个人空间完善自己的资料

第一步：注册成为世界大学城居民，进入"我的管理空间"，点击"设置管理"板块，如图7.2所示。

第二步：在"个人资料设置"中可以完善您的基本信息、个人爱好、详细信息、教师(学生)信息，同时可以上传个人头像。填写完毕后点击"保存"即可完善个人资料，如图7.3所示。

第三步：您还可以通过"空间设置"，进行账号设置、空间视频推荐设置、空间首页设置。"账号设置"可以对空间名称、E-mail 和密码进行修改，如图7.4所示。

第四步："空间视频推荐设置"可以设置需要在空间展示页面推荐的视频，需要推荐只需

图 7.2　我的管理空间

图 7.3　个人资料设置

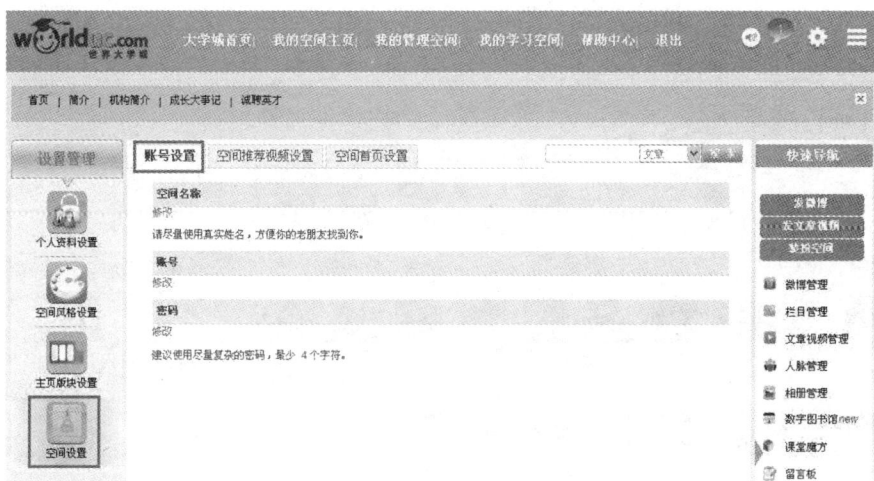

图 7.4　账号设置

在视频名称前勾选，点击保存即可，如图 7.5 所示。

图 7.5　空间视频推荐设置

7.3　注册后如何寻找好友

在世界大学城寻找好友的方式多种多样，下面介绍常用的三种方法。

方法一：先注册成为世界大学城居民，然后进入"我的管理空间"页面，点击导航条下方的"搜索"框选择"居民空间"，搜索你要加的好友，如图 7.6 所示，出现好友搜索页面，填写好友姓名："张爱玲"，点击"搜索"，出现搜索结果后选择要加为好友的空间，选择"加为好友"后提示"等待对方验证"，如图 7.7 所示。

图 7.6　我的管理空间

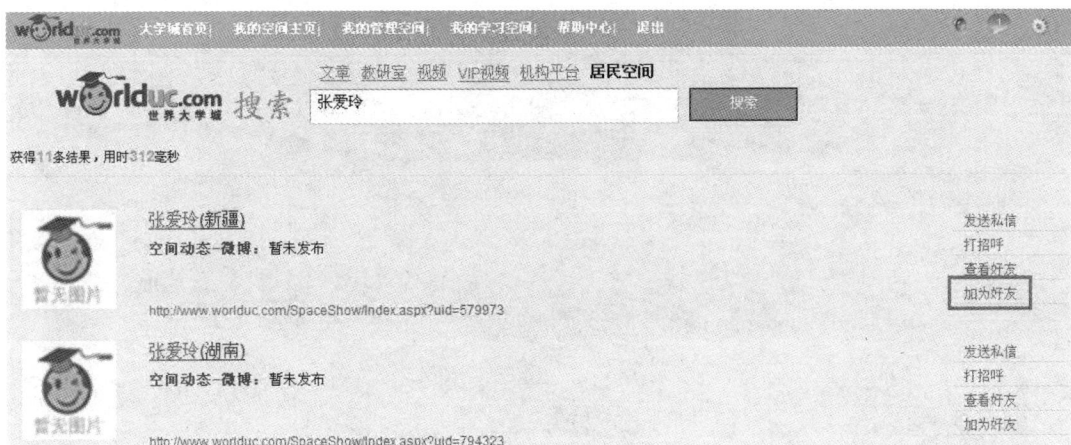

图 7.7 搜索结果

方法二：选择"优秀云空间"板块找到你想要加为好友的朋友，进入一个用户空间，如"陈翠娥"，在对方的空间头像下方有提示"加为好友"，点击后提示"等待对方验证"。如图7.8 所示。

图 7.8 世界大学城首页

方法三：先注册成为世界大学城居民，在世界大学城首页找到你想要学习的视频，可以进入视频发布者的空间，将视频发布者加为好友，等待验证即可。通过文章寻找好友的方法与视频的相同，如图 7.9 所示。

图 7.9　视频界面

7.4　如何在个人空间里建立自己的相册并上传照片

第一步：登录世界大学城，进入"我的管理空间"，点击"相册管理"，如图 7.10 所示。

图 7.10　我的管理空间

第二步：进入"相册管理"页面，点击"创建新相册"，如图 7.11 所示。

图 7.11　相册管理

第三步：创建新相册时可以编辑相册名、进行相册描述并且设置可见度。相册的可见度有四种选择，分别是全部用户可见、相同网络用户及好友可见、仅好友可见和仅自己可见，如图 7.12 所示。

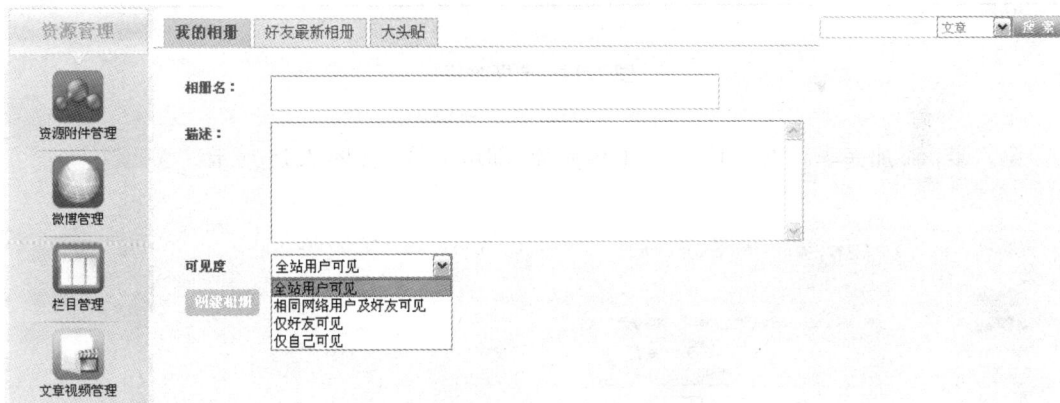

图 7.12　我的相册

第四步：填写完毕后，点击"创建相册"，该相册即可创建成功，如图 7.13 所示。

第五步：相册创建成功后系统自动跳转至图片上传页面，点击"浏览"从本地电脑中选择要上传的照片。世界大学城的相册中支持 JPG、GIF 和 PNG 格式的照片。浏览键右侧的

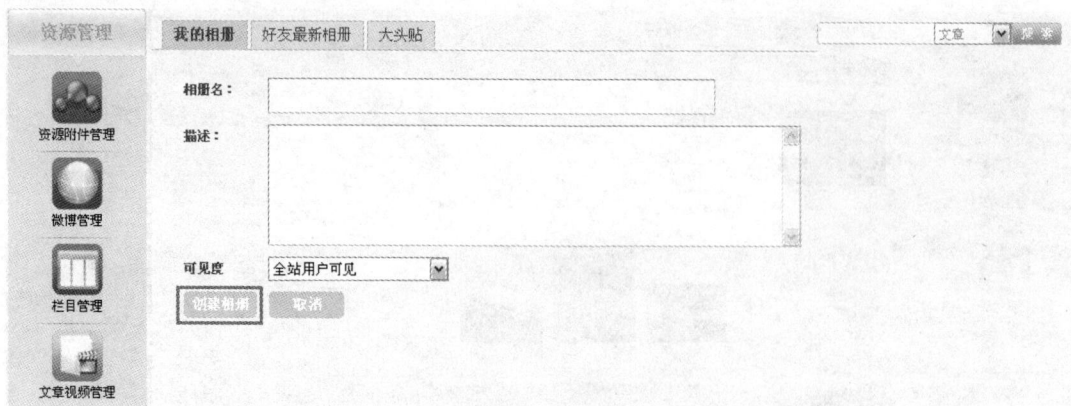

图 7.13　创建相册

"＋"、"－"为扩充照片数量的功能键，该功能键可以一次性上传多张照片，但是建议一次不要上传超过 50 张，如图 7.14 所示。

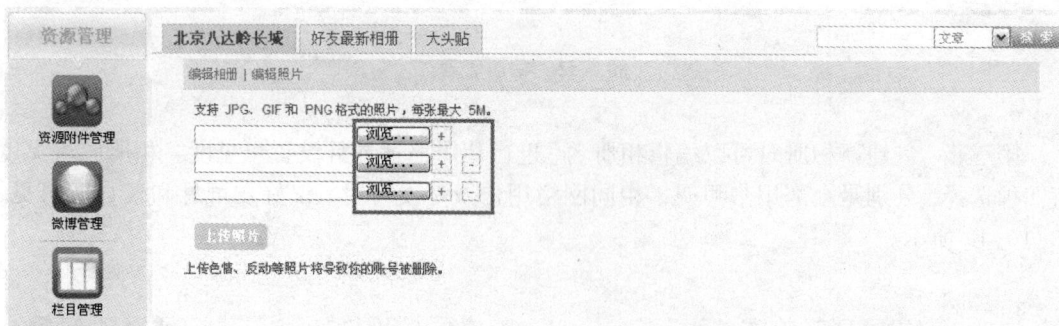

图 7.14　选择照片

第六步：添加完毕后点击下方的"上传照片"即可上传，如图 7.15 所示。

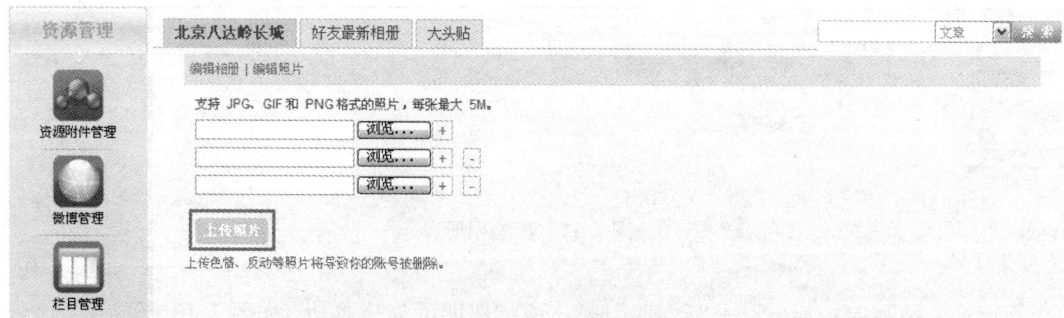

图 7.15　上传照片

7.5 如何建设个性化栏目(自创栏目)

7.5.1 如何进入

(1)注册成为世界大学城居民,在"我的管理空间"中点击"资源管理"模块,再进入"栏目管理",如图 7.16 所示。

(2)可在"我的管理空间"右侧找到"快速导航",点击进入"栏目管理",如图 7.17 所示。

图 7.16 栏目管理

图 7.17 右侧快速导航

7.5.2 建立栏目

(1)进入"栏目管理——自创栏目"页面后,填写"栏目名称",选择属性,即"视频"、"文章"两种,属性选择完成后,点击添加,如图 7.18 所示。

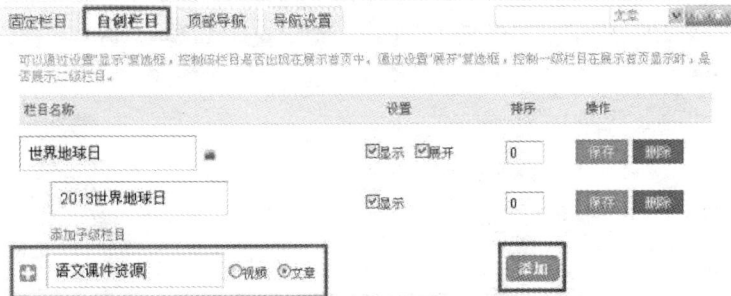

图 7.18 自创栏目

（2）一级栏目添加成功后，点击"添加子级栏目"，填写子级栏目名称，点击"添加"，如图7.19、图7.20所示。

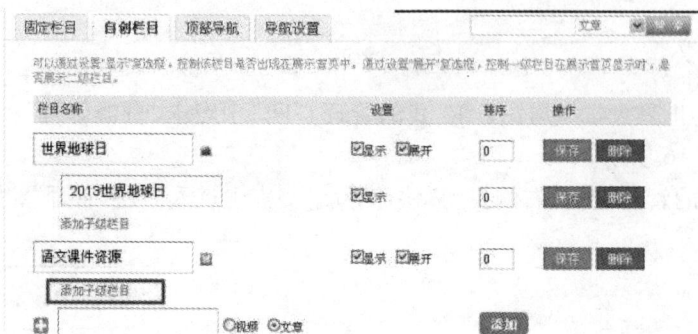

图7.19　添加栏目

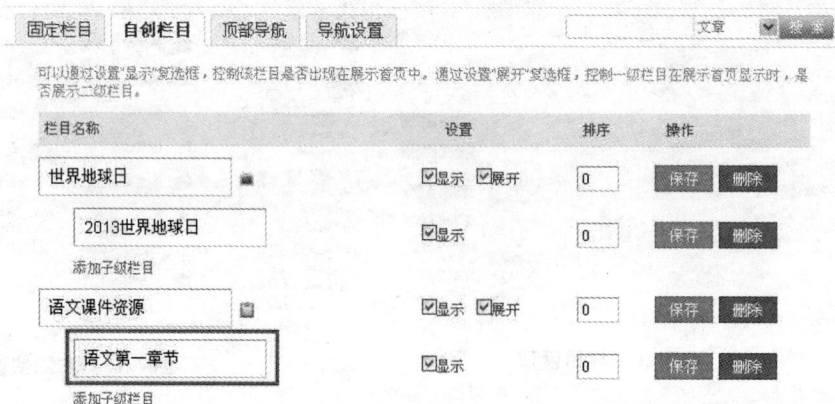

图7.20　添加栏目名称

注意：一定要添加一级栏目的子级栏目，如果不添加，无法发表文章（课件）。

（3）创建成功后，在"我的空间主页"显示，如图7.21所示。

图7.21　我的空间主页

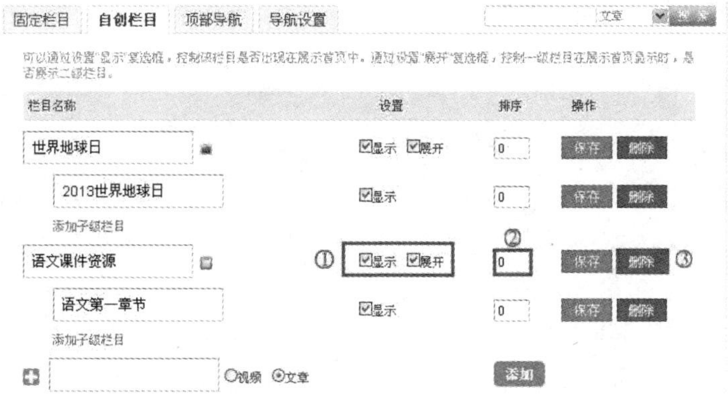

图 7.22 自创栏目

7.5.3 设置显示、展开、排序、删除

(1)在"我的空间主页"显示一级栏目,即可勾选"显示",点击保存。显示一级栏目的子级栏目,即可勾选"展开",点击保存。

(2)可对栏目进行个性化排序。输入数字,点击保存即可。默认是"0"。

(3)可以对已添加的栏目进行删除。若该栏目下存在子级栏目,需先将子级栏目全部删除,再删除该个性化栏目。

7.6 如何发表文章

第一步:登录世界大学城,进入"我的管理空间",点击进入"资源管理",如图 7.23 所示。

图 7.23 我的管理空间

　　第二步：进入"资源管理"后，点击进入"文章视频管理"，页面上方出现"文章栏目""视频栏目""VIP 视频栏目"三项，如图 7.24 所示。

图 7.24　文章视频管理

　　第三步：点击"文章栏目"页面显示所有文章栏目，选择要发表文章的栏目点击"展开"，如"语文课件资源"，如图 7.25 所示。

图 7.25　文章栏目

第四步：点击"展开"后，页面展示您要发表文章的所有二级栏目，选择点击二级栏目右侧的"发表"，如"语文第一章节"，如图 7.26 所示。

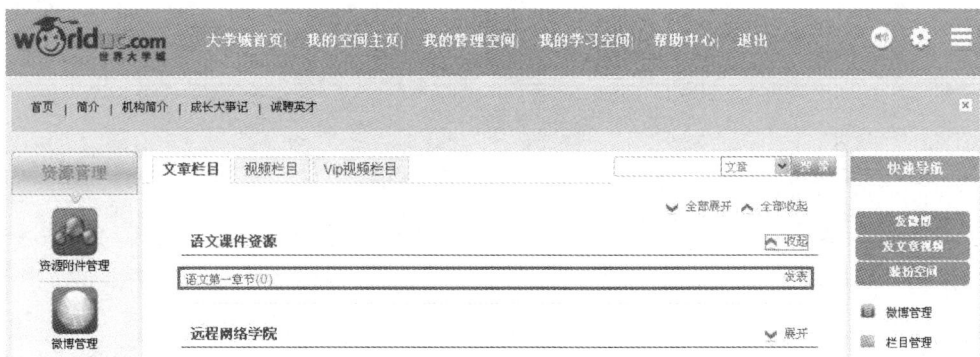

图 7.26　文章二级栏目

第五步：点击图示标注的"发表"，进入文章发表页面，如您是世界大学城普通居民则进入图 7.27 所示页面。

图 7.27　发表文章

第六步：将文章的标题、标签(关键字)添加到的自创栏目、添加到的世界大学城的大栏目及文章内容补充完毕，世界大学城普通用户填充完毕相应内容点击发表即可。

如果您暂时不发表该文章可以选择"暂存草稿箱"，该文章就会自动存至相应栏目的草稿箱，如图 7.28 所示。

如果您需要上传相关资料，点击"上传新附件"即可以从本地电脑中上传文件。"选择文

图 7.28　暂存草稿箱

件"指的是您可以通过这个功能增加您需要上传的文件，如图 7.29 所示。

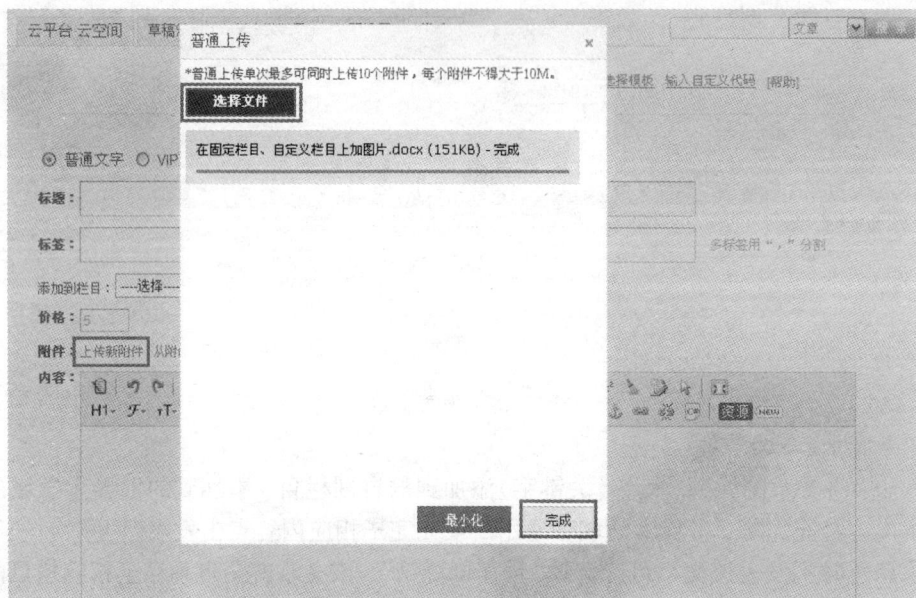

图 7.29　上传附件

7.7 如何在自己的空间上传视频

世界大学城目前只支持 FLV 制式的视频文件上传，相关格式转换请参考 7.11 节。

第一步：登录世界大学城，进入"我的管理空间"，点击进入"资源管理"，如图 7.30 所示。

图 7.30 资源管理

第二步：进入"资源管理"后，点击进入"文章视频管理"，如图 7.31 所示。

图 7.31 文章视频管理

第三步：进入"文章视频管理"后，点击"视频栏目"，如图 7.32 所示。

图 7.32 视频栏目

第四步：点击"展开"进入要发表视频的"视频栏目"，如图 7.33 所示，如"远程网络学院"，点击"视频讲坛"后的发表，如图 7.34 所示。

图 7.33　展开视频栏目

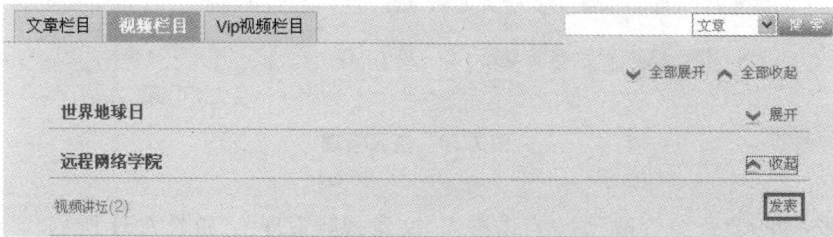

图 7.34　发表视频

第五步：您可以将视频分为多个类别，点击"自创分类栏目"，在"栏目名"后面填写自创栏目的名称后，点击"新增"，如图 7.35 所示。

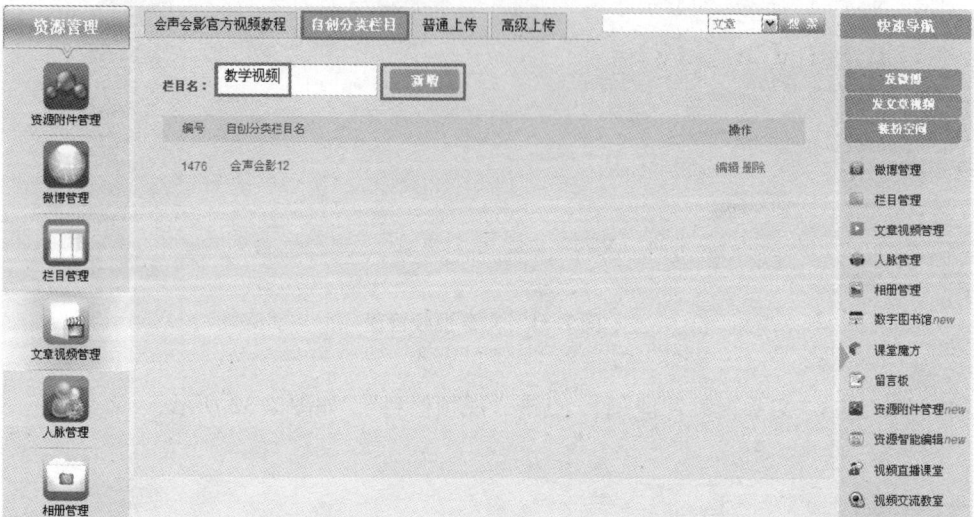

图 7.35　自创分类栏目

第六步：点击"普通上传"，点击"选择文件"，选择您要从电脑中上传到世界大学城的视频，补充标题、内容介绍、标签(关键字)，并选择需要上传的自创栏目和世界大学城的栏目，如图 7.36 所示。

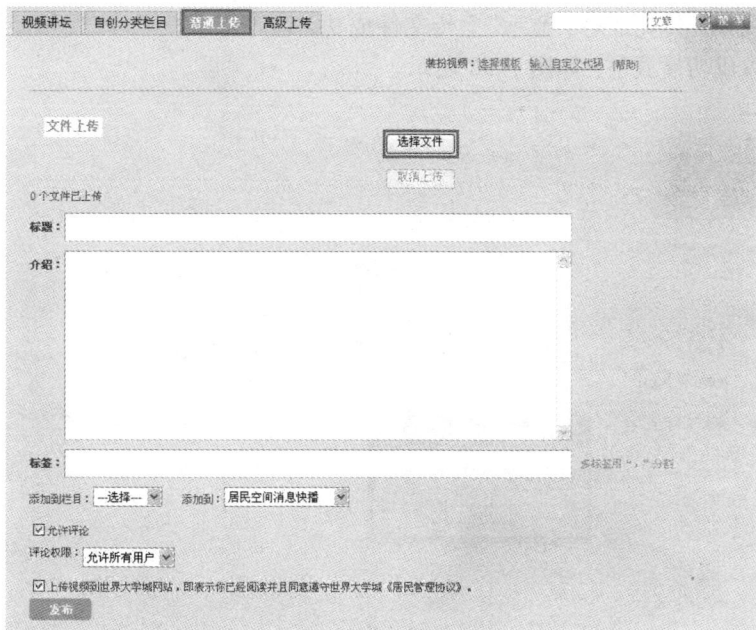

图 7.36 普通上传

第七步：当视频上传的进度条消失并提示您视频已经上传完成，显示"1 个文件已上传"，点击"发布"，如图 7.37 所示。

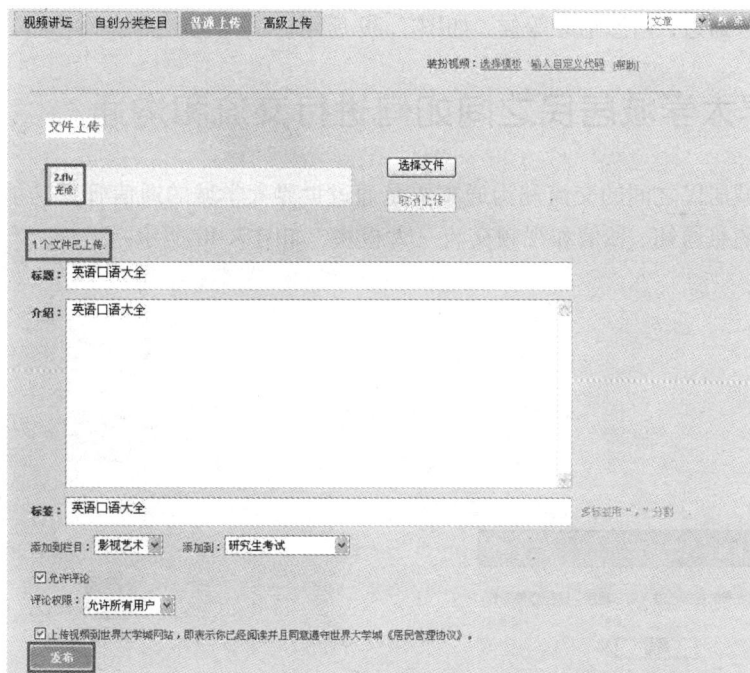

图 7.37 发布视频

第八步：视频上传完成后，显示"上传文件成功，请等待审核"，该视频经过后台管理者审核后，就可以成功播放了，如图 7.38 所示。

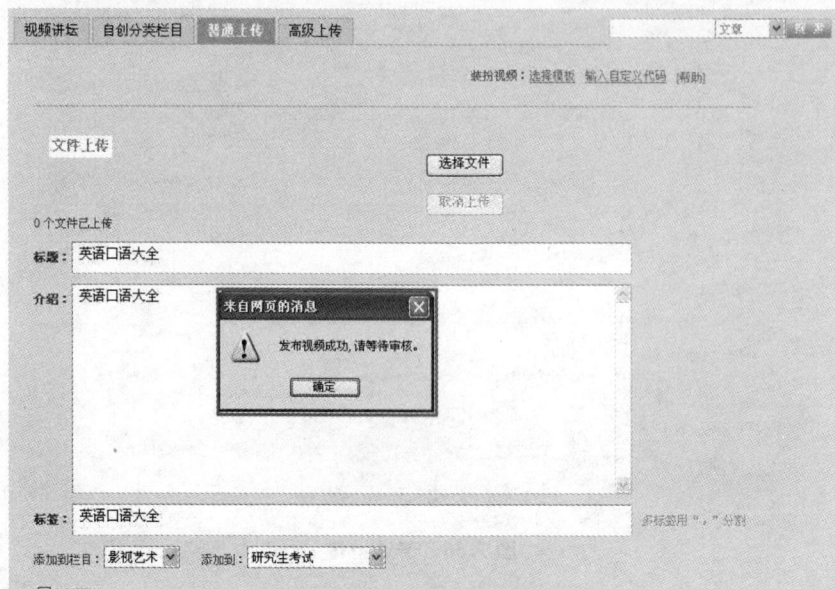

图 7.38　上传成功，等待审核

补充说明：如果您点击播放视频的时候，提示您"这个视频被禁用"，表明视频还没有被后台管理者审核通过，请您耐心等候，如图 7.39 所示。

7.8　世界大学城居民之间如何进行交流和沟通

世界大学城居民之间的交流和沟通主要是通过世界大学城的通信管理功能实现的，通信管理功能包括消息通知、私信和视频交流三大板块，如图 7.40 所示。

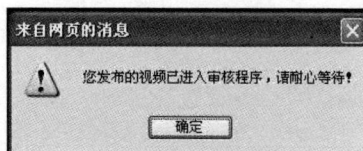

图 7.39　等待审核

图 7.40　通信管理

第一步：居民登录世界大学城空间，点击"通信管理"中的"消息通知"查看通知和请求两个板块内容。通知分为机构通知和信息通知两类，包括机构通知、个人互动留言、评论等信息，如图7.41所示。

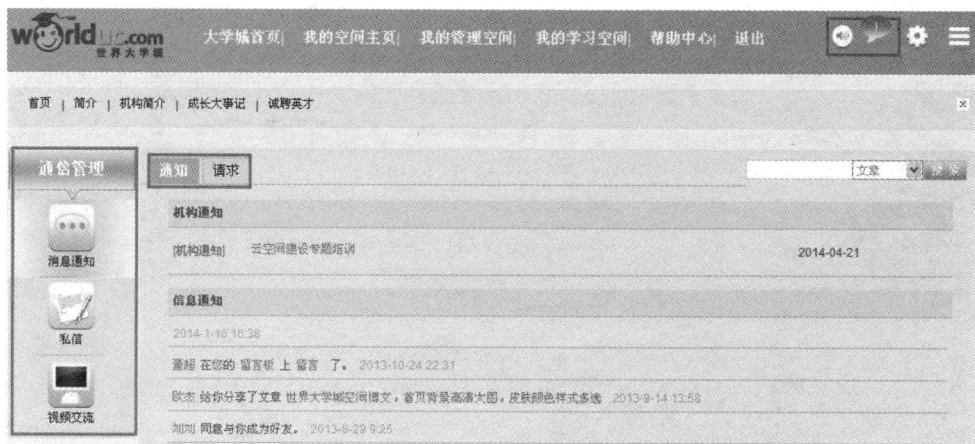

图7.41　消息通知

第二步：居民可以在"资源管理"中的"留言板管理"中点击"我的留言板"、"我的留言及回复"和"隐私设置"设置留言，如图7.42所示。

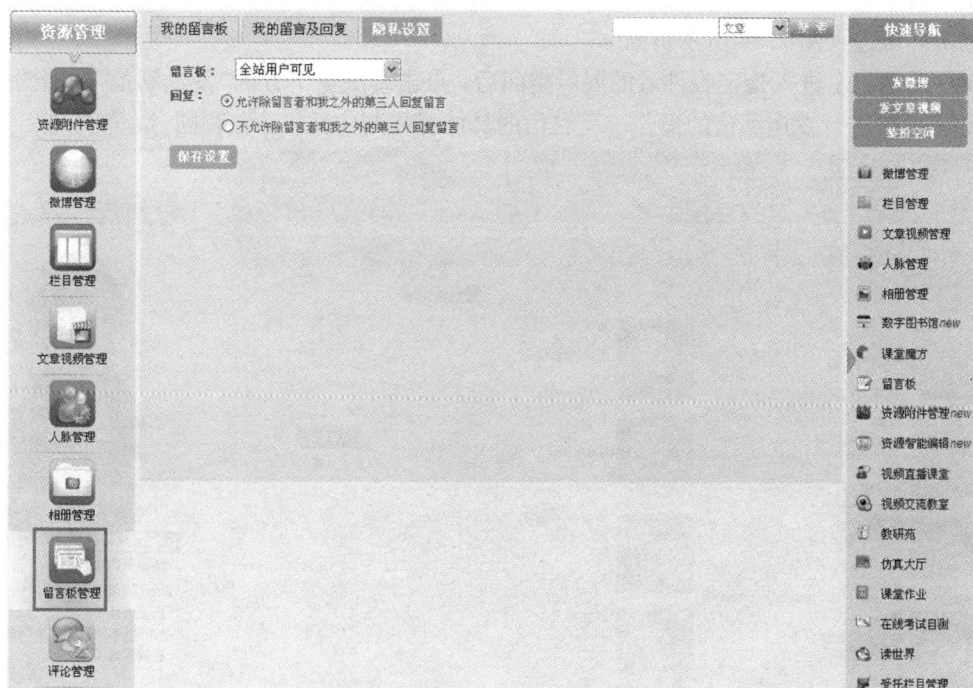

图7.42　留言板管理

私信只有发件者和收件者可以知道其中的内容，给好友发送私信有多种方式，以下列举常见的几种方式。

第一种方法：进入消息中心，点击"写私信"，进入写私信页面，如图7.43所示。

图7.43　写私信

其中，可以通过"选择好友"功能从好友列表中选择收件者。填写完收件人、主题、内容后点击"发送"即可。

第二种方法：点击"人脉管理"栏目，出现好友列表后，在好友名字下面有"发私信"按钮，点击即可进入图7.44所示页面。

第三种方法：进入指定收件者的展示空间后，点击其头像下方的"发送私信"，如图7.45所示同样可以进行发送私信的操作。写私信的具体操作与方法一、二相同。

图7.44　好友管理

图7.45　好友空间头像

7.9 如何在文章中插入 MP3、Flash 等音频文件

第一步：登录进入"我的管理空间"，点击"发文章视频"按钮，选择文章类的任意栏目，点击"发表"进入发表页面。首先将文字内容填写完整，点击"上传新附件"，如图 7.46 所示。

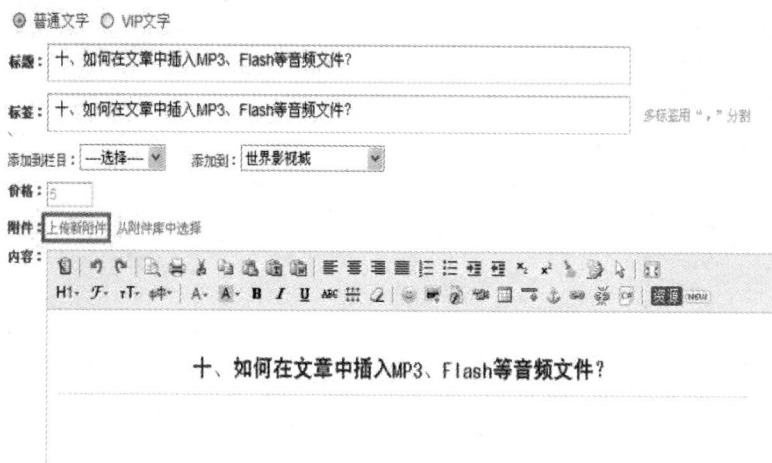

图 7.46　发表文章

第二步：选择您附件库中的文件夹（图 7.47），选择您要上传的本地音频文件（图 7.48、图 7.49）。

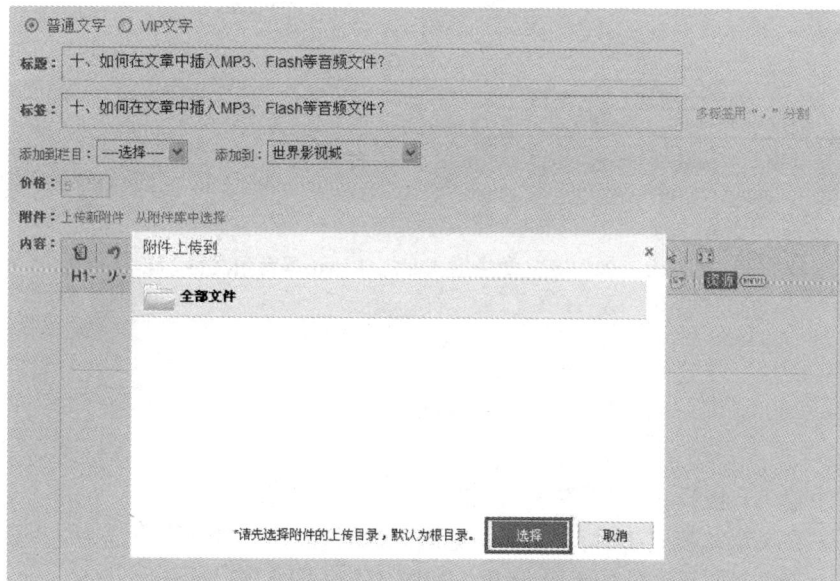

图 7.47

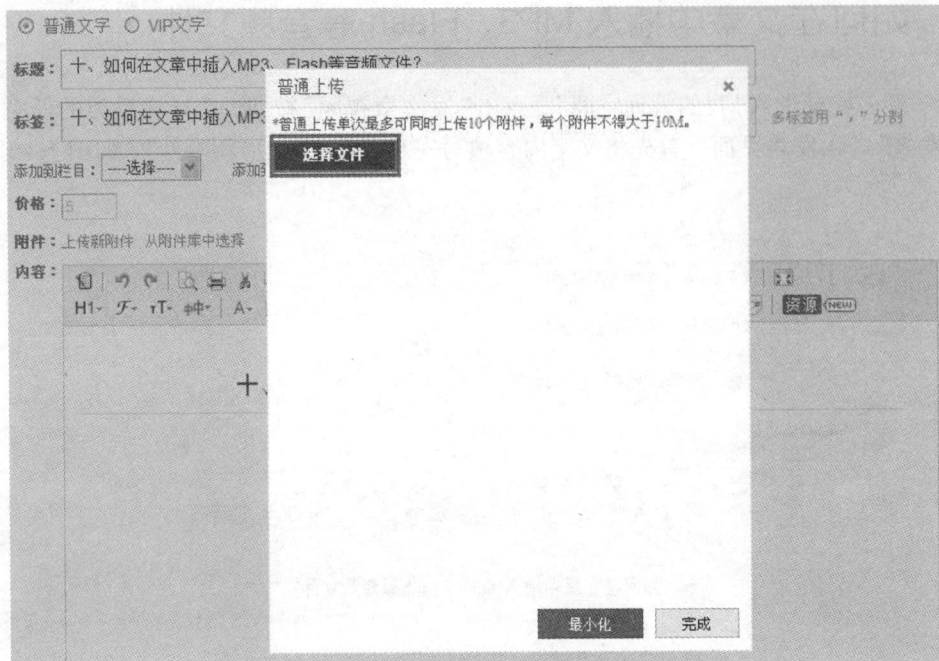

图7.48　选择文件

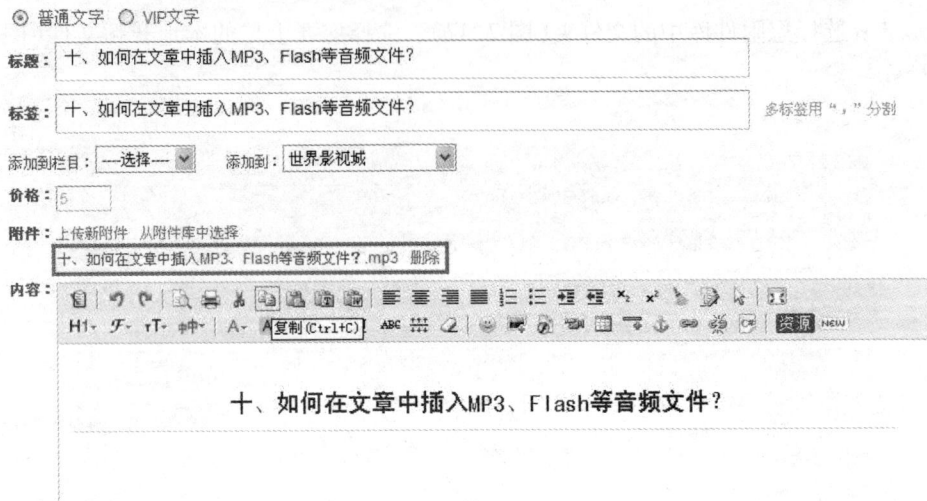

图7.49

第三步：输入验证码，点击"发表"按钮，如图7.50所示。

第四步：在文章发表成功后，点击"浏览该文章"，如图7.51所示。

第五步：点击复制该文件的 URL 地址，如图7.52、图7.53所示。

第六步：返回"我的管理空间"，找到刚发表的文章，点击"修改"进入修改页面，如图7.54所示。

附件：上传新附件　从附件库中选择
十、如何在文章中插入MP3、Flash等音频文件？.mp3 删除

内容：

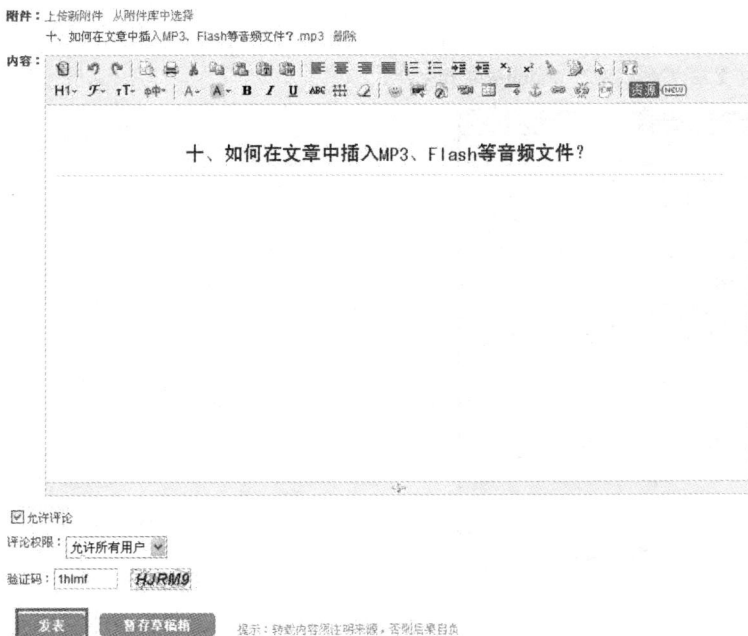

十、如何在文章中插入MP3、Flash等音频文件？

☑ 允许评论

评论权限：允许所有用户 ▾

验证码：1himf　HJRM9

发表　暂存草稿箱　　提示：转载内容须注明来源，否则后果自负

图 7.50

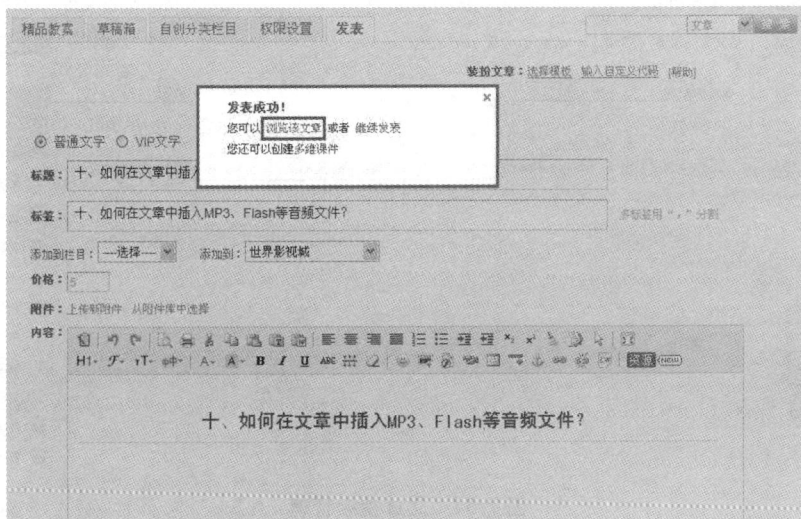

图 7.51

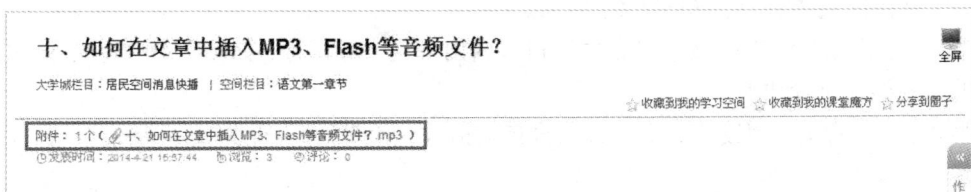

十、如何在文章中插入MP3、Flash等音频文件？

图 7.52

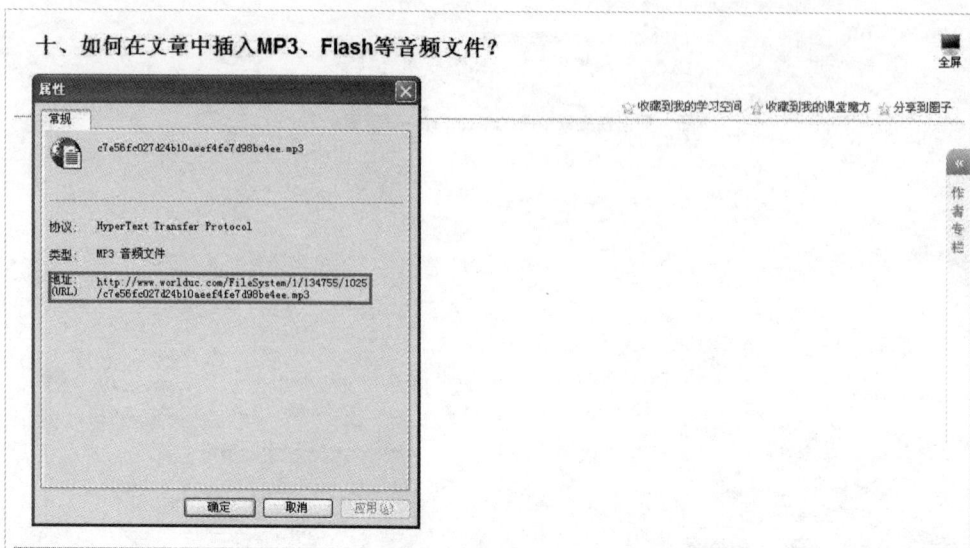

图 7.53

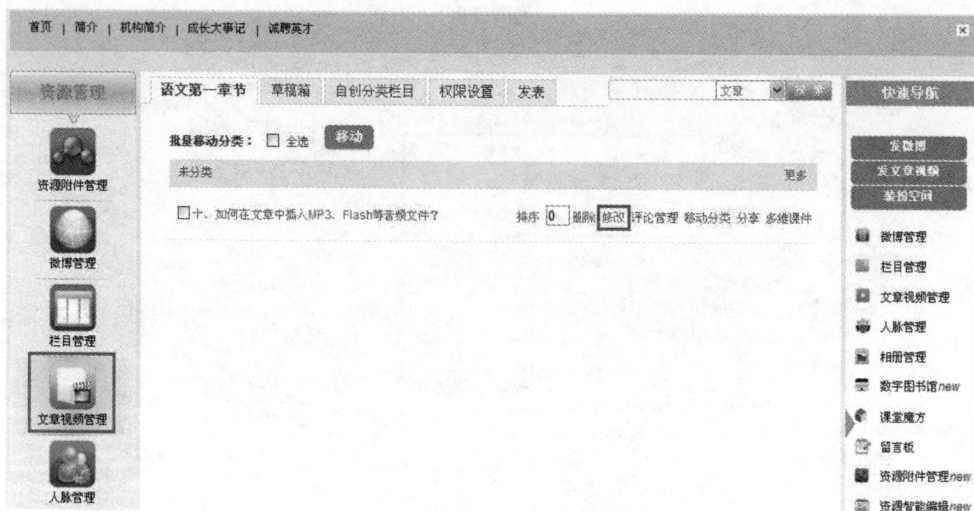

图 7.54　文章视频管理

　　第七步：点击"Flash"按钮，在 URL 地址栏中粘贴上传的 MP3 或 Flash 的 URL 地址，宽度和高度视情况具体调节，如图 7.55 所示。

　　第八步：点击"确定"，文章发布的编辑框内出现视音频图标，如图 7.56 所示，该图标可以根据需要移动位置和大小。

　　第九步：保存后，阅读该文章时音乐将自动播放，如图 7.57 所示。

图 7.55

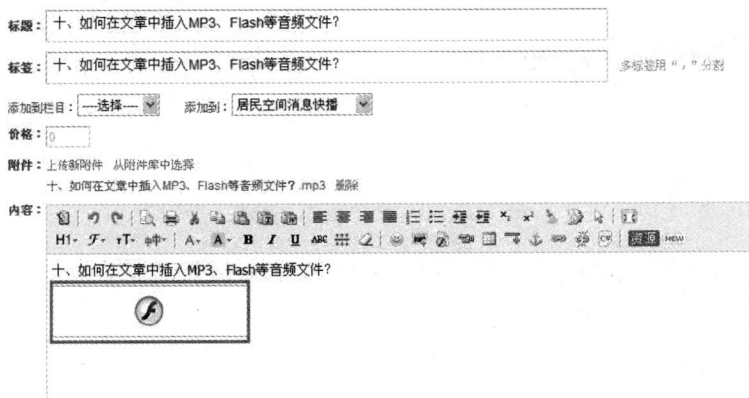

图 7.56

十、如何在文章中插入MP3、Flash等音频文件？

大学城栏目：居民空间消息快播 ┊ 空间栏目：语文第一章节

☆收藏到我的学习空间 ☆收藏到我的课堂魔方 ☆分享到圈子

附件：1个（ ⊘ 十、如何在文章中插入MP3、Flash等音频文件？.mp3 ）

发表时间：2014-4-21 15:57:44 浏览：3 评论：0

十、如何在文章中插入MP3、Flash等音频文件？

图 7.57

第二部分 常用软件介绍及学习

7.10 使用 Flashpaper 软件转换格式

第一步：下载 Macromedia FlashPaper 软件，下载完成后安装 Macromedia FlashPaper 软件。
安装步骤如下：

(1)选择 FlashPaper.exe，如图 7.58 所示。

(2)按照提示要求进行安装，如图 7.59 所示，同意协议后点击"Next"继续安装。

图 7.58

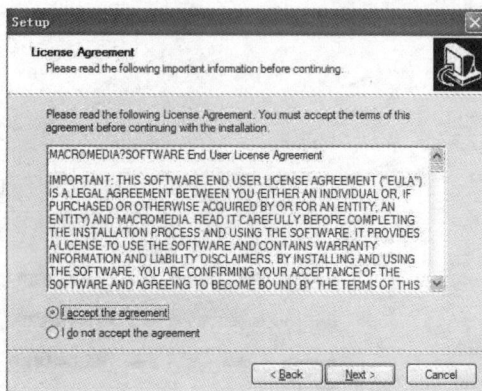

图 7.59

(3)选择安装文件存放目录，选择好安装文件存放目录后，点击"Next"即可创建桌面快捷方式，如图 7.60 所示

(4)点击"Install"即可安装该软件，如图 7.61 所示。

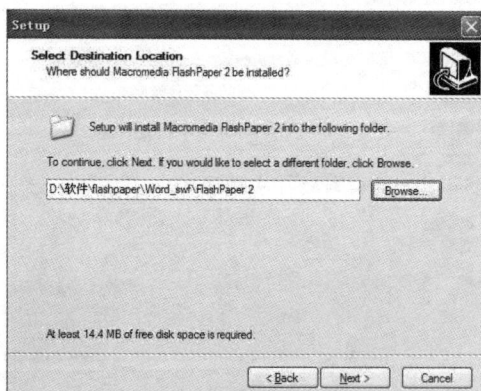

图 7.60

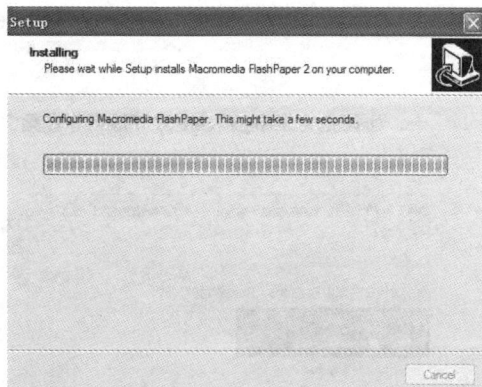

图 7.61

（5）进度条显示完成后，点击 Finish，软件安装完成，如图 7.62 所示。

（6）安装完成后，您的电脑桌面显示 Macromedia FlashPaper 的快捷方式，如图 7.63 所示。

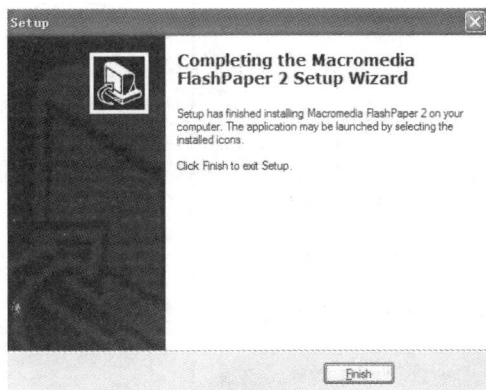

图 7.62

图 7.63　Macromedia FlashPaper 的快捷启动图标

第二步：双击快捷方式打开软件，出现图 7.64 所示页面。

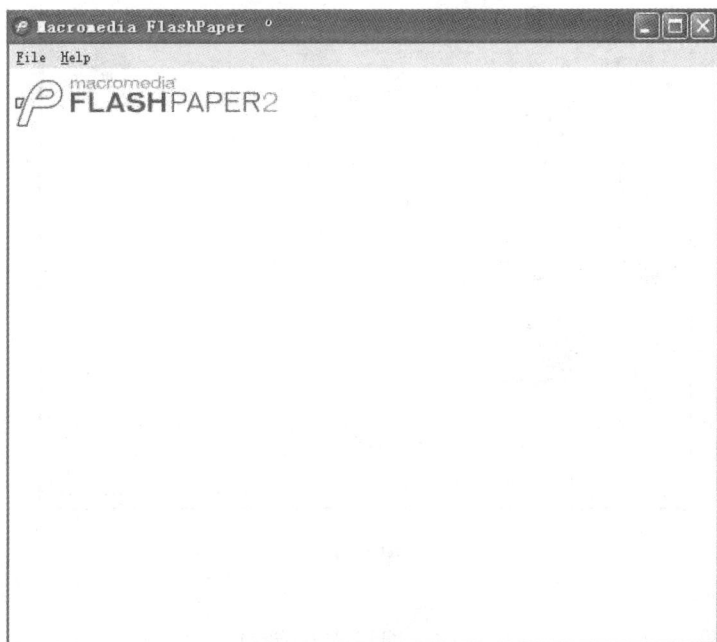

图 7.64　Macromedia FlashPaper 主界面

第三步：将您需要转换成 swf 的 Word 文档直接拖到该软件中，即拖入至图 7.64 所示的空白处，如图 7.65 所示。

第四步：点击 File 选项，选择"Save as Macromedia Flash"将 Word 文件转换成 Flash 文件，如图 7.66 所示。

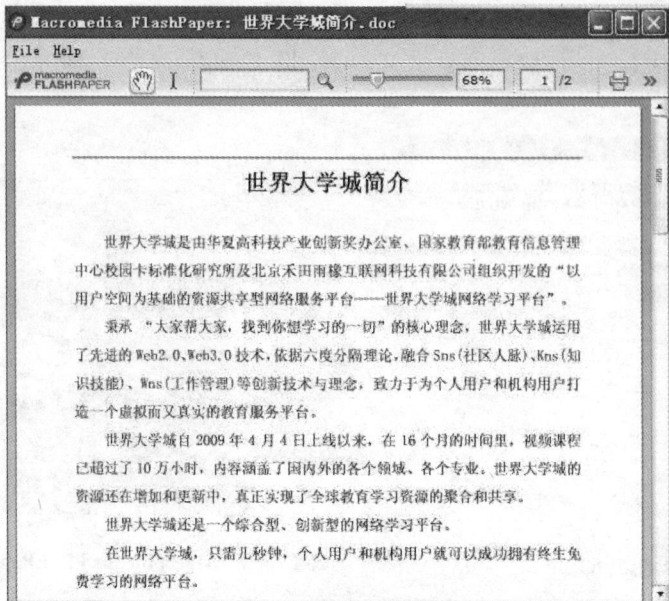

图 7.65

图 7.66

第五步：返回到文件保存的目录中，即可看到带有 swf 后缀的文件，如图 7.67 所示。

第六步：登录世界大学城，进入您的个人空间，选择您要发表该文章的栏目，填写文章"标题"、"标签"、"添加到栏目"、"添加到"世界大学城栏目及"内容"（这里以

图 7.67

"基层干部公务接待悲喜录"为例），将"基层干部公务接待悲喜录.swf"文件以附件的形式上传，点击"发表"，如图 7.68 所示。

图 7.68

　　第七步：返回已发文章列表页面，如图 7.69 所示，点击"基层干部公务接待悲喜录"一文（图 7.69、图 7.70）。

图 7.69

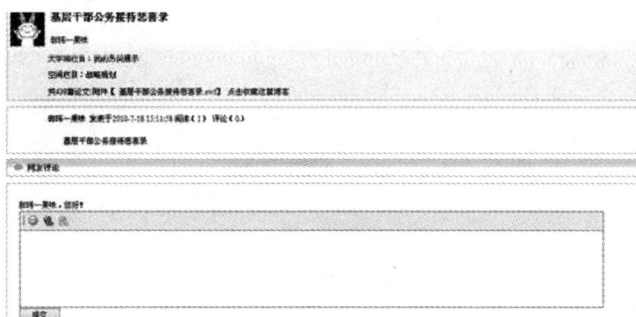

图 7.70

第八步：点击鼠标右键，查看"基层干部公务接待悲喜录.swf"的属性，复制属性页面的地址（URL），如图7.71所示。

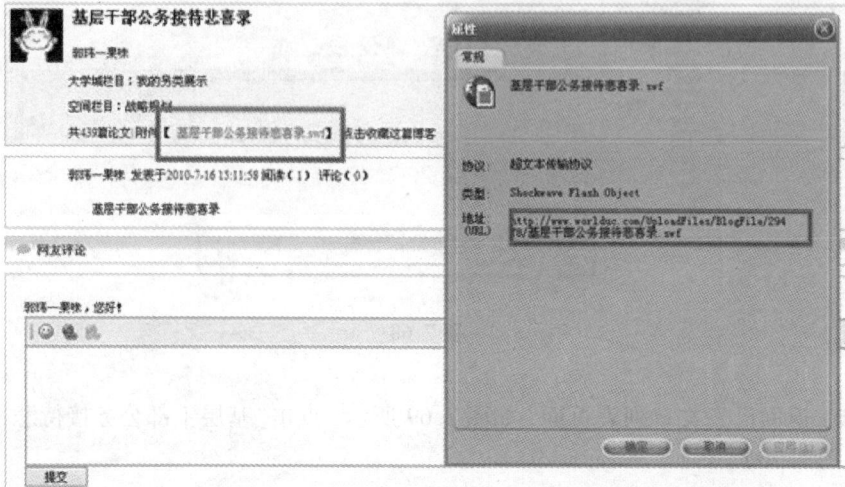

图7.71

第九步：返回至图7.69已发文章列表页面，选择"基层干部公务接待悲喜录"一文，点击修改，如图7.72所示。

图7.72

第十步：进入图7.73所示的修改页面，选择文字编辑区域的"插入/编辑 Flash"。

第十一步：将第八步复制的 URL 地址粘贴到 Flash 属性页面源文件地址中，宽度与高度

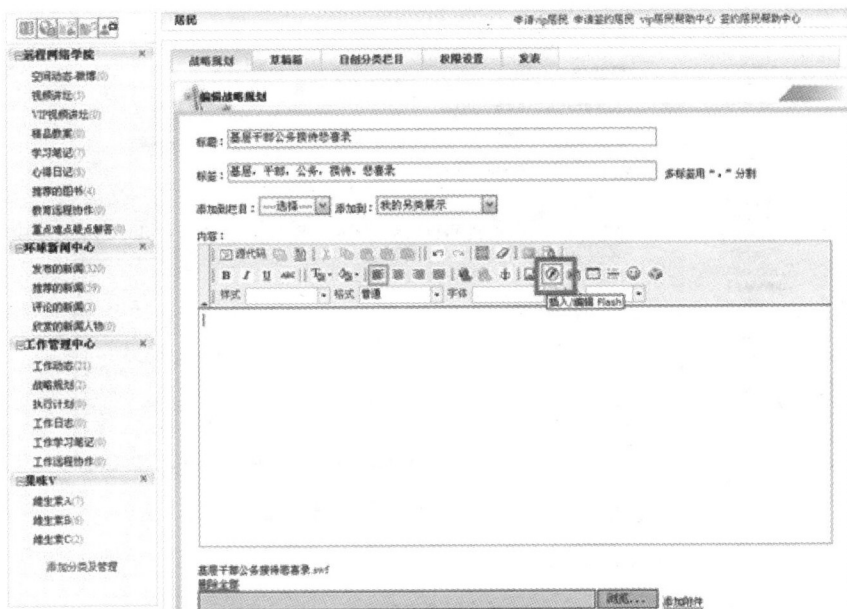

图 7.73

设置在 800 到 900 之间，点击确定，如图 7.74 所示。

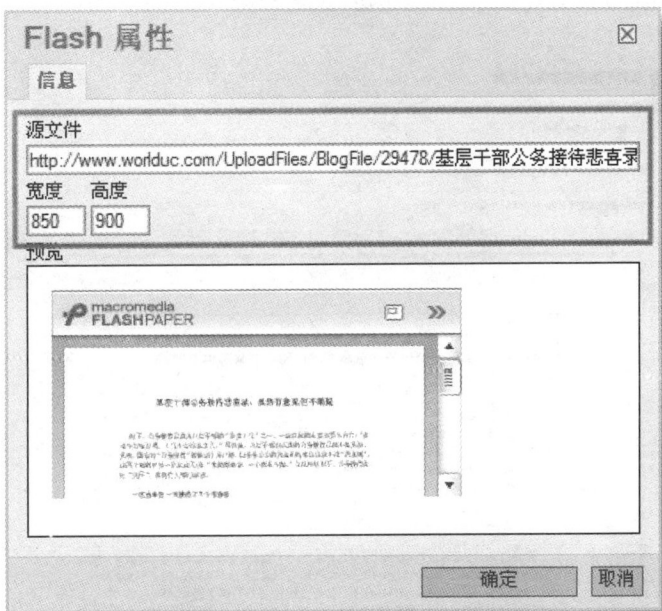

图 7.74

第十二步：点击"保存"，出现如图 7.75 所示的界面。

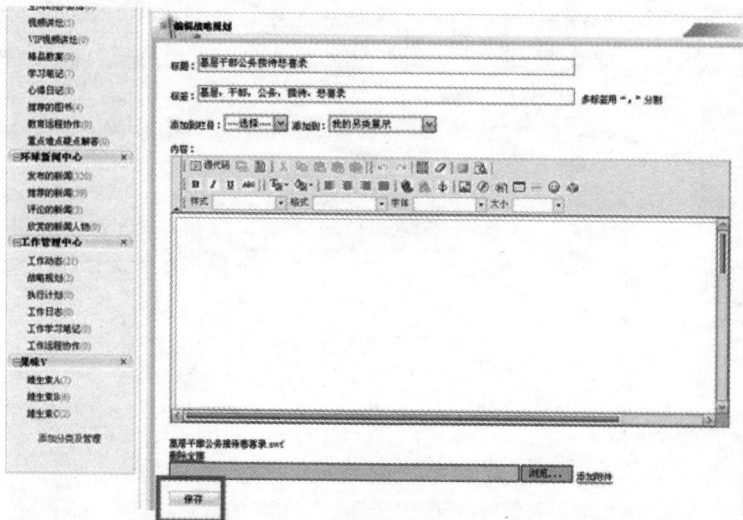

图 7.75

第十三步：查看已修改的"基层干部公务接待悲喜录"文章，则该文章以 Flash 文件显示，通过上下移动鼠标小手可阅读整篇文章，如图 7.76 红色标注处所示。此外，通过选择 Flash 导航栏内容，可选择阅读文章时版面的字体大小、调节版面宽度并实现文章跳页阅读，使文章的阅读更加人性化，阅读者可以根据不同的需要阅读，同时，可以方便资料的打印及传送。

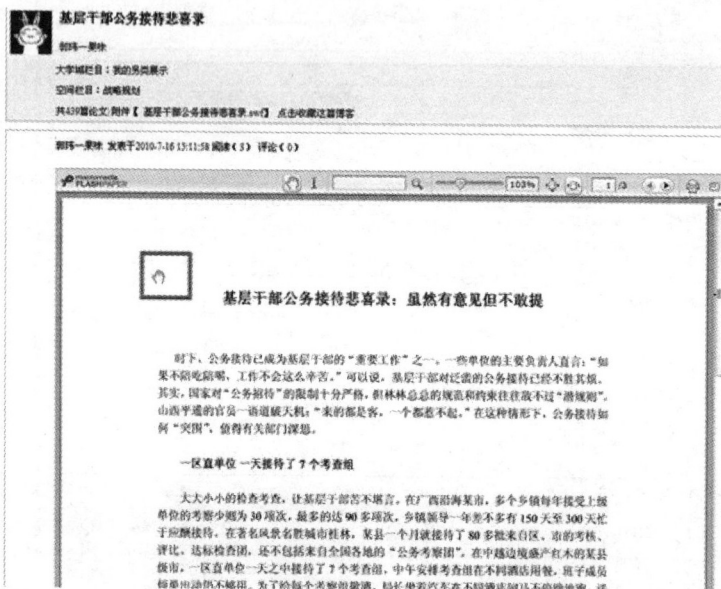

图 7.76

7.11　上传视频的格式有何要求

世界大学城目前只支持 FLV 格式的视频文件,如果不是 FLV 格式的视频,需要用"格式工厂"软件来进行格式转换。具体操作步骤如下:

第一步,选择您已经下载在本地电脑上的视频(不是 FLV 格式),如图 7.77 所示。

图 7.77

第二步,打开格式工厂软件,如图 7.78 所示。

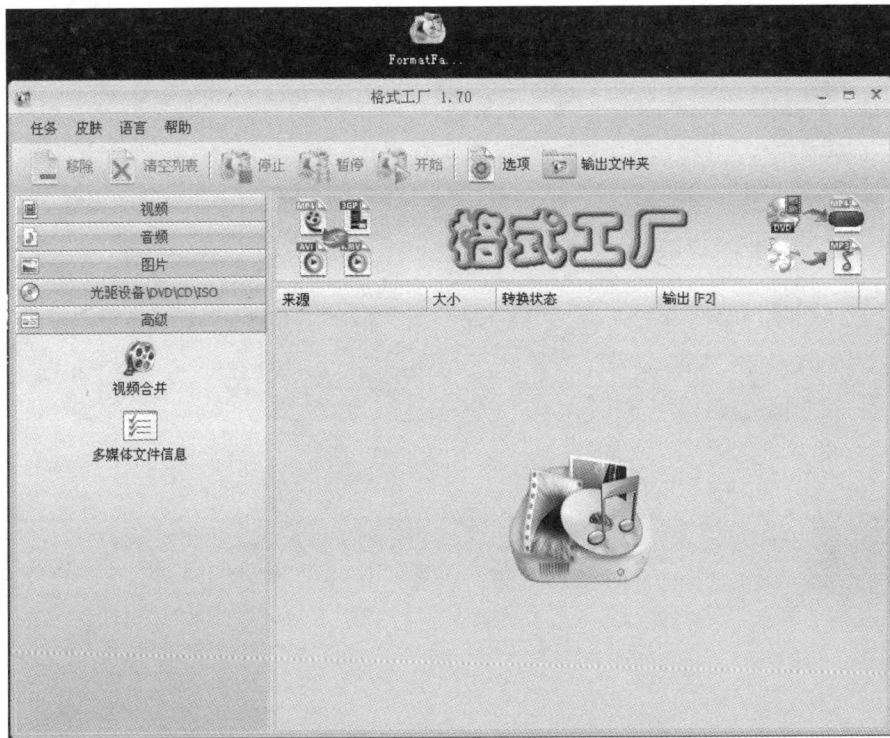

图 7.78

第三步:将选定的视频文件直接拖曳至格式工厂界面,方式是点击鼠标左键选中需要转换的视频不放,直至拖入到格式工厂,出现如图 7.79 所示页面,选择"Allto FLV",点击确定。

第四步,点击"开始"按键即可转换 FLV 格式,如图 7.80 所示。

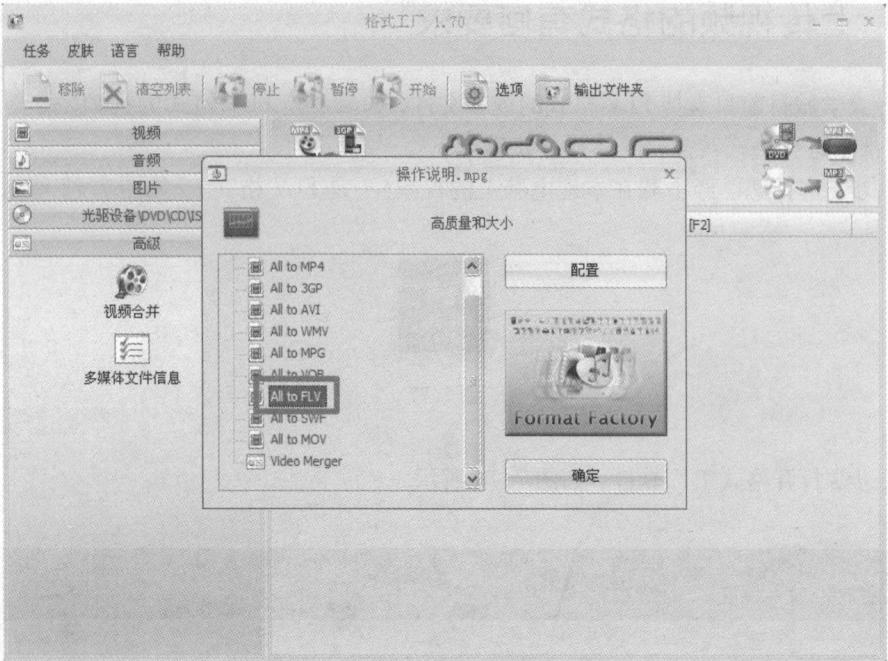

图 7.79

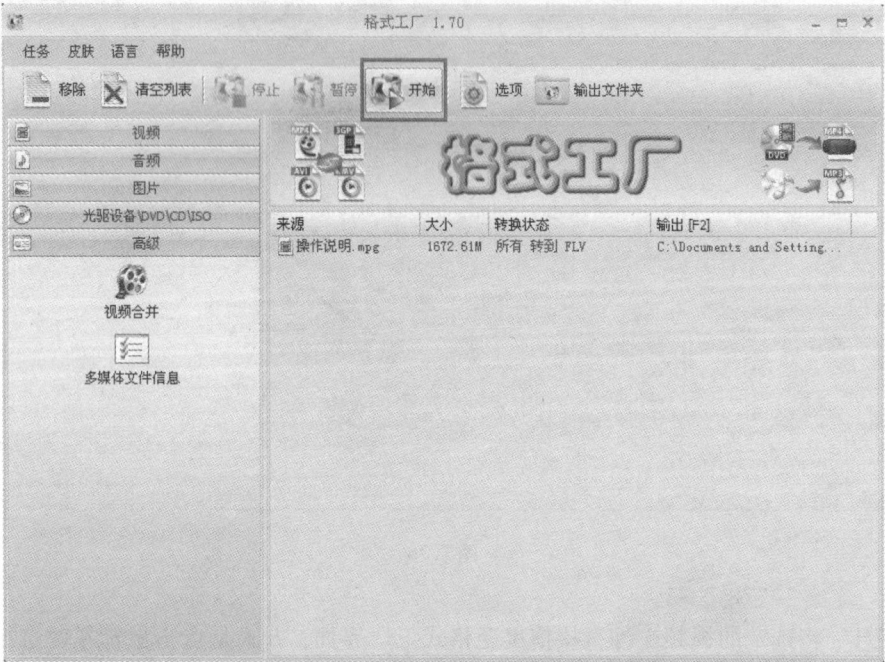

图 7.80